国家出版基金项目
NATIONAL PUBLICATION FOUNDATION

涡轮机械与推进系统出版项目
航空发动机技术出版工程

直升机传动系统设计

高洁 朱如鹏 等 编著

科学出版社

北京

内 容 简 介

本书简要地介绍了直升机传动系统的发展历程及趋势,并全面系统地介绍了直升机传动系统(包括总体、主减速器、中间减速器、尾减速器、动力传动轴、尾传动轴及典型零部件等)的设计内容,并给出上述设计涉及的功能、结构、原理及设计实例等,以形成完整的直升机传动系统设计概念,对直升机传动系统的研发具有重要的借鉴意义。

本书可作为直升机传动系统设计、生产及维护保障方面的科研人员、技术人员和管理人员的参考资料,也可供高等院校相关专业师生使用。

图书在版编目(CIP)数据

直升机传动系统设计/高洁等编著. —北京:
科学出版社,2022.10
国家出版基金项目　涡轮机械与推进系统出版项目
航空发动机技术出版工程
ISBN 978-7-03-072733-6

Ⅰ. ①直…　Ⅱ. ①高…　Ⅲ. ①直升机—传动系—系统设计　Ⅳ. ①V275

中国版本图书馆 CIP 数据核字(2022)第 124563 号

责任编辑:徐杨峰/责任校对:谭宏宇
责任印制:黄晓鸣/封面设计:殷　靓

科 学 出 版 社 出版
北京东黄城根北街 16 号
邮政编码:100717
http://www.sciencep.com

南京展望文化发展有限公司排版
广东虎彩云印刷有限公司印刷
科学出版社发行　各地新华书店经销

*

2022 年 10 月第　一　版　开本:B5(720×1000)
2024 年 12 月第八次印刷　印张:24
字数:469 000
定价:180.00 元
(如有印装质量问题,我社负责调换)

涡轮机械与推进系统出版项目
顾问委员会

航空发动机技术出版工程
设计系列
编写委员会

主 编
李建榕

副主编
李孝堂　高　洁　李中祥　王占学

委 员
（以姓名笔画为序）

王　强	王　鹏	王占学	王延荣	毛军逵
石建成	朱如鹏	刘永泉	刘传凯	刘振侠
米　栋	江　平	李　果	李　维	李中祥
李孝堂	李建榕	李继保	吴　新	邱　天
何小民	邹正平	邹学奇	张世福	张志学
邵万仁	尚守堂	金　捷	洪　杰	姚　华
聂海刚	桂幸民	索建秦	高　洁	高为民
郭　文	黄　敏	黄金泉	黄维娜	梁彩云
程荣辉	温　泉	蔡建兵	廖梅军	

直升机传动系统设计
编写委员会

主 编
高 洁

副主编
朱如鹏

编 委
（以姓名笔画为序）

王 平	王友仁	王重庆	尹 美	宁向荣
朱如鹏	刘卫真	杨振蓉	李 坚	陈广艳
陈芝来	赵 勤	段 铖	倪 德	高 洁
唐 鑫	蒋燕英	谢俊岭	廖梅军	谭武中

涡轮机械与推进系统出版项目

序

涡轮机械与推进系统涉及航空发动机、航天推进系统、燃气轮机等高端装备。其中每一种装备技术的突破都令国人激动、振奋，但是由于技术上的鸿沟，使得国人一直为之魂牵梦绕。对于所有从事该领域的工作者，如何跨越技术鸿沟，这是历史赋予的使命和挑战。

动力系统作为航空、航天、舰船和能源工业的"心脏"，是一个国家科技、工业和国防实力的重要标志。我国也从最初的跟随仿制，向着独立设计制造发展。其中有些技术已与国外先进水平相当，但由于受到基础研究和条件等种种限制，在某些领域与世界先进水平仍有一定的差距。在此背景下，出版一套反映国际先进水平、体现国内最新研究成果的丛书，既切合国家发展战略，又有益于我国涡轮机械与推进系统基础研究和学术水平的提升。"涡轮机械与推进系统出版项目"主要涉及航空发动机、航天推进系统、燃气轮机以及相应的基础研究。图书种类分为专著、译著、教材和工具书等，内容包括领域内专家目前所应用的理论方法和取得的技术成果，也包括来自一线设计人员的实践成果。

"涡轮机械与推进系统出版项目"分为四个方向：航空发动机技术、航天推进技术、燃气轮机技术和基础研究。出版项目分别由科学出版社和浙江大学出版社出版。

出版项目凝结了国内外该领域科研与教学人员的智慧和成果，具有较强的系统性、实用性、前沿性，既可作为实际工作的指导用书，也可作为相关专业人员的参考用书。希望出版项目能够促进该领域的人才培养和技术发展，特别是为航空发动机及燃气轮机的研究提供借鉴。

张彦仲

2019 年 3 月

航空发动机技术出版工程

序

航空发动机被誉称为工业皇冠之明珠,实乃科技强国之重器。

几十年来,我国航空发动机技术、产品及产业经历了从无到有、从小到大的艰难发展历程,取得了显著成绩。在世界新一轮科技革命、产业变革同我国转变发展方式的历史交汇期,国家决策进一步大力加强航空发动机事业发展,产学研用各界无不为之振奋。

迄今,科学出版社于2019年、2024年两次申请国家出版基金,安排了"航空发动机技术出版工程",确为明智之举。

本出版工程旨在总结、推广近期及之前工作中工程、科研、教学的优秀成果,侧重于满足航空发动机工程技术人员的需求,尤其是从学生到工程师过渡阶段的需求,借此也为扩大我国航空发动机卓越工程师队伍略尽绵力。本出版工程包括设计、试验、基础与综合、前沿技术、制造、运营及服务保障六个系列,2019年启动的前三个系列近五十册任务已完成;后三个系列近三十册任务则于2024年启动。对于本出版工程,各级领导十分关注,专家委员会不时指导,编委会成员尽心尽力,出版社诸君敬业把关,各位作者更是日无暇晷、研教著述。同道中人共同努力,方使本出版工程得以顺利开展、如期完成。

希望本出版工程对我国航空发动机自主创新发展有所裨益。受能力及时间所限,当有疏误,恭请斧正。

2024年10月修订

前　言

　　直升机具有垂直起落、空中悬停、向任意方向灵活飞行、不需要机场和跑道等特点,因此自20世纪30年代诞生以来,已经被广泛地应用在军用和民用的各个方面。在军用方面,直升机已成为各国诸军兵种,特别是陆军和海军极其重要的军事装备,广泛用于物资和兵力运输、伤员救护、反坦克、对地火力支援、空中格斗、搜潜攻潜、攻舰、机降突击、电子战、预警、侦查、布雷扫雷、通信联络等。在民用方面,广泛用于客货运输、旅游观光、空中航拍、紧急救援、农林作业、地质勘探、油田开发、各种线路和管道巡检、交通管制及公安巡逻等。

　　传动系统作为直升机"三大动部件"(发动机、旋翼系统、传动系统)之一,对直升机的性能、效能、飞行安全和先进性起着举足轻重的作用,融合了当今人类诸多航空航天领域的前沿技术。与其他机械传动系统相比,直升机传动系统具有结构复杂、传动路线长、几何限制条件严格、输入转速高、传动比和功重比大、传递载荷复杂、动力学问题突出等特点,并在可靠性、维修性、生存能力(抗弹击、干运转)等方面有较高的要求,对原材料、设计、工艺及试验有特殊的高标准要求。随着国防建设和国民经济的发展,用户对直升机功能和性能的要求越来越高,同样,直升机对传动系统的设计要求也越来越高。

　　中华人民共和国成立后,面临百废待兴的局面,开始创建中国的直升机传动系统工业,至今已走过了近60年的漫长道路,历经了引进生产专利、参考样机设计、改进改型、国际合作研制、自主设计等阶段,开始走上自主研制先进旋翼机传动系统的快速发展之路,形成了"探索一代、预研一代、研制一代、生产一代、保障一代"的合理格局,成功研制生产了近20个型号,为直升机传动系统产业化发展奠定了坚实的工业基础和技术基础。

　　虽然我国直升机传动系统有了很大的发展,但与国际先进水平相比仍有差距。尽快提高传动系统设计水平,以适应这种发展需求,就成为了十分迫切的问题。《直升机传动系统设计》就是在这种发展需求形势下组织编写的。本书是作者所在的科研团队在直升机传动系统领域历年科研实践工作的基础上,结合国内外相关研究成果的一个回顾和总结,重点介绍直升机传动系统总体设计及主要部件和典型零件的设计方法,力求由浅入深、由易到难、由简到繁、循序渐进,寄望于为读者提供较全面、系统的技术参考。

本书的编写和校审工作分别得到了中国航发湖南动力机械研究所和南京航空航天大学相关技术专家和教授们的鼎力支持和无私帮助。主要编写人员有:廖梅军、谭武中、唐鑫、蒋燕英、刘卫真、段铖、尹美、宁向荣、谢俊岭、刘建武、王友仁、王平、赵勤、王重庆、李坚、倪德、杨振蓉、陈广艳、陈芝来、王金华、艾永生、扶碧波、朱自冰、姚波。同时,刘志远、李刘媛、周银镔、彭佳、李珍莲、李少龙、吴红美、宋益明、王帅、余震、魏巍、王月华、冯娅娟、张志龙、刘李、潘文斌、尹凤、孙鹏博等在材料收集、学术讨论、图表绘制和公式编排方面完成了大量工作。中国航发科技委薛同博研究员和中国航发湖南动力机械研究所苏新生研究员、欧阳斌研究员仔细审阅了本书,并提出了中肯的意见和修订建议,在此表示感谢。

受限于作者能力,加之编写时间较紧,书中不足之处诚恐难免,恳请读者批评指正,使之完善提高。

高 洁

2022 年 3 月

目　录

涡轮机械与推进系统出版项目·序
航空发动机技术出版工程·序
前　言

第1章　绪　　论

1.1　直升机传动系统的组成和功能 …………………………………… 001
1.2　直升机传动系统分类 ………………………………………………… 004
　　1.2.1　单旋翼直升机传动系统 ……………………………………… 005
　　1.2.2　双旋翼直升机传动系统 ……………………………………… 006
　　1.2.3　复合式旋翼传动系统 ………………………………………… 008
　　1.2.4　倾转旋翼机传动系统 ………………………………………… 010
1.3　直升机传动系统发展历程 ………………………………………… 012
1.4　直升机的发展及对传动系统技术的需求 ……………………… 017
1.5　直升机传动系统难点与关键技术 ………………………………… 018
参考文献 …………………………………………………………………… 021

第2章　传动系统总体设计

2.1　传动系统总体设计输入 …………………………………………… 022
　　2.1.1　设计技术要求 ………………………………………………… 022
　　2.1.2　接口控制 ……………………………………………………… 023
　　2.1.3　设计功率谱和载荷谱 ………………………………………… 027
2.2　总体构型设计 ………………………………………………………… 028
　　2.2.1　总体布局与构型 ……………………………………………… 028
　　2.2.2　附件/传动布局设计 ………………………………………… 030

　　　2.2.3　传动系统的承力布局设计 ……………………………… 032
　2.3　总体性能设计 ……………………………………………… 037
　　　2.3.1　传动系统传动比分配 ………………………………… 037
　　　2.3.2　设计点分析及选取 …………………………………… 038
　　　2.3.3　主要部件质量估算 …………………………………… 039
　　　2.3.4　传动效率设计 ………………………………………… 043
　　　2.3.5　传动系统动力学设计 ………………………………… 045
　2.4　选材设计 …………………………………………………… 053
　　　2.4.1　选材原则 ……………………………………………… 053
　　　2.4.2　常用金属材料及发展 ………………………………… 053
　2.5　适航 ………………………………………………………… 056
　　　2.5.1　适航的基本概念 ……………………………………… 056
　　　2.5.2　适用的适航条款及实质要求 ………………………… 060
　　　2.5.3　型号研制各阶段的适航工作 ………………………… 066
　2.6　通用质量特性 ……………………………………………… 067
　　　2.6.1　概述 …………………………………………………… 067
　　　2.6.2　可靠性 ………………………………………………… 069
　　　2.6.3　维修性 ………………………………………………… 070
　　　2.6.4　保障性 ………………………………………………… 072
　　　2.6.5　安全性 ………………………………………………… 073
　　　2.6.6　环境适应性 …………………………………………… 074
　2.7　技术状态管理 ……………………………………………… 076
　　　2.7.1　概述 …………………………………………………… 076
　　　2.7.2　组织机构 ……………………………………………… 077
　　　2.7.3　标识 …………………………………………………… 078
　　　2.7.4　控制 …………………………………………………… 080
　　　2.7.5　记实 …………………………………………………… 080
　　　2.7.6　审核 …………………………………………………… 081
　参考文献 ………………………………………………………… 081

第3章　主减速器设计

　3.1　概述 ………………………………………………………… 083
　　　3.1.1　主减速器功能 ………………………………………… 083
　　　3.1.2　主减速器分类 ………………………………………… 083

　　3.1.3　主减速器主要技术指标 ································· 084
　　3.1.4　主减速器发展趋势 ····································· 086
3.2　工作原理 ·· 090
3.3　主减速器典型传动结构 ·· 091
　　3.3.1　先并车后换向传动构型 ································· 091
　　3.3.2　先换向后并车传动构型 ································· 091
　　3.3.3　同时换向并车传动构型 ································· 091
　　3.3.4　简单传动构型 ··· 091
　　3.3.5　分扭传动构型 ··· 092
　　3.3.6　共轴双旋翼输出构型 ··································· 092
　　3.3.7　变速传动构型 ··· 095
3.4　结构及零部件设计 ·· 095
　　3.4.1　结构布局 ··· 095
　　3.4.2　零部件结构设计和计算 ································· 101
3.5　润滑系统设计 ·· 105
　　3.5.1　润滑系统类型 ··· 105
　　3.5.2　润滑系统主要设计内容及方法 ··························· 107
　　3.5.3　润滑系统附件设计 ····································· 110
　　3.5.4　润滑系统状态监测 ····································· 113
3.6　设计实例 ·· 114
　　3.6.1　构型设计 ··· 115
　　3.6.2　结构布局 ··· 115
　　3.6.3　主要零部件结构设计和计算 ····························· 116
　　3.6.4　选材及"三防"设计 ···································· 118
　　3.6.5　润滑系统设计 ··· 119
参考文献 ·· 119

第4章　中间减速器设计

4.1　概述 ·· 120
　　4.1.1　中间减速器功能 ······································· 120
　　4.1.2　中间减速器分类 ······································· 120
　　4.1.3　中间减速器主要技术指标 ······························· 121
　　4.1.4　中间减速器发展趋势 ··································· 122
4.2　中间减速器典型构型 ·· 123

    4.2.1 钝角构型 ··· 123

    4.2.2 锐角构型 ··· 123

  4.3 结构及零部件设计 ··· 123

    4.3.1 中间减速器安装设计 ····································· 123

    4.3.2 结构布局 ··· 124

    4.3.3 零部件结构设计 ··· 126

  4.4 润滑与密封 ··· 129

    4.4.1 润滑类型 ··· 129

    4.4.2 飞溅润滑 ··· 129

    4.4.3 压力润滑 ··· 130

    4.4.4 脂润滑 ··· 131

  4.5 密封设计 ··· 132

  4.6 设计实例 ··· 132

    4.6.1 设计要求 ··· 132

    4.6.2 构型设计 ··· 133

    4.6.3 结构布局 ··· 133

    4.6.4 主要零部件结构设计 ····································· 133

    4.6.5 润滑设计 ··· 135

  参考文献 ··· 135

第5章 尾减速器设计

  5.1 概述 ··· 136

    5.1.1 尾减速器功能 ··· 136

    5.1.2 尾减速器分类 ··· 136

    5.1.3 尾减速器主要技术指标 ··································· 138

    5.1.4 尾减速器发展趋势 ······································· 138

  5.2 尾减速器典型构型 ··· 139

    5.2.1 单级齿轮啮合传动构型 ··································· 139

    5.2.2 两级齿轮啮合传动构型 ··································· 139

  5.3 结构及零部件设计 ··· 140

    5.3.1 尾减速器安装设计 ······································· 140

    5.3.2 结构布局 ··· 141

    5.3.3 零部件结构设计 ··· 145

5.4　润滑设计 ·· 151

　5.4.1　润滑类型 ·································· 151

　5.4.2　飞溅润滑 ·································· 151

　5.4.3　压力润滑 ·································· 152

　5.4.4　脂润滑 ···································· 152

5.5　密封设计 ·· 153

5.6　设计实例 ·· 153

　5.6.1　设计要求 ·································· 153

　5.6.2　构型设计 ·································· 153

　5.6.3　结构布局 ·································· 154

　5.6.4　主要零部件结构设计 ·················· 154

　5.6.5　润滑设计 ·································· 156

参考文献 ··· 156

第6章　动力传动轴组件设计

6.1　概述 ·· 157

　6.1.1　动力传动轴组件功能 ·················· 157

　6.1.2　动力传动轴组件分类 ·················· 157

　6.1.3　动力传动轴组件主要技术指标 ········ 158

　6.1.4　动力传动轴组件的发展趋势 ·········· 158

6.2　工作原理 ·· 159

　6.2.1　不带轴套的动力传动轴组件工作原理 ··· 159

　6.2.2　带轴套的动力传动轴组件工作原理 ··· 160

6.3　动力传动轴典型结构 ···························· 160

6.4　结构及零部件设计 ······························ 161

　6.4.1　结构布局 ·································· 161

　6.4.2　零部件结构设计和计算 ················ 162

6.5　设计实例 ·· 168

　6.5.1　设计要求 ·································· 168

　6.5.2　设计内容 ·································· 169

参考文献 ··· 171

第7章　尾传动轴组件设计

7.1　概述 ·· 173

   7.1.1　尾传动轴组件功能 ························· 173

   7.1.2　尾传动轴组件分类 ························· 173

   7.1.3　尾传动轴组件主要技术指标 ··············· 174

   7.1.4　尾传动轴组件的发展趋势 ················· 175

7.2　工作原理 ··· 176

   7.2.1　非折叠构型尾传动轴组件工作原理 ········· 176

   7.2.2　折叠构型尾传动轴工作原理 ··············· 177

7.3　尾传动轴典型结构 ······························· 178

   7.3.1　尾水平轴典型结构 ························· 178

   7.3.2　尾斜轴典型结构 ··························· 178

7.4　结构及零部件设计 ······························· 179

   7.4.1　结构布局 ································· 179

   7.4.2　零部件结构设计和计算 ··················· 179

7.5　设计实例 ··· 187

   7.5.1　设计要求 ································· 188

   7.5.2　设计内容 ································· 188

参考文献 ··· 192

第8章　典型零部件设计

8.1　齿轮与花键设计 ································· 194

   8.1.1　国内常用齿轮材料 ························· 194

   8.1.2　渐开线圆柱齿轮 ··························· 195

   8.1.3　锥齿轮 ··································· 197

   8.1.4　行星轮系 ································· 201

   8.1.5　面齿轮 ··································· 205

   8.1.6　高重合度齿轮传动 ························· 208

   8.1.7　非对称渐开线齿轮传动 ··················· 212

   8.1.8　圆弧齿轮 ································· 215

   8.1.9　花键 ····································· 217

8.2　机匣 ··· 220

8.2.1　功能与分类 …………………………………………… 220

8.2.2　机匣的结构设计 ……………………………………… 222

8.2.3　选材设计 ……………………………………………… 230

8.2.4　强度、刚度分析 ……………………………………… 231

8.2.5　其他要求 ……………………………………………… 231

8.3　滚动轴承 …………………………………………………… 232

8.3.1　滚动轴承定义与分类 ………………………………… 232

8.3.2　滚动轴承应用设计与选型 …………………………… 234

8.3.3　滚动轴承计算分析 …………………………………… 236

8.3.4　滚动轴承定位 ………………………………………… 238

8.3.5　安装与拆卸 …………………………………………… 240

8.3.6　试验项目 ……………………………………………… 243

8.4　离合器 ……………………………………………………… 243

8.4.1　功能与分类 …………………………………………… 243

8.4.2　应用设计与选型 ……………………………………… 244

8.4.3　离合器结构及主要设计内容 ………………………… 245

8.4.4　离合器试验项目 ……………………………………… 248

8.5　联轴器 ……………………………………………………… 249

8.5.1　功能与分类 …………………………………………… 249

8.5.2　联轴器设计要求 ……………………………………… 249

8.5.3　膜片联轴器 …………………………………………… 250

8.5.4　膜盘联轴器 …………………………………………… 252

8.6　密封 ………………………………………………………… 255

8.6.1　机械密封 ……………………………………………… 255

8.6.2　圆周密封 ……………………………………………… 261

8.6.3　唇形密封 ……………………………………………… 264

8.6.4　静密封 ………………………………………………… 269

8.7　连接与紧固 ………………………………………………… 276

8.8　弹性轴 ……………………………………………………… 285

参考文献 …………………………………………………………… 286

第9章　传动系统强度设计

9.1　概述 ………………………………………………………… 289

9.1.1　传动系统强度设计工作内容 ………………………… 289

　　　9.1.2　传动系统强度设计要求 ……………………………… 290
　9.2　设计载荷与载荷谱 …………………………………………… 291
　　　9.2.1　传动系统设计载荷特征 …………………………… 291
　　　9.2.2　静强度设计载荷 ……………………………………… 291
　　　9.2.3　疲劳强度设计载荷与载荷谱 ……………………… 292
　　　9.2.4　耐弹击设计载荷 ……………………………………… 293
　　　9.2.5　抗坠毁设计载荷 ……………………………………… 294
　9.3　静强度设计与评估 …………………………………………… 294
　　　9.3.1　静强度设计工作内容 ………………………………… 294
　　　9.3.2　静强度设计方法和评估准则 ……………………… 295
　　　9.3.3　静强度设计与评估典型案例 ……………………… 297
　9.4　疲劳强度设计与评估 ………………………………………… 299
　　　9.4.1　疲劳强度设计与验证工作内容 …………………… 299
　　　9.4.2　疲劳强度设计方法与评估准则 …………………… 299
　　　9.4.3　疲劳强度设计与评估典型案例 …………………… 301
　9.5　耐弹击与抗坠毁设计 ………………………………………… 303
　　　9.5.1　耐弹击设计内容和方法 …………………………… 303
　　　9.5.2　耐弹击设计典型案例 ………………………………… 303
　　　9.5.3　抗坠毁设计内容和方法 …………………………… 307
　　　9.5.4　抗坠毁设计典型案例 ………………………………… 307
　参考文献 ……………………………………………………………… 308

第10章　传动系统动力学设计

　10.1　传动轴系转子动力学设计 ………………………………… 309
　　　10.1.1　传动轴系的动力学分析 ………………………… 309
　　　10.1.2　传动轴系动力学设计原则 ……………………… 314
　10.2　齿轮结构振动设计 ………………………………………… 315
　　　10.2.1　齿轮振动形式 ……………………………………… 315
　　　10.2.2　降低齿轮共振风险的措施 ……………………… 317
　10.3　传动系统机匣振动分析 …………………………………… 318
　　　10.3.1　概述 …………………………………………………… 318
　　　10.3.2　传动系统减速器机匣振动分析技术 …………… 319
　10.4　传动系统先进减振降噪设计 ……………………………… 323
　　　10.4.1　减振设计及措施 …………………………………… 323

10.4.2 齿轮传动的降噪设计 ……………………………… 326

参考文献 ……………………………………………………… 328

第 11 章 健康管理

11.1 状态监控与故障诊断 …………………………………… 330

11.1.1 概述 …………………………………………… 330

11.1.2 故障类型 ……………………………………… 330

11.1.3 状态检测信号 ………………………………… 333

11.1.4 振动信号预处理与故障特征提取 …………… 337

11.1.5 故障诊断方法 ………………………………… 342

11.1.6 健康与使用监测系统 ………………………… 345

11.2 寿命管理 ………………………………………………… 349

11.2.1 翻修间隔期和寿命指标定义 ………………… 349

11.2.2 寿命和翻修间隔期管理的一般要求 ………… 350

11.2.3 结构件寿命潜力和初始寿命的确定 ………… 350

11.2.4 翻修间隔期的确定 …………………………… 350

11.2.5 寿命与翻修间隔期管理 ……………………… 351

参考文献 ……………………………………………………… 354

第 12 章 直升机传动系统技术发展与展望

12.1 传动系统技术发展途径 ………………………………… 355

12.2 传动系统技术发展趋势 ………………………………… 356

参考文献 ……………………………………………………… 359

第 1 章
绪　论

1.1　直升机传动系统的组成和功能

1. 直升机传动系统定义

直升机传动系统是动力系统(通常为发动机)与旋翼系统(含尾桨)之间连接装置的统称。传动系统传递动力,且能改变运动的大小和方向,与发动机、旋翼系统一起并称为直升机的三大动部件。典型传动系统在直升机上的布局见图1.1。

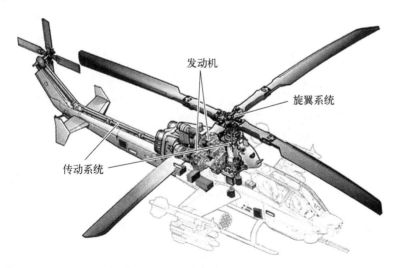

发动机

旋翼系统

传动系统

图 1.1　传动系统在直升机上的布局

2. 直升机传动系统组成

直升机传动系统的组成与直升机的构型有关。典型的单旋翼带尾桨直升机传动系统一般由"两轴三器"组成,即动力传动轴组件、尾传动轴组件(含尾传水平轴和尾传斜轴)、主减速器、中间减速器、尾减速器[图1.2(a)];也有直升机传动系统由"三轴两器"组成,即旋翼轴组件、动力传动轴组件、尾传动轴组件、主减速器、尾减速器[图1.2(b)];也有直升机传动系统由"两轴两器"组成,即动力传动轴组件、尾传动轴组件、主减速器、尾减速器,简述如下。

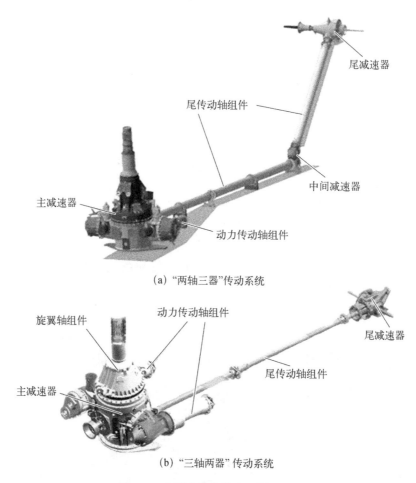

(a) "两轴三器"传动系统

(b) "三轴两器"传动系统

图1.2　典型直升机传动系统组成图

(1) 动力传动轴组件由传动轴及轴套等组成,用于连接发动机输出轴与主减速器输入轴。

(2) 尾传动轴组件一般由尾传水平轴和尾传斜轴两部分组成,尾传水平轴连接主减速器与中间减速器,尾传斜轴连接中间减速器与尾减速器,无中间减速器的单旋翼直升机只有尾传水平轴,连接主减速器和尾减速器。

(3) 主减速器一般由3~4级齿轮传动组成,分为主传动(包括主机匣)、旋翼轴、尾传动输出、附件传动等部分,也有部分轻型和小型直升机的主减速器采用2级传动;按传动功能区分,也有主传动用于将发动机的动力经旋翼轴带动旋翼输出,尾传动输出用于驱动尾传动系统,附件传动用于驱动直升机附件,各部分的功能随主减速器构型的不同也可以有所变化或组合。

（4）中间减速器一般为一对螺旋锥齿轮传动,用于连接尾水平轴和尾斜轴,改变尾传动轴系的方向。

（5）尾减速器用于改变轴的角度,按要求减速后向尾桨传递功率、为尾桨提供支撑,并为尾桨桨距操纵机构提供安装接口。

3. 直升机传动系统功用

直升机传动系统的主要功能是将发动机的动力经减速换向后传递给主旋翼和尾桨,驱动电机、液压泵等直升机附件,将旋翼的气动载荷传至机身,为旋翼系统、操纵系统及直升机附件等提供安装接口。在旋翼自转和单发工作状态下,不提供扭矩的发动机能立即与传动系统脱开,保证主旋翼、尾桨和附件传动持续运转。

4. 直升机传动系统特点

直升机传动系统是发动机向旋翼及直升机附件提供转速和扭矩的唯一途径（没有备份）,其性能好坏将直接影响直升机的安全性、可靠性和先进性,传动系统一旦失效,可能直接导致直升机坠毁。如果将航空发动机比作直升机的"心脏",传动系统就是其"主动脉"。直升机传动系统技术复杂,涉及机械学、材料与强度、摩擦与润滑、结构力学、动力学、声学、传热学等多个基础学科,其研究领域包括先进设计方法与技术、先进传动形式和部件、先进润滑技术、先进材料与工艺技术、先进试验技术、故障监测和诊断技术、减振降噪技术等的研究及应用。与其他传动系统相比,直升机传动系统具有高输入转速和大减速比、高功率密度、高传动效率、高可靠性和良好的维修性、高生存能力等技术特征,研制难度大。

在技术指标上,直升机传动系统相比于车辆、舰船等其他机械的传动系统,具有结构复杂、传动路线长、几何限制条件严格、输入转速高、传动比和功重比大、重量要求严格、传递载荷复杂、动力学问题突出等特点,并在可靠性、维修性、生存能力（抗弹击、干运转）等方面有较高的要求。在通用性上,直升机传动系统具有单机配套的特点,即一个型号的直升机传动系统无法与另一型号的直升机传动系统通用,所以每研制一型新的直升机必须配套研制一套新的传动系统。总体来说,除具有一般的传动系统功能外,直升机传动系统的设计还有以下的独特要求。

（1）为适应多台发动机并车的工作特点,需在直升机传动系统设置并车传动环节;为适应旋翼轴线垂直、发动机水平布置的特点,需布置换向传动。这些是直升机传动系统结构上特有的技术,如何保证多台发动机的协同工作,在换向可靠的同时又保证并车可靠,是一个技术关键。

（2）为适应大传动比及功率传输需求,直升机传动系统传动链长,转动部件数量多,结构复杂。航空发动机输出转速通常在 20 000~30 000 r/min,这使得直升机传动系统的输入转速高,而其旋翼却在较低的转速下工作,一般转速在 180~370 r/min,

因此需要多级减速来满足大传动比要求。

（3）直升机传动系统关键件多，如何保证在高速和动态复杂载荷下齿轮系、轴、承力机匣等关键部件的工作可靠性是直升机传动系统独特的难题，因为直升机传动系统不仅要实现传动，也是旋翼气动载荷与机身之间的唯一传递环节。直升机传动系统承载着旋翼的弯矩、扭矩、剪力、升力等复合工作载荷，载荷条件严酷，而这些载荷均需要通过转动部件和机匣进行传递，与一般的传动系统工作时单纯传递扭矩的情况具有明显不同。一旦传递载荷的传动系统部件，如旋翼轴、机匣、支撑系统等失效，就可能导致安全事故。

（4）直升机总体对传动系统重量的要求非常严格，因此除具有一般传动系统所要求的长寿命、高效率等性能指标外，还要求有尽可能高的功重比。

（5）对于军用直升机传动系统，为了保证具备较高的战场生存能力，还必须具有抗弹击能力及干运转能力。例如，尾传动轴被一发 12.7 mm 的子弹击中后，仍能安全降落，这是普通民用直升机传动系统所不具备的。此外，干运转能力的要求已成为一个非常重要的性能指标，军用直升机传动系统一般要求具备 30 min 以上的干运转能力。按适航规章要求，民用直升机传动系统也要求在润滑失效后具备相应的干运转能力。

（6）由于载荷大、散热能力要求高和空间的限制，散热系统要求非常紧凑，内部温度场的设计分析已成为现代先进旋翼机传动系统研制的重要手段。由于动部件多，且难以实现冗余设计，在先进旋翼机传动系统中，为了保证长翻修间隔期（time between overhaul, TBO）和高可靠性与维修性，进行传动系统故障监测和状态监控是重要的手段。

（7）民用直升机传动系统更加注重经济性、安全性和舒适性，对传动系统的振动和噪声也有严格要求。为了满足民用直升机发展的需要，传动系统研制需要综合考虑标准化、系列化，以适应多变的民机市场需求及降低传动系统研制成本。

综上所述，传动系统技术具有其特殊性，历来都是国外各直升机公司的核心技术之一，也是直升机技术竞争的焦点之一。

1.2　直升机传动系统分类

直升机传动系统的分类通常与直升机分类相同。按用途分类，可分为军用直升机传动系统和民用直升机传动系统；按结构形式分类，可分为单旋翼直升机传动系统、纵列双旋翼式直升机传动系统、交叉双旋翼式直升机传动系统、共轴式双旋翼直升机传动系统等类型；按发动机数量分类，可分为单发直升机传动系统、双发直升机传动系统、多发直升机传动系统等类型；按起飞重量分类，可分为小型、轻型、中型、大型和重型直升机传动系统。按技术发展分类，可分为常规构型直升机传动系统、新型直升机传动系统等。

1.2.1　单旋翼直升机传动系统

单旋翼直升机上仅安装一副旋翼,升力和推进力均由其产生,安装在机身尾部的尾桨提供平衡旋翼反扭矩的推力(或拉力)并提供航向操纵,有的也可提供部分升力,这是当今技术最成熟、数量最多的直升机形式。单旋翼直升机传动系统一般由"两轴三器"组成,某些轻型直升机或涵道尾桨直升机不用中间减速器。CH-53K 直升机传动系统及"阿帕奇"直升机传动系统为典型的单旋翼直升机传动系统[1,2],分别见图 1.3、图 1.4。

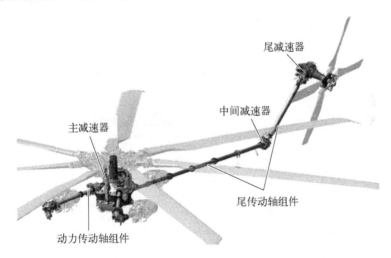

图 1.3　CH-53K 直升机传动系统

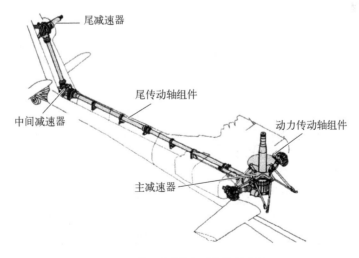

图 1.4　"阿帕奇"直升机传动系统

1.2.2　双旋翼直升机传动系统

双旋翼直升机传动系统有纵列式、交叉并列式、共轴式等类型。这类直升机无需尾桨,两旋翼的功率和转速由直升机操纵系统控制。

1. 纵列式双旋翼直升机传动系统

纵列式双旋翼直升机多为运输型直升机,两组尺寸相同,转向相反的旋翼一前一后地安装在直升机上,直升机的飞行机动动作通过对两组旋翼的操纵实现。典型的 CH‐47"支奴干"纵列式双旋翼直升机传动系统[3]见图1.5。传动系统由动力传动轴(连接发动机/发动机头部减速器与并车减速器)、并车减速器、前/后同步轴(连接并车减速器与前/后减速器)、前/后减速器组成,前/后减速器分别带动两组旋翼。

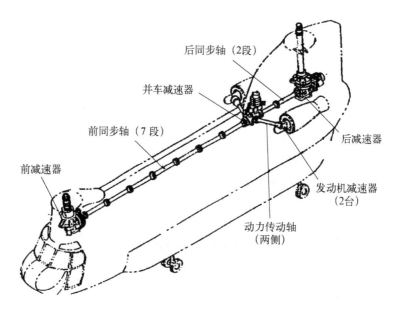

后同步轴(2段)

并车减速器

前同步轴（7段）

前减速器

后减速器

发动机减速器
（2台）

动力传动轴
（两侧）

图1.5　CH‐47"支奴干"纵列式双旋翼直升机传动系统

2. 共轴式双旋翼直升机传动系统

共轴式双旋翼直升机简称共轴式直升机,两副旋翼上下共轴安装,且转向相反,反扭矩相互平衡。传动系统结构形式有两种:有尾推的高速直升机传动系统和无尾推的共轴直升机传动系统。有尾推的高速直升机,如美国的 S97、SB‐1 高速直升机及俄罗斯的卡‐92直升机,这类直升机是一种新型直升机,其传动系统详见1.2.3小节,主要由动力传动轴、共轴对转主减速器、尾传动轴、尾推组件/尾推减速器组成。无尾推的共轴直升机,如俄罗斯的卡‐50共轴式直升机传动系统,其传动系统主要由动力传动轴和共轴对转主减速器组成,卡‐50直升机主减速器见图1.6。

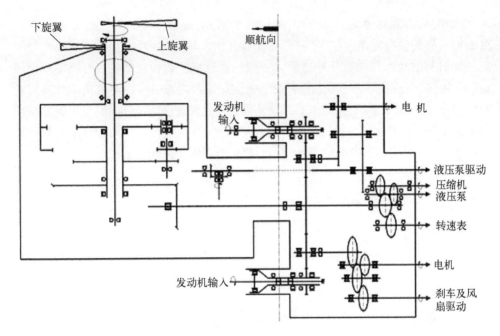

图 1.6　卡-50 直升机主减速器

3. 交叉式双旋翼直升机传动系统

交叉式双旋翼直升机简称交叉式直升机,两副旋翼位于机身两侧,横向左右排列,它们的主轴向外倾斜呈 V 形,两副旋翼交错反向协调旋转。飞行机动动作通过对两组旋翼的操纵实现。该机的机身较短,传动系统紧凑。但是由于有两旋翼的气流干扰,旋翼效率降低,振动大。传动系统的部件结构设计特点与单旋翼直升机基本相同,主要由左、右旋翼轴组件、减速器和发动机至减速器的动力传动轴组成。图 1.7 为交叉式双旋翼直升机,图 1.8 为主减速器结构图。该主减速器由中间输

图 1.7　交叉式双旋翼直升机

入动力和左、右旋翼传动三部分/两条传动链组成,每条传动链有三级传动。第一级为输入螺旋锥齿轮换向减速,离合器设置在输入轴上。当发动机停车时,两个旋翼可同时与发动机自动脱开并自旋。一级从动锥齿轮通过花键与右二级主动锥齿轮轴相连接,该轴的左端花键上装有左二级主动锥齿轮,这样,发动机功率分流为左右两部分,进行第二级减速。左、右二级从动锥齿轮转速相同,转向相反,用螺栓与带太阳齿轮的下轴相连接。第三级为行星齿轮减速,有 5 个行星齿轮。行星架为一体化结构,上部有刚性加强圈,刚性较好。行星架的花键与旋翼轴相连接。

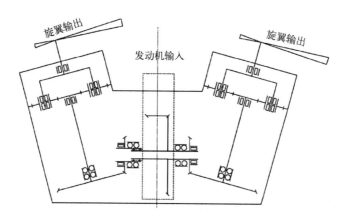

图 1.8 交叉式双旋翼直升机主减速器结构图

1.2.3 复合式旋翼传动系统

复合式旋翼机由常规构型直升机将尾桨系统改为推进系统发展而来。在起降或悬停时,利用主旋翼产生升力;在前飞时,依靠推进系统产生主推进力,提高飞行速度。复合式旋翼机的主要构型为主旋翼加尾推进桨或主旋翼加前螺旋桨两种。传动系统主要由主减速器、动力传动轴、尾传动轴和尾推组件组成。图 1.9 为一种共轴刚性旋翼加尾推进式旋翼机传动系统的传动简图[4]。

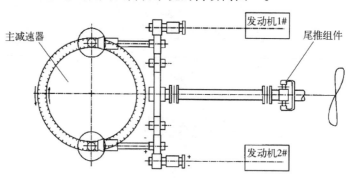

图 1.9 共轴刚性旋翼加尾推进式旋翼机传动系统的传动简图

西科斯基公司研制的 XH-59A 共轴双旋翼验证机的传动系统[5]如图 1.10 所示,其主减速器为两级传动,第一级为锥齿轮换向减速,第二级为复合行星轮共轴输出。

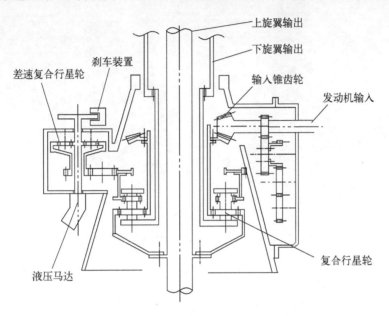

图 1.10 XH-59A 共轴双旋翼验证机的传动系统

西科斯基公司 X2 高速验证机的传动系统原理如图 1.11 所示,由分路减速器、共轴减速器、推进减速器、动力传动轴组件、尾传动轴组件等组成。该系统采用圆柱齿轮内外啮合形式实现共轴反向输出,其特点是所有齿轮均为定轴传动,但受结构限制,承载能力有限。

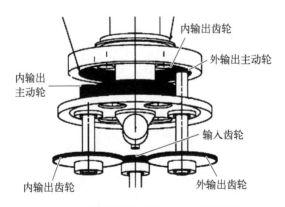

图 1.11 X2 高速验证机的传动系统原理

西科斯基与波音公司基于 X2 平台,合作开发了 SB-1 联合多功能中级高速直升机,最大起飞质量达到 13.6 t,SB-1 高速共轴反转部分传动系统[6]布局见图 1.12。

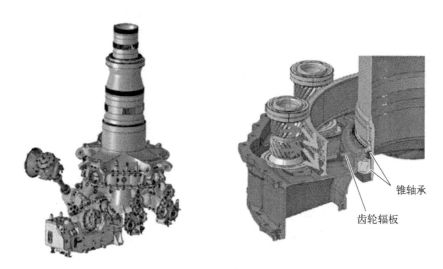

锥轴承

齿轮辐板

图 1. 12　SB - 1 高速共轴反转部分传动系统布局

1. 2. 4　倾转旋翼机传动系统

　　倾转旋翼机是一种既具有直升机垂直起降和悬停功能,又具备装备涡轮螺桨发动机的固定翼飞机高速飞行能力及效率的飞行器,具有速度快、航程远的特点。国外倾转旋翼机经历了 XV - 15、BA609 和 V - 22 的发展历程,技术已相当成熟,正开展 V - 280 的研制。XV - 15 倾转旋翼机是为了研究倾转旋翼飞机而设计的一种验证机型,其左旋翼减速器[7]如图 1. 13 所示。

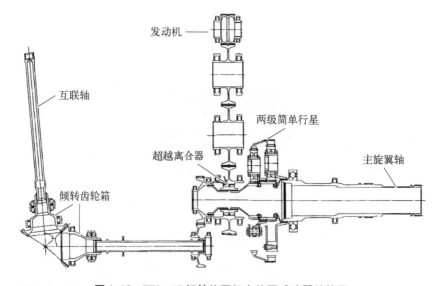

发动机

互联轴

两级简单行星

超越离合器

主旋翼轴

倾转齿轮箱

图 1. 13　XV - 15 倾转旋翼机左旋翼减速器结构图

  XV–15 机翼的两侧翼尖各有一个短舱,每个短舱内配置一台 T–53 发动机、一根倾转旋翼轴和两个减速齿轮箱,其中一个齿轮箱是倾转旋翼主减速器速齿轮箱,实现发动机与驱动旋翼之间速度的匹配。该减速器采用三级减速,第一级利用斜齿轮减速,第二级和第三级都是采用行星轮减速。另一齿轮箱是倾转轴减速器齿轮箱,该齿轮箱由一对弧齿锥齿轮作为倾转齿轮,实现短舱中其他组件(主减速器、旋翼轴组件、发动机等)绕横轴的倾转。整个短舱与机翼通过销轴相连,可利用液压和电磁阀驱动的倾转机构使整个短舱绕销轴做一定角度的转动,倾转旋翼机在直升机模式和螺旋桨飞机模式之间转换。

  美国贝尔公司研制的 V–22"鱼鹰"倾转旋翼机[8] 传动系统如图 1.14 所示。V–22 的传动系统的设计借鉴了 XV–15 传动系统的设计技术与数据,驱动旋翼的发动机和传动系统都与旋翼系统一同安装在机翼的尖部,而且要求能同时在垂直方向与前飞方向之间倾转。

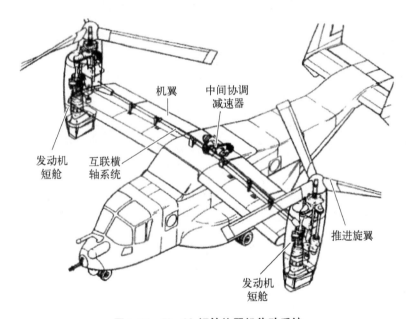

图 1.14　V–22 倾转旋翼机传动系统

  V–22 的两侧机翼端部各通过支撑销轴连接一发动机短舱,每个短舱内配置一台艾利逊 T406 发动机、一个倾转旋翼轴组件、一个倾转旋翼主减速器速齿轮箱和一个倾转齿轮箱。短舱的倾转是利用液压和电磁阀驱动的倾转机构使整个短舱绕销轴做一定角度转动完成的,实现倾转旋翼机在直升机模式和螺旋桨飞机模式下的转换。传动系统除了带动旋翼的倾转减速器之外,还带动中间协调减速器。

1.3 直升机传动系统发展历程

1. 传动系统发展阶段

在军用领域,军用直升机已用于空中机动和火力支援、反坦克和反潜攻舰等,经受了自第二次世界大战以来多次局部战争和武装冲突的考验,奠定了它在现代战争中的重要地位和作用。在民用领域,民用直升机已经渗透到国民经济、社会公共事务乃至家庭生活的各个领域。与70多年来直升机、发动机的技术发展相对应,传动系统的型号及其技术取得了重大的发展,在技术上经历了几项重大的突破性进展,传动系统性能得到大幅提升。

根据传动系统的性能、总体及部件技术特征、对应的直升机型号及其旋翼系统、发动机水平及投入使用年代,可将传动系统的发展分为五个阶段,见表1.1。

表1.1 传动系统发展阶段及其性能与典型技术特征

技术特征	第一阶段	第二阶段	第三阶段	第四阶段	第五阶段
投入使用年代	20世纪40年代初至50年代中期	20世纪50年代中期至60年代末	20世纪70年代至80年代	20世纪90年代至21世纪初	21世纪初至今
直升机型号	米-4、贝尔47、S-51、卡-18	米-6、米-8、UH-1C、贝尔209、SA-321	A-129、UH-60A、CH-53E、米-28	RAH-66、卡-50、UH-60M、EC-665、AH-64D	AH-64E、CH-53K
主减速器输入转速/(r/min)	<3 000	<7 000	>20 000	>20 000	>20 000
主减速器TBO/h	<600	<1 200	2 000~3 000	3 000~4 000	4 000~5 000
主减速器质量系数/[kg/(kgf*·m)]	~0.075	~0.070	0.065~0.070	0.060~0.065	0.058~0.060
主减速器干运转能力/min	无要求	无要求	30	30	45
自诊断功能	无	无	试用	实用	实用
传动系统设计结构关键技术(部分)	无	安全寿命设计;与主减速器一体的旋翼轴;齿轮和轴的一体化设计;单元体设计;滚柱离合器	损伤容限设计;动静轴传动技术;齿轮、轴、轴承内环一体化设计;斜撑离合器;膜盘联轴器	高重合度行星轮;多齿轮-轴-轴承内环一体化设计;薄壁腹板齿轮;高精度大游隙航空轴承	面齿轮传动;分扭传动机构;弹簧离合器

---

  * 1 kgf=9.806 65 N。

技术特征	第一阶段	第二阶段	第三阶段	第四阶段	第五阶段
传动系统材料工艺关键技术（部分）	无	无	9310齿轮钢；铝合金机匣；深氮化技术、纳米技术（表面改性技术）；电子束焊	M50钢、高强度齿轮钢；镁合金机匣；陶瓷轴承	X－53、CSS－42L及CBS600高强度齿轮钢；M50NiL钢；复合材料（传动轴、机匣）；陶瓷轴承

从20世纪40年代初至50年代中期为第一阶段。该阶段,直升机最大飞行速度小于200 km/h,装活塞式发动机,主减速器输入转速较低(一般不高于3 000 r/min),主减速器质量系数(主减速器质量与旋翼轴最大扭矩之比)大约0.075 kg/(kgf·m),主减速器TBO不大于600飞行小时。

从20世纪50年代中期至60年代末为第二阶段。该阶段,直升机最大飞行速度为200~250 km/h,装第一代涡轮轴发动机,主减速器输入转速不高于7 000 r/min,质量系数大约0.070 kg/(kgf·m),主减速器TBO不大于1 200飞行小时。

从20世纪70年代至80年代为第三阶段,目前世界上大部分现役直升机属于第三代直升机。第三代直升机的最大飞行速度为250~300 km/h,装第二代涡轮轴发动机,典型机型有A-129"猫鼬"、UH-60A"黑鹰"、米-28"浩劫"等。第三代直升机传动系统性能已达到较高水平,结构紧凑、对总体适应性强,同时采用一体化设计,注重安全寿命设计、干运转设计、动力学优化等。第三代直升机主减速器输入转速高达20 000 r/min以上,主减速器质量系数为0.065~0.070 kg/(kgf·m),主减速器干运转能力可达30 min,TBO达到2 000~3 000飞行小时。

从20世纪90年代至21世纪初,直升机传动系统在构型、部件上采用了一些新的技术,如圆柱齿轮分扭传动、动静旋翼轴等,传动性能(如振动性能水平、噪声水平、安全性、可靠性)得到很大提高。以AH-64D"阿帕奇"、RAH-66"科曼奇"、卡-50"噱头"、EC665"虎"为代表的先进旋翼机传动系统的研制成功标志着旋翼机传动系统进入了第四代,传动系统的质量系数达到0.060~0.065 kg/(kgf·m)、减速器干运转能力达到45 min,TBO达到3 000~4 000飞行小时。

从21世纪初至今,国外直升机传动系统发展到了第五阶段,其技术特点是更轻的重量、更高的寿命和可靠性、更强的生存能力等,采用面齿轮及分扭传动、新一代高强度齿轮钢、弹簧离合器、复合材料机匣等先进技术,代表机型有AH-64E"阿帕奇"、CH-53K"超级种马"等,主减速器质量系数为0.058~0.060 kg/(kgf·m),干运转能力可达45~60 min,减速器TBO达到4 000~

5 000 飞行小时。

在新构型直升机传动系统领域,西方国家积极推进了高速直升机、倾转旋翼机传动系统型号研制工作(表 1.1),提出了共轴对转传动、倾转轴传动、变速传动等新的技术特点,并且倾转旋翼机已于 20 世纪末开始服役于军民用领域,共轴刚性旋翼带尾推进桨高速直升机预计于 2020~2025 年进入工程应用。

2. 国外开展的主要研究计划

国外直升机公司极为重视传动系统的技术发展和试验研究。美国从 20 世纪 50~60 年代开始,经历了单项技术研究、部件基础研究、技术集成、整机或缩比整机试验验证,最后到型号应用的研发途径,先后开展了直升机传动系统技术(Helicopter Transmission System Technology, HTST)研究计划(简称 HTST 计划)、先进旋翼机传动系统(Advanced Rotorcraft Transmission, ART)研究计划(简称 ART 计划)、ART Ⅱ 计划和 21 世纪旋翼机传动系统(Rotorcraft Drive Systems for the 21st Century, RDS - 21)研究计划(简称 RDS - 21 计划)等[9]。

20 世纪 70 年代,美国陆军与美国国家航空航天局(National Aeronautics and Space Administration, NASA)的刘易斯(Lewis)研究中心合作开展了 HTST 计划,计划中的基础研究项目包括齿轮材料的研究、先进轴承的研究、齿轮分析软件的开发与工程化验证、新概念传动部件的探索与研究(如分扭传动机构)等,相关研究内容见表 1.2。在此基础上,各单项先进技术集成到 OH - 58 主减速器上进行工程化验证。NASA 为 OH - 58 直升机主减速器设计的分扭传动装置结构简单,减少了零部件数量,提高了可靠性,减轻了近 25% 的重量,还将针对提高干运转能力进行的润滑系统、结构、材料等方面的研究成果应用到 OH - 58C 传动系统,使传动系统达到 57~104 min 的干运转能力(OH - 58A 传动系统不具备干运转能力)。计划中针对双发直升机传动系统所发明的"一级锥齿轮换向-二级圆柱齿轮传动分扭-三级圆柱齿轮并车"传动构型,经过近 20 年的研究,成功应用于"科曼奇"直升机的传动系统。

1989 年,美国陆军进一步提出了 ART 计划,其宗旨是为下一代旋翼机发展和验证重量轻、噪声低、耐久性高的传动系统,波音公司、西科斯基公司、麦道公司及贝尔公司四家公司参与,目标是与代表当时技术水平的基本型传统系统相比,重量降低 25%,源自传动系统的噪声水平降低 10 dB,平均更换间隔时间(mean time between repairs, MTBR)增至 5 000 h,相关研究内容详见表 1.3。在 ART 计划完成过程中,美军方又根据实际需要提出了先进旋翼机传动系统研究计划 Ⅱ(ART Ⅱ 计划),内容包括面齿轮、新型分扭装置等用于下一代旋翼机传动系统的新技术、新部件和新材料,其部分研究成果用于"阿帕奇"传动系统改型设计。

表 1.2　HTST 计划研究概况

研 究 目 的	技 术 指 标	研 究 内 容
(1) 获得先进旋翼机传动系统的设计技术; (2) 通过轴承、齿轮传动、润滑等技术研究,为重量轻、尺寸小、长寿命、低噪声和低成本的直升机传动系统提供技术支撑; (3) 通过关键零部件和整机的试验对先进的传动系统做出评定	(1) MTBR 从 500 ~ 1 000 h 提高到 2 500~3 000 h; (2) 重量减轻 20% 左右; (3) 噪声降低 10 dB; (4) 齿轮传动效率从 97% 提高到 98.5%	(1) 零部件技术:滚动轴承、齿轮传动、润滑剂、润滑系统等; (2) 技术先进的传动系统:317 hp* 三个行星齿轮的 OH-58 的传动系统,317 hp 四个行星齿轮的 OH-58 的传动系统,3 000 hp 的 UH-60 传动系统,3 000 hp 波音通用战术动力直升机的传动系统; (3) 先进的传动构型:具有先进零部件的传动系统,无轴承行星传动系统,力矩分流传动系统; (4) 混合牵引传动技术:500 hp 单发小传动比混合传动,500 hp 单发大传动比混合传动,3 000 hp 双发混合传动

表 1.3　ART 计划研究概况

参与公司	背景直升机和传动系统	总体技术指标	研 究 内 容
波 音	背景直升机:倾转旋翼式攻击旋翼机; 传动系统主要技术特征:单级人字齿轮行星传动结构; 对比基准:CH-47 和 YUH-61 的两级行星齿轮传动结构	与基本型直升机传动系统相比:重量减轻 25%、噪声下降 10 dB;MTBR 不小于 5 000 h	(1) 系统总体构型和关键零部件; (2) 材料与润滑剂、润滑系统; (3) 通用零部件技术; (4) 减振降噪技术; (5) 分析计算技术
西科斯基	背景直升机:单旋翼带尾桨的先进运输直升机; 传动系统主要技术特征:圆柱齿轮分扭传动结构; 对比基准:CH-53E 的两级行星齿轮传动结构		
麦 道	背景直升机:单旋翼无尾桨式攻击旋翼机; 传动系统主要技术特征:面齿轮分扭传动结构; 对比基准:AH-64A 的锥齿轮换向-圆柱齿轮并车传动结构		
贝 尔	背景直升机:倾转旋翼式攻击旋翼机; 传动系统主要技术特征:两级斜齿轮传动与单级行星传动结构; 对比基准:XV-15 的两级行星齿轮传动结构		

---

* 1 hp=745.699 872 W。

2001 年,美国陆军开展了使美国在旋翼机传动系统领域保持领先地位的 RDS – 21 计划。RDS – 21 计划以提高功重比、降低噪声、降低全寿命周期费用为目标,波音公司和西科斯基公司参加,研究内容包括面齿轮传动技术的应用、复合材料尾传动轴及机匣、传动系统的动力学分析和其他分析技术,并为"阿帕奇"传动系统的改型及重型直升机等传动系统的设计提供技术支持。2005 年,美国 NASA 对 RDS – 21 计划增加了额外研究内容和预算,其中旋翼机机体技术中包含降低内部噪声、减少噪声源、减振、减重、先进材料/结构研究、先进传动概念、传动系统干运转技术等,相关研究内容见表 1.4。

表 1.4　RDS – 21 计划研究概况

参与公司	总体技术目标	主要研究内容
波音、西科斯基	(1) 减重 35%; (2) 生产、运行和维护成本下降 20%; (3) 传动系统噪声减少 12 ~ 15 dB	(1) 面齿轮传动技术的应用研究; (2) 复合材料尾传动轴; (3) 复合材料主减速器机匣; (4) 传动系统的动力学分析和其他分析技术; (5) 为"阿帕奇"直升机的改进型提供技术支持

通过以上研究计划,美国先后成功研发了一系列先进的传动机构与部件,如弹簧超越离合器、面齿轮传动、分扭传动、高接触比行星传动及高 *DN* 值轴承等,并成功研制了 AH – 64E、CH – 53K 等先进直升机的传动系统。在传动形式、部件结构、齿轮齿形、行星传动均载、传动效率、可靠性、干运转等方面开展了大量的试验研究。这些计划取得了丰富的科研成果,促进了第四代、第五代及新构型直升机传动系统的发展和技术进步。

1998 年 2 月,欧洲五国共八个单位联合开展了"面向航空航天传动系统应用的面齿轮传动发展"(The Development of Face Gears for Use in Aerospace Transmission, FACET)计划。FACET 计划的目标是研究面齿轮代替锥齿轮在航空飞行器中的应用,其相关研究内容详见表 1.5。

多年来,美国西科斯基公司、意大利阿古斯塔公司、法国空中客车直升机公司(原欧洲直升机公司)都在不间断花巨资建设自己的传动系统研发体系和试验验证平台,建设了大量的传动系统整机与部件试验平台,开展传动系统整机、部件等试验研究。美国 NASA、英国纽卡斯尔大学齿轮技术研究中心等科研机构对直升机传动系统的齿轮开展了大量的机理性试验研究,对完善传动齿轮的基础研发体系提供了大量试验数据,极大地提高了传动系统的研发水平。

表 1.5 FACET 计划研究概况

参 与 单 位	研 究 目 的	研究的四个阶段
(1) 韦斯特兰直升机公司(GKN); (2) 意大利阿古斯塔公司(Agusta); (3) 欧洲直升机法国公司(Eurocopter); (4) 采埃孚股份公司及其子公司 (ZF AG、ZF GmbH); (5) 里昂国立应用科学学院(INSA); (6) 意大利米兰理工大学(Polimi); (7) 亚琛工业大学机床研究所(WZL); (8) 瑞士莱斯豪尔公司(Reishauer AG)	(1) 通过分析和试验研究突破面齿轮传动的应用限制; (2) 面齿轮传动的设计工具开发; (3) 面齿轮的制造技术; (4) 为直升机和其他航空航天传动系统提供新构型; (5) 为工程设计提供技术数据	(1) 第一阶段:总体研究; (2) 第二阶段:初步研究; (3) 第三阶段:全尺寸试验; (4) 第四阶段:设计评估与准则

3. 国内传动系统主要发展过程

20 世纪 50 年代,我国研制了直-5 直升机传动系统,该传动系统为引进的苏联米-4 直升机传动系统的仿型,属于第一代传动系统。随后,又改型研制了直-6 直升机传动系统,但并未投产交付部队使用。1970 年起,在直-5、直-6 直升机传动系统的基础上,开展了直-7 直升机传动系统的研制,该传动系统为我国第一型自行设计的传动系统,其主减速器在车台上进行了运转调试试验,之后根据国家的总体安排,直-7 项目停止,未完成型号研制的全过程[10]。

从 20 世纪 70 年代末到 21 世纪初,通过引进专利生产或测绘仿制,先后研发了直-9、直-11、直-8 三型直升机传动系统。其中,引进法国 SA-365"海豚"直升机传动系统生产专利的 4 t 级直-9 传动系统,于 1992 年设计定型;2 t 级军民两用直-11 直升机传动系统,于 1999 年设计定型;通过引进法国 20 世纪 70 年代产品 SA-321"超黄蜂"设计图样(20 世纪 80 年代已停产)研制的 13 t 级大型运输直升机直-8 传动系统,于 2000 年设计定型[11]。

1999~2010 年,全新研制了第三代传动系统,其性能和技术已达到 20 世纪末和 21 世纪初的国际先进水平。

21 世纪初以来,开展了直-8 系列、直-9 系列、直-11 系列的改型设计,开展了 7 t 级和 10 t 级等型号传动系统的研制。

1.4 直升机的发展及对传动系统技术的需求

根据国内直升机对传动系统的需求以及国内外直升机传动技术发展现状与趋势,为了满足直升机进一步提高有效载荷、战场生存能力、寿命和可靠性等要求,一方面要求传动系统性能朝着高功率密度、高可靠性、高安全性、高效率、低成本和低噪声的方向发展;另一方面,为了适应新构型、新概念直升机的发展,传动系统的模式已不再局限于传统的定轴传动、定传动比传动、机械传动等结构形式,倾转式传动、可变速比传动、共轴反转传动、电传动等新型传动形式将逐步进入工程应用,将进一步提高传动系统的性能。为满足未来军、民用直升机综合性能提升和功能延伸的需求,传动系统性能发展需求主要集中在以下方面:

(1)进一步减轻传动系统重量,如要求中型直升机主减速器重量在现役第三代直升机传动系统的基础上再减轻 10% 以上;

(2)进一步提高动力传动系统寿命与可靠性,要求减速器 TBO 达到 5 000 h,零部件寿命达到 15 000 h 以上;

(3)全面应用健康管理系统;

(4)进一步提高生存力,要求主减速器干运转时间达到 45 min 以上,中间/尾减速器的干运转能力达到 1~3 h,尾传动轴被一发 12.7 mm 口径的子弹击中后不影响执行任务;

(5)进一步提高传动效率,直升机传动系统效率从目前的 97% 提高到 98%;

(6)进一步降低成本,提高市场竞争力;

(7)进一步提高传动系统的环境适应性,除满足通用的"三防"(防霉菌、防盐雾、防湿热)要求外,对舰载直升机传动系统,还需满足海洋环境条件下的高温、高湿、盐雾及酸性大气环境条件;

(8)应用倾转传动、共轴反转传动、可变速比传动、电传动等新型传动结构形式,满足新构型、新概念飞行器需求。

1.5 直升机传动系统难点与关键技术

1. 传动系统难点

直升机传动系统技术复杂,研制技术难度相对较大,具体表现在以下几点。

(1)传递功率大,承受载荷复杂,又要求重量轻。

直升机传动系统传递功率大,一般 3~4 t 中型直升机传动系统功率就达到或接近 1 000 kW,30~40 t 级重型直升机传动系统功率甚至超过 10 000 kW。

直升机传动系统需传递和承受旋翼系统的气动载荷和操纵载荷,交变载荷幅度大,直升机的过载可达 3g 以上,承受来自减速器安装节的支反力、发动机安装节以及其他连接结构的载荷,安装节在直升机坠毁情况下(高达 24g 过载)不能发生破坏。

直升机传动系统对重量要求苛刻,目前先进直升机主减速器的功重比(主减速器传递功率/质量)已达到 4.35 kW/kg,远远高于船舶、汽车等其他传动产品(1 kW/kg 左右)。这就要求传动系统零部件设计时尽可能采用轻质材料、薄壁构件等,必须在设计点选择、计算模型建立、边界条件确定、计算分析等方面做到非常准确和精细,才能解决强度与重量之间的矛盾。

（2）输入转速高,又要求振动小噪声低。

随着发动机技术的发展和结构的变化,发动机的输出转速从早期的 6 000 r/min 发展到目前的 20 000 r/min 以上,这就要求直升机传动系统需适应高输入转速带来的变化,如高速锥齿轮的线速度可能高达 120 m/s。在传动系统传动链中,各种不同转速的构件协同运转,发动机、旋翼系统与传动系统之间存在振动耦合,工作中激振源多,激振频率非常丰富,系统响应复杂,动力学问题十分突出,振动和噪声要求高。

由于传动系统受转子不平衡量和转子本身动力学特性、系统刚度、传动误差和齿轮啮合冲击等因素影响,并且传动系统转速范围宽,分析模型的建立和边界条件的确定十分复杂,这种复杂工况下的模拟分析非常困难,需要进行大量的理论分析和试验验证,并反复迭代。美国在 HTST 计划中,经过近 20 年的研究,才将传动系统噪声降低 10 dB。

（3）强度裕度低,又要求可靠性和安全性高。

作为发动机功率和飞机载荷的唯一传递路径,传动系统需要具有尽可能长的寿命、足够的安全性和可靠性。对于军用直升机,要求关键件寿命可靠度达 99.9%,对于民用直升机,要求其关键件寿命可靠度要达到 99.999 9%。为减轻飞机自身重量,直升机传动系统一般需要采用减重设计,即承载能力需要接近许用极限。既要求有足够的可靠性和安全性,又要求重量尽可能轻,这就要求传动系统强度设计非常精确,材料性能分散度小,加工精度高(精度达到 4~5 级)且一致性好,工艺稳定,确保零件在较低的强度裕度下满足较高的安全性和可靠性指标要求。

（4）传动链长,传动比大,又要求传动效率高。

由于发动机输出转速高、旋翼输出转速低(受叶尖速度限制),直升机传动系统传动比大(有的已超过 100),传动级数多。功率在传递至主旋翼、尾桨、附件等多路输出的同时,还需要传动系统具有较高的传动效率。先进的直升机传动系统中,要求单级齿轮传动的效率达 99% 以上,四级传动的直升机主减速器的效率要求达到 97% 以上。

（5）结构复杂,精度高,制造难度大。

直升机传动系统高性能的需求对减速器的构型设计、齿轮齿面加工、轴承配置、系统刚度设计、装配精度等要求十分严格。直升机传动系统螺旋锥齿轮加工精度达到 AGMA 12 级,表面粗糙度达到 0.2 μm,还需要振动光饰,零件的高精度要求大大增加了设计、加工、检验难度。

（6）试验项目多,工况复杂,模拟难度大。

由于直升机传动系统是传递动力的执行机构,飞行工况多样、承载复杂,为确保整套传动系统满足研制要求,降低飞行风险,必须开展大量模拟实际工况承载的地面试验。传动系统的试验分为零部件试验、减速器整机台架试验、地面联合试验台(铁鸟)试验、直升机地面试验、飞行试验五类。研制过程中,零部件都需开展静强度、疲劳寿命和/或性能试验,一个型号传动系统的零部件试验就不少于 10 万小时;主、中、尾减速器都需模拟工况开展整机综合性能试验,如润滑系统试验、齿轮印痕发展试验、整机疲劳试验、温度场试验、干运转试验、翻修间隔期(TBO)试验等,首飞前应完成飞行核准试验,整机试验时数不少于 3 万小时;需开展地面联合(铁鸟)试验,以验证整套传动系统设计的合理性与匹配性,为在直升机上进行地面试验和飞行试验提供依据;传动系统装直升机开展地面试验,是验证其与发动机及直升机其他相关部件和系统的匹配性、动态性能,以及在规定条件下完成各项工作的能力;飞行试验是检验传动系统各参数调整值的合理性、与其他系统的匹配性、润滑和冷却系统的性能以及振动水平等,为传动系统各部件设计定型/鉴定提供试飞结论。

2. 主要关键技术

1) 传动系统总体设计技术

传动系统总体设计决定了整个传动系统的总体布局、结构、性能等关键因素,对整个传动系统的设计成败起着决定性的作用。为达到总体性能指标,需突破传动系统总体结构布局及部件结构优化设计等关键技术。考虑传动系统的可靠性、维修性和保障性,保证其生存能力的要求;考虑监控传动系统的使用和健康状态,并确保传动系统的装机适用性。因此,总体设计在传动系统设计时至关重要。

2) 齿轮设计与制造技术

齿轮传动是传递动力与运动的一种主要形式,具有传动功率范围大、传动效率高、传动比准确、使用寿命长、安全可靠等特点。因此,齿轮广泛应用于直升机传动系统的减速器中(如主减速器、中间减速器和尾减速器),是减速器最重要的基础零件,在传动系统中占有举足轻重的地位。齿轮设计的关键是轮齿构型、齿面设计、轮体结构及振动和动态特性分析,因为其与啮合面间接触状况及减速器的振动、噪声水平直接关联。

直升机传动系统的齿轮均需采用渗碳或渗氮硬化技术来满足其较高的抗疲劳、抗摩擦磨损等综合机械性能,需要满足零件不同部位对渗层深度的要求。而零件最终既要满足齿形及齿向等公差的要求,又要同时保证不同部位的渗层均匀性等冶金质量要求,这对齿轮的热处理变形控制提出了很高的要求。在热处理变形控制过程中,其关键技术主要有:优化加工工艺路线,最大限度消除组织不均匀及残余应力的不良影响;优化压力淬火工装的结构设计实现对热处理变形的有效控制;摸索热处理变形规律,提前预留加工余量对热处理变形进行反向补偿等。

齿轮制造工艺的关键在于热处理变形工艺控制及热处理后精加工工艺,包含齿面精度磨削参数调整、齿面磨削烧伤控制、轮齿齿面精度检测以及齿面静、动态印痕调整。

3）复杂机匣设计与制造技术

机匣是传动系统的关键件、重要件，为传动件提供安装接口、支承，承受轴承的支承载荷和其他载荷，并布置了复杂的内部润滑管路。同时，为了严格控制重量，机匣往往设计成薄壁结构，机匣设计、强度分析的难度都很大。由于机匣的复杂性和重要性，复杂机匣设计既是传动系统研制难点，也是传动系统研制的关键技术。必须开展复杂机匣构型设计和复杂的强度、刚度计算分析等关键技术的研究。

薄壁机匣的铸造和加工难度都很大，须解决铸造防燃、薄壁铸造、反重力铸造、集成化机匣铸造及复杂铸造机匣加工等技术难题。

4）强度、载荷与寿命分析技术

传动系统结构复杂，分析其在一定的载荷下的强度和寿命至关重要。在强度和寿命分析时，除飞行载荷外，需分析传动系统结构在受到外来冲击、弹击、桨叶飞出、轴承失效卡滞时冲击载荷对结构强度的影响，并综合考虑复杂工况的情况下对机匣等承力构件进行多目标优化设计，以减轻机匣重量。

参考文献

[1] Gmirya Y. Load sharing test of the CH－53K split－torque main gearbox[R]. Grapevine：The 65th American Helicopter Society International Annual Forum, 2009.

[2] Gilbert R. 3400 hp Apache Block III improved drive system[R]. Montreal：The 64th American Helicopter Society International Annual Forum, 2008.

[3] 倪先平. 直升机手册[M]. 北京：航空工业出版社, 2003.

[4] Gmirya Y. Split torque gearbox for rotary wing aircraft with translational thrust system[P]. US 7413142B2, 2008.

[5] Burgess R K. The ABC™ ROTOR—A historical perspective[C]. Baltimore：The American Helicopter society 60th Annual Forum, 2004.

[6] Bouwer S, Kaiser E. Design and development of the main rotor gearbox for the Sikorsky Boeing SB>1 DEFIANT JMR technology demonstrator aircraft[C]. Philadelphia：The Vertical Flight Society's 75th Annual Forum & Technology Display, 2019.

[7] Henry Z S. Bell helicopter advanced rotorcraft transmission (ART) program[R]. Washington D.C.：NASA, 1995.

[8] Dailey J R, Augustine N R, Davis J R, et al. Report of the panel to review the V－22 program[R]. Washington D.C.：Department of Defense, 2001.

[9] 路录祥, 王新洲. 军用直升机型号发展工程[M]. 北京：航空工业出版社, 2009.

[10] 文裕武, 温清澄, 等. 现代直升机应用及发展[M]. 北京：航空工业出版社, 2000.

[11] 栗琳. 直升机发展历程[M]. 北京：航空工业出版社, 2007.

第2章
传动系统总体设计

2.1 传动系统总体设计输入

2.1.1 设计技术要求

传动系统设计之初,应根据直升机总体情况对设计技术要求进行论证。一般而言,传动系统设计技术要求应至少包括功能、性能以及通用质量特性等。

1. 功能要求

传动系统的功能应与直升机总体要求相匹配,一般应包括以下几个方面:

(1) 传递功率和载荷的要求,如起飞功率、最大连续功率、单发应急功率、主减速器限制功率、旋翼轴功率、尾桨轴功率,以及旋翼轴、尾桨轴静载荷、疲劳载荷、主减速器安装载荷、旋翼和尾桨操纵系统载荷等;

(2) 减速与换向的要求,如主减速器输入转速与转向、旋翼轴输出转速与转向、尾桨输出转速与转向等;

(3) 发动机并车的要求,对于多发直升机,应满足发动机并车距及安装角等要求;

(4) 驱动附件的要求,按照直升机总体要求,为直升机附件提供功率、转速及安装接口等,直升机附件一般包括液压泵、交流电机、永磁电机、滑油冷却风扇及散热器等;

(5) 安装接口的要求,如传动系统的节点参数及其与安装平台、发动机、旋翼系统、操纵系统(自动倾斜器、扭力臂、防扭臂等)、附件、防冰系统、液压系统、旋翼刹车装置、传感器等的接口;

(6) 其他特殊要求。

2. 性能要求

传动系统的性能要求一般根据直升机总体和用户需求分解而来,主要包括以下几个方面:

(1) 重量要求,传动系统的重量直接影响直升机的有效载重,重量要求一般包括传动系统总重量和主减速器、中间减速器、尾减速器、动力传动轴组件以及尾传动轴组件等各部件重量要求,在初始论证阶段一般仅对传动系统总重量提出要求,

方案设计前需将重量分配到各部件,重量要求会对传动系统结构设计、选材、工艺水平产生较大影响;

(2)强度寿命要求,要求在承受限制载荷和功率谱、载荷谱中各种工况条件下,传动系统零部件的静强度、疲劳强度应符合相应国军标、适航规章及型号规范;

(3)传动效率要求,一般应给出主减速器传动效率要求,它对动部件结构、工艺以及润滑系统设计具有重要影响;

(4)振动噪声要求,应保证传动系统工作中不产生有害振动,并应降低源自传动系统的噪声;

(5)生存力要求,主要包括减速器在失去润滑情况下的干运转能力、抗弹击、抗坠毁等能力要求。

3. 通用质量特性设计要求

通用质量特性包括可靠性、维修性、安全性、测试性、保障性和环境适应性。

传动系统的可靠性和维修性指标一般来自直升机总体分配或根据传动系统使用经验给出,需进一步分配到主、中、尾减速器和动力传动轴、尾传动轴等部件,并逐级分配到各分系统和成附件上。传动系统的可靠性和维修性要求包括定性要求和定量要求。传动系统可靠性应符合 GJB 450A—2004《装备可靠性工作通用要求》的要求,一般包括避免传动系统出现故障或失效的具体设计措施要求,定量要求则用平均故障间隔时间(mean time between failure,MTBF)来定义。传动系统维修性应符合 GJB 368B—2009《装备维修性工作通用要求》的要求,一般根据用户需求、便于检查和维护等原则提出结构设计方面的要求,定量要求则用平均修复时间(mean time to repair,MTTR)来定义。

传动系统安全性应符合 GJB 900A—2012《装备安全性工作通用要求》的要求,为保障传动系统在整个寿命周期内安全使用,根据以往型号出现的所有故障事件,提出危险分析、安全性设计等工作内容。

传动系统测试性应符合 GJB 2547A—2012《装备测试性工作通用要求》的要求,根据传动系统飞行监控需求提出相应的监控装置、传感器及检测、记录等要求。

传动系统保障性应符合 GJB 3872—1999《装备综合保障通用要求》的要求,为便于传动系统使用过程中的维护保障,应尽可能采用标准化、通用化、系列化的维修、检测设备,并简化其包装、贮存等要求,给出传动系统日历保存期年限要求。

传动系统环境适应性应符合 GJB 4239—2001《装备环境工程通用要求》的要求,明确传动系统存放和安全使用的环境条件,一般包括气象、环境温度、沙尘、侧风、雨、雪、结冰、飞行高度、起降坡度等,使用环境主要在海上的直升机传动系统还包括湿热、盐雾等适海性要求。

2.1.2　接口控制

在传动系统研制论证的过程中,需要与直升机总体设计单位协调确定传动系统的总体参数、接口参数和其他几何约束条件。

1. 传动系统总体参数

传动系统的总体参数常以各节点在机体坐标系中的位置参数表示,此时亦称直升机的交点数据,是直升机总体设计的重要内容。

机体坐标系坐标原点位于机头地面,三个坐标轴分别是:

① X 轴[STA(station),沿机体纵向向后];

② Y 轴[BL(boardline),沿机体纵向从后向前看时,该轴的方向沿机体横向向右];

③ Z 轴[WL(waterline),垂直向上]。

以双发单旋翼直升机为例,传动系统的主要总体参数如下。

(1) 主减速器输入轴线(发动机轴线)位置,可用轴线上点的坐标表示,或用下列参数表示:

(a) 并车距(当两台发动机轴线平行时,为轴线间的距离;不平行时取为主减速器两侧输入单元第一级锥齿轮锥顶间的距离);

(b) 发动机轴线在 XOZ 坐标平面上的投影线与旋翼轴的夹角;

(c) 发动机轴线在 XOY 坐标平面上的投影线与 X 轴的夹角。

(2) 发动机与主减速器的相对位置,可用轴线上点的坐标表示,或用下列参数表示:

发动机中心、输出轴及输出机匣端面至主减速器齿轮中心、主减速器输入级锥齿轮锥顶、主减速器输入级机匣端面间的距离(沿发动机轴线)。

(3) 旋翼桨毂中心及旋翼轴轴线位置,可用旋翼桨毂中心及旋翼轴线上点的坐标表示,或用下列参数表示:

(a) 旋翼桨毂中心到主减速器安装平台的垂直距离;

(b) 旋翼轴前倾角。

(4) 尾水平轴轴线位置,可用尾水平轴线与旋翼轴线交点及尾水平轴线上点的坐标表示,或用下列参数表示:

(a) 尾水平轴轴线与旋翼轴线交点到旋翼桨毂中心的距离;

(b) 尾水平轴轴线与旋翼轴轴线间的夹角。

(5) 中间减速器、尾减速器、尾桨中心位置,可用点的绝对坐标表示,或用下列参数表示:

(a) 中间减速器中心到主减速器安装平台的垂直距离;

(b) 旋翼桨毂中心到中间减速器中心的水平距离;

(c) 尾减速器中心到主减速器安装平台的垂直距离;

(d) 旋翼桨毂中心到尾减速器中心的水平距离;

(e) 尾水平轴与尾斜轴之间的夹角;

（f）尾桨中心到尾减速器中心的距离。

传动系统的安装位置应符合总体参数要求。

2. 传动系统接口参数

传动系统在机上的安装和连接接口尺寸应符合经协调确定的接口参数要求，并规定于传动系统接口控制文件及工程图中。传动系统与直升机其他系统主要接口参数见表 2.1。

表 2.1　传动系统与直升机其他系统的主要接口参数

类　别	接口参数项目
传动系统与旋翼、尾桨的接口参数	旋翼、尾桨构型
	旋翼轴与旋翼桨毂的连接要求与接口参数，如旋翼轴与旋翼桨毂的配合尺寸、连接花键尺寸及标准、螺纹连接尺寸、防松要求等
	尾桨轴与尾桨毂的连接要求与接口参数
传动系统与发动机的接口参数	发动机型号、参数、油耗、技术状态及安装要求
	发动机与动力传动轴的接口参数，如发动机输出轴花键中心位置、发动机输出轴的花键参数和其他接口参数
	动力传动轴后轴套与发动机输出机匣的连接接口尺寸
传动系统与直升机机体的接口参数（即传动系统安装参数）	直升机布局、机体各承力框控制尺寸
	主减速器安装接口参数： 主减速器采用撑杆安装时，四根撑杆上下关节轴承中心位置的坐标参数； 主减速器机匣、耳片与撑杆的连接尺寸及公差（包括关节轴承设计要求）； 采用凸缘安装时，主减速器的机匣凸缘与主减速器平台间的连接尺寸及公差；采用动静轴结构时，静轴与直升机机体间的连接形状、尺寸及其公差； 主减速器底部与机体间的安装结构及尺寸； 采用传扭盘时，传扭盘中心的坐标参数及其在主减速器安装平台上的安装尺寸
	中间减速器安装要求与接口尺寸
	尾减速器安装要求与接口尺寸
	尾传动轴组件安装要求与接口尺寸
操纵系统类型、构型、安装要求与接口参数	旋翼助力器安装要求、接口参数及行程
	自动倾斜器接口参数，包括： 卡环与旋翼轴的接口参数； 球铰与导筒的配合直径、球铰下表面至桨毂中心的距离（最低桨距时）； 球铰上表面至桨毂中心的距离（最高桨距时）； 自动倾斜器不动环与助力器（或不动环支撑杆）的接口； 自动倾斜器防扭臂与主减速器机匣的接口；

续　表

类　别	接口参数项目
操纵系统类型、构型、安装要求与接口参数	尾桨操纵线系与传动系统的相对几何位置关系及间隙要求
	尾桨桨距操纵杆的安装结构与尺寸
	尾助力器的安装位置、连接结构尺寸与行程范围
	尾桨操纵摇臂支座安装要求与接口参数
滑油冷却系统设计要求与接口参数	主减速器滑油散热要求：散热量、滑油流量、散热器进出口滑油温度、压力
	风扇数量、功率、转速、转向、安装与尺寸要求及接口参数
	散热器安装要求与接口参数
附件传动要求	从主减速器提取功率的交流发电机、液压泵等附件的主要参数(型号、数量、功率、转速、转向、重量、悬臂扭矩、外形尺寸)
	附件安装要求与接口参数
旋翼刹车装置安装接口参数	刹车法兰端面位置； 刹车装置其他安装接口参数
监控元件安装要求与接口参数	主减速器滑油温度传感器、温度开关、压力传感器、压力开关、振动传感器的安装位置、接口尺寸与主要参数
	滑油滤堵塞报警器、磁性屑末信号器、热电偶的电气接口要求与主要参数
	中间减速器传感器安装要求与接口尺寸
	尾减速器传感器安装要求与接口尺寸

　　上述接口参数规定于传动系统接口控制图中,包括尺寸及其公差、形位公差、螺栓的连接方向、拧紧或拧松力矩、防松措施、润滑脂涂覆、零件的安装位置和方向等。

　　3. 传动系统其他几何约束条件

　　传动系统的其他几何约束条件如下。

　　(1) 传动系统部件外廓限制,包括：

　　(a) 主减速器外廓限制；

　　(b) 主减速器输入级单元体外廓尺寸及外伸距离；

　　(c) 主减速器高度限制(主减速器上表面至桨毂中心距离)。

　　(2) 传动系统的安装位置公差和传动轴同轴度要求,包括：

　　(a) 动力传动轴柔性联轴器允许的安装角向偏差；

　　(b) 尾传动轴组件每个柔性联轴器允许的安装角向偏差；

（c）超临界尾传动轴阻尼环内孔与尾轴管衬套外径之间的间隙；尾传动轴轴承支座及高、低阻尼器支座的角向偏斜量。

传动系统总体参数的确定和接口参数的协调是一个反复深入的过程，贯穿于方案论证的过程中，一般应在工程研制开始前冻结。

2.1.3　设计功率谱和载荷谱

传动系统设计功率谱和载荷谱是传动系统强度设计的依据，主要由直升机主旋翼、尾桨、操纵系统以及发动机在工作时产生。在设计阶段，传动系统设计功率谱和载荷谱是由直升机总体设计单位根据直升机总体结构布局、任务谱以及环境混频，通过任务典型状态分析和气动分析给出的。随着研制的深入和飞行载荷实测的开展，传动系统的设计功率谱和载荷谱将逐步细化，进而编制实测载荷谱。传动系统设计功率谱和载荷谱通过强度、刚度设计约束传动系统的结构设计。

1. 设计功率谱

传动系统设计功率谱一般包括直升机各种飞行状态的时间比例、各状态下的发动机输入功率、主旋翼和尾桨输出功率等。

传动系统设计功率谱主要用于设计阶段的传动链齿轮、轴、法兰盘、轴承等转动件的疲劳强度设计和寿命评估。

2. 设计载荷谱

传动系统设计载荷谱一般包括主旋翼、尾桨以及操纵系统与传动系统接口的载荷状态时间比例、各载荷动静态分量等。

传动系统设计载荷谱主要用于传动系统主要结构件（如旋翼轴、机匣、自动倾斜器导筒等）的结构设计和疲劳寿命评估，一般代表了传动系统在使用过程中承受的交变载荷。直升机主旋翼和尾桨载荷谱作为传动系统最重要的设计输入之一，是因为桨叶周期性运动和流经它的气流绕流条件发生变化，使得作用在桨叶每一剖面上的气动载荷也随着桨叶方位角和剖面位置的变化而变化，这种周期性变化的气动载荷会对传动系统产生交变载荷。传动系统主要结构件的载荷类型及疲劳载荷特性见表 2.2。

表 2.2　传动系统主要结构件的载荷类型及疲劳载荷特性

序号	零　部　件	设计载荷谱的用法
1	旋翼轴	旋翼轴设计载荷谱：高周疲劳载荷以剪力、弯矩、扭矩为主，低周疲劳载荷以扭矩、轴向力为主
2	自动倾斜器导筒	自动倾斜器导筒设计载荷谱：用于高周疲劳寿命评估

续 表

序号	零 部 件	设计载荷谱的用法
3	防扭臂支座	防扭臂设计载荷谱;用于高周疲劳寿命评估
4	助力器支座及螺栓	助力器设计载荷谱;用于高周疲劳寿命评估
5	主减速器机匣	旋翼轴设计载荷谱;高周疲劳载荷以剪力、弯矩、扭矩为主,低周疲劳载荷以扭矩、轴向力为主
6	尾减速器机匣	尾桨轴设计载荷谱;高周疲劳载荷以剪力、弯矩、扭矩为主,低周疲劳载荷以扭矩、轴向力为主
7	尾桨轴	尾桨轴设计载荷谱;高周疲劳载荷以剪力、弯矩、扭矩为主,低周疲劳载荷以扭矩、轴向力为主

2.2 总体构型设计

2.2.1 总体布局与构型

传动系统总体布局与构型设计是根据直升机结构形式和总体功能要求,设计传动系统的总体布局和安装形式,确定各大组件的组成,布置附件位置,明确传动与传力构型,建立传动系统初步方案。

1. 总体布局方案设计

传动系统的总体布局方案设计包括下述内容。

1) 传动系统轴线与节点的空间布置

传动系统的布局沿着其在直升机上的轴线与节点展开,这些轴线与节点在机体坐标系中的位置参数是传动系统的总体设计依据,在直升机的气动布局和总体构型设计中协调确定,传动系统在直升机上的主要节点坐标见图2.1。主减速器

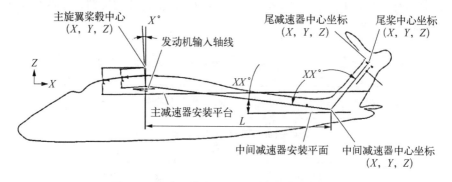

图 2.1 传动系统在直升机上的主要节点坐标

内部的节点和轴线位置(如先换向后并车,主减速器并车小圆柱齿轮与大齿轮的中心距,输入单元为两级圆锥齿轮的先换向后并车主减速器第二级锥齿轮锥顶位置)在进一步的方案设计中确定。

传动系统的轴线与节点位置在直升机上的布置有如下两条途径:

(1)在直升机总体设计过程中与其他参数一同协调确定,此情况常出现于全新研制的直升机中;

(2)根据传动系统需求提出,并与直升机总体协调(可能作适当调整),此情况往往出现于采用已有的传动系统构型或改进改型时。

2)传动系统外部接口协调

传动系统外部接口包括与直升机安装平台的接口,与发动机的接口,与交流电机、液压泵、滑油冷却风扇等直升机附件的接口,旋翼轴、尾桨轴与主、尾桨毂的接口以及主减速器、尾减速器上与直升机伺服操纵系统的接口等,这些接口需要在传动系统方案设计时与直升机总体以及发动机设计单位协调确定。

3)传动系统安装布置

传动系统安装布置主要包括主、中、尾减速器的安装形式以及尾传动轴的支撑方式,这些接口由传动系统设计单位与直升机总体在方案设计时协调确定。

4)传动系统各大组件间的接口设计

即传动系统各大组件之间的连接方式设计,包括动力传动轴组件与主减速器的接口、主减速器与尾传动轴组件(尾水平轴)的接口、尾传动轴组件(尾水平轴)与中间减速器的接口、中间减速器与尾传动轴组件(尾斜轴)的接口、尾传动轴组件(尾斜轴)与尾减速器的接口,减速器(包括主减速器、中间减速器、尾减速器)与传动轴(动力传动轴组件、尾水平轴组件和尾斜轴组件)一般通过膜盘式或叠片式两种联轴器连接,各部件之间的接口形式由传动系统设计部门自行确定。

2. 总体结构方案设计

传动系统总体结构方案设计是根据直升机总体布局、主要节点参数以及输入/输出的转速/转向,确定传动系统的基本结构组成、传动形式、外部及各大组件间的接口以及各部件的转速/转向和载荷传递。传动系统的总体结构方案设计工作内容如下。

1)确定传动系统各大组件的组成和传动形式

传动系统各大部件组成与直升机相应,例如单旋翼带尾桨直升机的传动系统由主、中、尾减速器、动力传动轴组件以及尾传动轴组件组成,部分直升机由于结构原因无中间减速器。

确定传动系统各大部件的传动形式时,需要根据减速比确定主减速器采用几级传动结构,确定主减速器采用分扭传动结构或是行星传动结构、中间减速器采用钝角型结构或者锐角型结构、尾减速器采用推力桨构型或拉力桨构型、尾传动轴采用超临界轴或亚临界轴形式等,传动系统典型结构形式见图2.2。

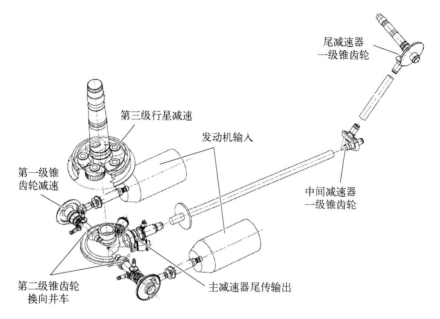

尾减速器
一级锥齿轮

第三级行星减速

发动机输入

第一级锥
齿轮减速

中间减速器
一级锥齿轮

第二级锥齿轮
换向并车

主减速器尾传输出

图 2.2　传动系统典型结构形式

2）传动系统及其各大组件的技术要求论证

在总体结构方案设计中，需要进一步论证传动系统及其各组件的技术要求，包括两个方面：

（1）论证传动系统设计要求（包括研制要求及接口、载荷等设计条件）；

（2）将传动系统设计要求分配到各组件，明确各组件设计要求。

具体工作内容如下：

（1）明确传动系统及其各组件研制要求中需要落实的内容；

（2）论证各组件需保证的接口与安装要求；

（3）确定各组件的设计载荷；

（4）确定主、中、尾减速器及传动轴的设计转速。

主减速器输入/输出转速、尾减速器输出转速均根据直升机总体设计要求确定，是传动系统设计的输入条件，根据传动系统的需求而变化的可能性不大。在传动系统总体设计中，需调配以下转速：

（1）尾水平轴转速（主减速器尾输出转速、中间减速器输入转速）；

（2）尾斜轴转速（中间减速器输出转速、尾减速器输入转速）。

2.2.2　附件/传动布局设计

由传动系统主减速器驱动的直升机附件主要有液压泵、交流电机、风扇等，减速器自身的附件有滑油泵等。附件传动的设计与整个主减速器的设计关系紧密。
液压泵和交流电机传动布局有如下三种形式：

（1）单元体式集中布置，附件的布置相对集中，附件传动构成一个或两个单元
体，如 UH-60"黑鹰"、EH101"灰背隼"等（图 2.3），这种布置的附件传动方便外场
维护与更换；

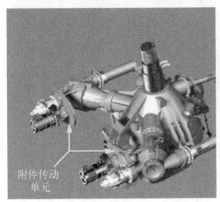

（a）UH-60"黑鹰"主减速器附件传动布置[1]　　　（b）EH101"灰背隼"主减速器附件传动布置

图 2.3　单元体式集中布置附件传动单元

（2）与尾传动、刹车传动等集成布置，如 SA-321"超黄蜂"、AW169 等，见
图 2.4；

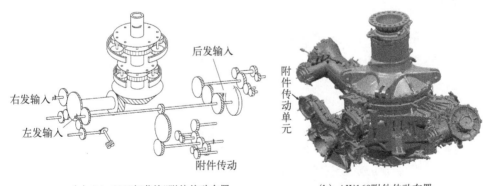

（a）SA-321"超黄蜂"附件传动布置　　　　　（b）AW169 附件传动布置

图 2.4　与尾传动集成布置的附件传动单元

（3）分散布置，各附件单独传动，分散布置于主减速器适当部位，可节省空间，
如 AW139、CH-53K、EC665"虎"等，见图 2.5。

附件传动设计的一般要求如下：

（1）附件传动的驱动齿轮都位于离合器之后，在发动机不工作时，靠旋翼转动

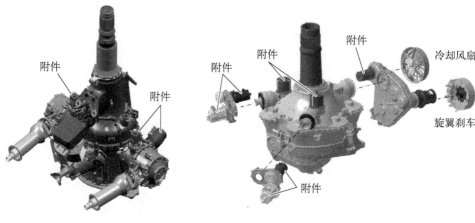

(a) AW139直升机主减速器附件传动布置　　　(b) CH-53K直升机主减速器附件传动布置[2]

图 2.5　分散式布置附件传动

保证附件工作；

（2）在规定的最大允许扭矩或额定功率下，附件传动的所有传动装置具有同时工作的能力；

（3）在各种飞行姿态的稳态和瞬态工作状态下，附件传动均能满足工作要求，且花键、齿轮润滑可靠；

（4）附件应具有可达性，周围有足够的间隙，容易维护和拆卸，各附件应可独立拆卸。

2.2.3　传动系统的承力布局设计

传动系统承力布局设计的主要工作包括传动系统载荷分析，根据直升机及发动机的要求、传动系统总体构型、传动系统载荷等协商确定传动系统安装/支撑方式、承力方案设计等。

1. 传动系统载荷分析

传动系统载荷包括作用在旋翼轴上的旋翼载荷、扭力臂载荷、主减速器机匣上的助力器支座载荷（或舵机操纵荷载）、防扭臂载荷；来自发动机的输入扭矩；万向节载荷；作用在自动倾斜器上的导筒载荷；作用在尾减速器上的尾桨载荷、尾助力器载荷、尾桨桨距操纵载荷及操纵机构支座载荷等（图2.6）。

2. 主减速器安装/支撑设计

主减速器安装结构方案由传动系统设计单位与直升机总体设计单位协调确定，选用安装方式时，一般需要考虑以下几方面因素。

（1）与主减速器安装相关的直升机总体节点参数和接口参数要求（如节点坐标、安装部位接口尺寸及技术要求）。

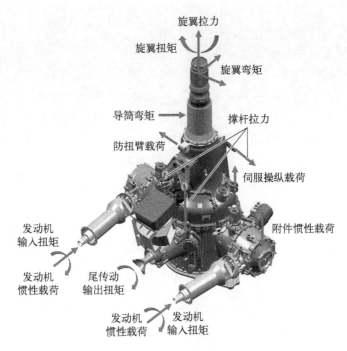

旋翼拉力

旋翼扭矩

旋翼弯矩

导筒弯矩

撑杆拉力

防扭臂载荷

伺服操纵载荷

发动机
输入扭矩

附件惯性载荷

发动机
惯性载荷

尾传动
输出扭矩

发动机
惯性载荷

发动机
输入扭矩

图 2.6　主减速器主要载荷

（2）主减速器旋翼轴组件、换向/并车单元、分扭传动单元相关构件（主要是上机匣、主机匣）的结构设计要求：应能有效、安全地传递较大的升力和扭矩。

（3）载荷与强度寿命要求：机械零部件设计有合理的尺寸裕度,除保证传动系统在正常工作条件下安全、可靠工作外,还应保证在规定的坠毁撞击条件下,仍能保持所安装的部件在其支撑结构上。

（4）振动环境与隔振、减振要求：应避免系统出现有害的振动;当传动系统采用隔振安装时,应考虑与传动系统相连的构件振动位移的影响,当隔振装置损坏时,不应危及飞行安全。

（5）重量要求。

（6）通用质量特性要求：例如,应能视情维修,操作快捷简单,无须过多地拆装和分解组、部件。

（7）工艺性、经济性要求。

直升机传动系统主减速器安装方式主要分为撑杆式安装和凸缘式安装两大类,其中撑杆式安装又可分为撑杆悬挂式安装和多撑杆支架式安装。撑杆式安装设计主要是根据直升机总体和主减速器结构布局,选择合理的撑杆结构形式,如撑杆数量、布局、支点位置,并设计安装结构。应尽可能缩短机匣传力路线,降低机匣局部应力;凸缘安装的主要工作是根据直升机总体和主减速器结构布局,选择机匣上凸缘位置、凸缘数量并设计具体的安装结构。

传动系统几种安装形式的特点介绍如下。

1) 撑杆悬挂式安装

这种安装形式的主减速器通过撑杆及主减速器底部的传扭构件(如 AW139 直升机主减速器的传扭转接盘、SA - 321"超黄蜂"直升机主减速器的机匣法兰边等结构)安装在机身上,主要用于旋翼轴组件为一独立的单元体时或高度直径比大的主减速器(图 2.7)。SA - 321"超黄蜂"、AS - 350B"松鼠"、AW139 等直升机主减速器均采用该安装方式。

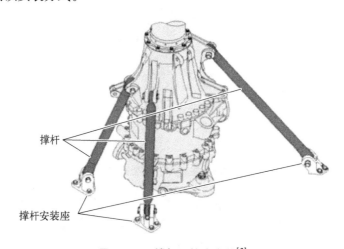

图 2.7　四撑杆悬挂式安装[3]

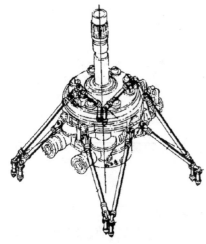

图 2.8　8 撑杆支架式安装(米 - 26 直升机主减速器)[4]

2) 多撑杆支架式安装

这种安装形式的主减速器通过多根撑杆构成超静定框架结构支承在机身上,有 8 撑杆支架式安装(图 2.8)、多撑杆框架式安装等几类,适用于可靠性高、安装位移要求严格的情况,过去常用于大型直升机,如米 - 8"河马"直升机主减速器,也可用于单个安装节处的载荷相对较小的情况。多撑杆框架式安装结构往往在机身上占较大空间,需保证主减速器附件的安装,故较多用于大型直升机或主减速器高度直径比较小的情况。AH - 64"阿帕奇"、卡 - 28"螺旋"等的主减速器均采用该安装方式。

3）主减速器机匣凸缘安装

这种安装形式适用于旋翼轴为独立单元体或与主减速器一体式安装的大、中、小型直升机主减速器,可将凸缘设置在主减速器机匣中部、底部或上部,凸缘直接安装在机身上,传递旋翼气动载荷,如"黑鹰"(图 2.9)、S−64、贝尔 204、S−70"黑鹰"等直升机主减速器均采用该安装方式。

主减速器安装方式主要根据直升机类型、直升机总体结构、载荷传递方式等因素确定,各种安装方式的优缺点见表 2.3。

安装凸缘　　　　　　　　　安装凸缘

图 2.9　凸缘安装[5]

表 2.3　主减速器安装方式分析

主减速器安装方式	优　点	缺　点	适 用 机 型
撑杆悬挂式安装	(1) 主要气动载荷通过旋翼轴轴承直接传至撑杆,机匣传力路线短,主机匣载荷相对较小,有利于减轻重量; (2) 具有聚焦式隔振的特点,可以采取减振设计,减小传至机身的振动	冗余度较小,失效后造成的破坏影响较大,一旦一处撑杆安装部位出现问题整个主减速器的安装就会失稳,其抗坠毁的能力不如多撑杆安装或主减速器机匣凸缘安装	适用于各种传动类型的大、中、小型直升机主减速器,最适用于旋翼轴组件为一独立的单元体时或高度直径比大的主减速器,与旋翼轴一体的主减速器也可采用;不适用于要求较大适坠性的重型直升机主减速器
多撑杆安装	(1) 有冗余度,撑杆承力条件好,单个安装节处的载荷相对较小; (2) 结构形式简单合理、传力安全可靠,维修和使用成本低	(1) 占用空间较大; (2) 超静定结构,构件上可能承受过大的结构应力,需要增强结构,因此增加了重量	适用于各种传动类型的大、中、小型直升机主减速器,最适用于扁平构型主减速器(高度直径比较小);一般不用于旋翼轴为一独立单元体的结构;由于结构有冗余度,尤适用于武装直升机
凸缘安装	(1) 安装强度好,连接形式简单; (2) 可靠性高,有冗余度,抗坠毁能力好; (3) 可在安装节处采用隔振装置,装拆方便	(1) 传力路线长,机匣承力大,易引起变形而影响传动质量; (2) 要求机匣有足够的刚性,因此重量较重; (3) 增加了承受疲劳载荷的部位和可能出现强度问题的环节	适用于各种传动类型的大、中、小型直升机主减速器,最适用于行星传动位于主减速器下方的构型

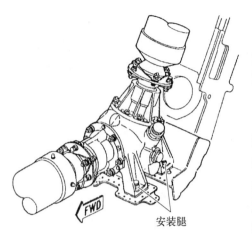

安装腿

图 2.10　中间减速器安装[6]

3. 中间减速器安装/支撑设计

中间减速器在直升机上一般都采用安装腿(或机匣凸缘)安装,用螺栓组件连接固定在机身上,如图 2.10。

4. 尾减速器安装/支撑设计

尾减速器在直升机上一般都采用安装腿(或机匣凸缘)安装,安装于垂尾顶部的承力框架上,用螺栓组件连接固定,如 EC175 直升机尾减速器(图 2.11)。无中间减速器的直升机及涵道尾桨直升机,如 AS－350“松鼠”、SA－365N1“海豚”的尾减速器安装于尾梁后端。

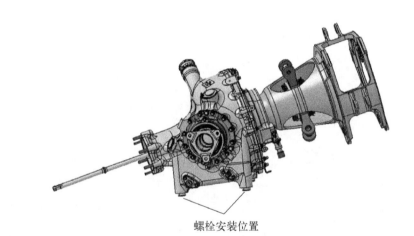

螺栓安装位置

图 2.11　尾减速器安装

5. 减速器减振设计

旋翼系统的激振力与力矩是直升机的主要振源,振动通过传动系统传至机身,减速器尤其是连接主旋翼系统与直升机机身的主减速器,其与机身的连接结构一般采取减振设计。减振设计有被动减振和主动减振两种方式,目前应用的主要是被动减振,即振动隔离,也有个别直升机采用了主动减振形式。直升机振动隔离主要有聚焦隔振、非聚焦隔振、节点梁隔振与动力反共振隔振 4 种。主减速器安装隔振系统相应有普通隔振器、聚焦式隔振器、节点梁式隔振器、被动式反共振隔振器、主动式反共振隔振器等形式,有的为单一形式,有的则采用组合形式(图 2.12、图 2.13)。

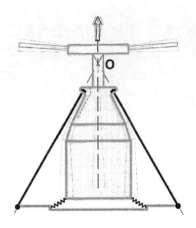

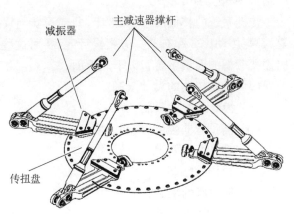

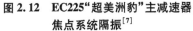

图 2.12　EC225"超美洲豹"主减速器焦点系统隔振[7]

图 2.13　EC665"虎"直升机主减速器 SARIB 系统

2.3　总体性能设计

传动系统总体性能设计一般包括总体传动比分配、设计点选取、质量估算、效率分析、动力学分析等方面的内容,在构型设计的基础上开展性能设计和分析。

2.3.1　传动系统传动比分配

传动系统传动比分配主要包括将发动机功率和转速分别传递给主旋翼、尾桨的主减速器传动比分配以及中间减速器、尾减速器传动比分配。

1. 传动比分配应遵循的原则

传动系统各级传动比的分配不仅直接影响系统的承载能力和使用寿命,还会影响其体积、质量、润滑与可靠性、维修性等。合理的传动比分配在传动系统方案设计中占重要地位,传动比的分配一般需遵循以下几点原则:

(1) 总传动比与直升机旋翼转速要求尽可能接近,控制旋翼输出桨尖速度误差在±0.5m/s 以内;

(2) 各级传动承载能力大致相等(等强度原则);

(3) 各级传动比都应在最佳传动比的范围内,如单级行星传动比一般不超过 5;

(4) 使传动系统的尺寸与质量最小;

(5) 应注意使各级传动件的尺寸协调、结构合理,避免出现安装困难等问题;

(6) 齿轮圆周线速度尽量控制在一定的范围内。

2. 传动比分配优化

传动系统的其他属性,如效率、几何形状与尺寸、重量、寿命与可靠性、维修性等,都与传动比分配有关。方案设计时,要对这些特性进行综合分析,传动比分配时需要考虑的因素主要有以下几方面。

(1) 齿轮传动的设计限制:

(a) 齿轮齿数的限制;

(b) 满足弯曲强度、接触强度条件;

(c) 满足寿命要求;

(d) 根切的限制;

(e) 齿顶厚的限制;

(f) 重合度的限制;

(g) 保证啮合时不产生过渡曲线干涉;

(h) 保证内齿轮不产生齿廓重叠干涉;

(i) 中心距、齿轮直径、模数、齿宽的限制。

(2) 传动总体的约束条件:

(a) 总传动比要求;

(b) 减速器总效率要求;

(c) 结构几何要求:如并车距、齿轮直径等;

(d) 可靠性与维修性;

(e) 其他约束条件。

3. 优化设计

在满足各种约束条件后,考虑各特性的重要程度和影响程度,即权重,再对各约束条件进行优化设计,一般重量控制的权重是在整个优化设计中最大的,往往以重量设计优化作为目标。按一定流程进行计算机编程,通过程序获得优化目标。

2.3.2　设计点分析及选取

设计传动系统时,被确定为传动系统部件强度、寿命及几何尺寸对应的一个特定工作条件或工作状态,称为设计点。

1. 齿轮传动功率设计点

1) 单发传动链齿轮功率设计点

单发传动链齿轮的功率设计点有两种选择方式,一种是选用单侧输入最大应急功率;另一种是选用起飞等大状态。与起飞状态相比,选用单发应急功率可以有较大的裕度。

2) 双发(并车后)传动链齿轮功率设计点

双发(并车后)传动链齿轮功率设计点按传动链的最大起飞传输功率选取。

由于起飞等大状态的应力循环次数往往已超过 10 的 N 次方,故一般更常用起飞状态等的功率进行齿轮强度校核计算,在此状态下应具有无限寿命。

3) 尾传动链齿轮功率设计点

尾传动链在机动状态下的瞬态最大扭矩和其他载荷远大于其稳态载荷,一般不能将尾传起飞功率定为设计点。进行传动系统方案论证和初步方案设计时,除非直升机总体提出特殊要求,否则尾传动链齿轮功率设计点一般采用主减速器主传起飞功率的一定百分比。尾传动链在机动状态下的瞬态载荷远远大于其稳态载荷,应保证尾传动链在包括最大瞬态载荷在内的所有载荷状态下都具有足够的强度和疲劳寿命。

4) 验证

由于直升机总体给出的设计功率谱往往只是理论估算,上述功率数值多数情况下偏于保守。在齿轮传动链的疲劳试车中,将验证这一疲劳极限(考虑一定的安全系数),后续还要根据直升机的实测功率谱进行修正。

2. 轴承功率设计点

在轴承的接触疲劳强度计算和寿命分析中,一般选用轴承所在传动链的均立方根功率为依据。但是,为了保证轴承可靠工作,还应计算轴承在整机疲劳试验载荷(功率)和最大功率状态下的接触应力。

由赫兹应力公式,轴承寿命近似与载荷的立方成反比。因此,轴承的尺寸和寿命可以根据均立方根载荷计算。均立方根功率可用式(2.1)确定:

$$P_{\mathrm{d}} = \sqrt[3]{\dfrac{\sum_{i=1}^{n} P_i^3 \cdot t_i}{\sum_{i=1}^{n} t_i}} \tag{2.1}$$

式中,P_{d} 为均立方根功率,单位为 kW;P_i 为 i 状态在载荷谱中的功率,单位为 kW;t_i 为 i 状态在载荷谱中的时间。

3. 轴、花键及其他传动构件的静强度设计点

轴、花键及其他传动构件的静强度计算载荷如下。

(1) 单发状态:按主减速器单侧输入最大瞬态扭矩。

(2) 主旋翼输出:按主旋翼轴输出最大瞬态扭矩。

(3) 尾传动输出:按尾桨轴输出最大瞬态扭矩。

2.3.3　主要部件质量估算

传动系统的质量与直升机起飞质量之比因不同类型的机种而异。影响传动系统质量的因素非常多,结构、布局、选材、强度、节点参数与接口要求、安装方式与安装尺寸、工艺方法等都是影响质量的主要因素。在传动系统研制的技术论证阶段,只能初步估算传动系统主要部件质量。在方案设计阶段,可以根据方案

设计图和三维实体估算传动系统的质量,以此评估和比较设计质量与技术要求的符合性。

1. 初步估算

传动系统质量估算的常用方法有 Boeing - Vertol 质量估算方法、美国研究与技术实验室(Research and Technology Laboratories, RTL)质量估算方法、苏联季申科质量估算方法和美国 WILLIS 质量估算法[8]:

1)方法一:Boeing - Vertol 质量估算方法

按 Boeing - Vertol 方法直升机传动系统的预估总质量是主传动系统和尾传动系统的预估质量之和,包括减速器、传动附件、传动润滑油、支架等的质量。

主传动系统的质量$(W_{ds})_{mr}$ 为

$$(W_{ds})_{mr} = 113.4S_{mr}\left[(P_{mr}/n_{mr})Z_{mr}^{0.25}k_t\right]^{0.67} \tag{2.2}$$

式中,S_{mr} 为调整系数;P_{mr} 为输入功率,单位为 kW;n_{mr} 为旋翼转速,单位为 r/min;Z_{mr} 为主减速器传动级数;k_t 为结构系数。

尾传动系统的质量$(W_{ds})_{tr}$ 为

$$(W_{ds})_{tr} = 113.4S_{tr}\left[1.1(P_{tr}/n_{tr})\right]^{0.8} \tag{2.3}$$

式中,S_{tr} 为调整系数;P_{tr} 为尾传动输入功率,单位为 kW;n_{tr} 为尾桨转速,单位为 r/min。

直升机传动系统的总质量 W_{ds} 为

$$W_{ds} = (W_{ds})_{mr} + (W_{ds})_{tr} \tag{2.4}$$

2)方法二:RTL 质量估算方法

RTL 方法分别估算传动轴和减速器的质量,进而估算出整个传动系统的总质量。减速器总质量 W_{gb} 为

$$W_{gb} = 78.34T_{mrgb}^{0.7693}T_{trgb}^{0.079}n_{gb}^{0.1406}$$

$$T_{mrgb} = P_{mr}/n_{mr}$$

$$T_{trgb} = 100(P_{tr}/n_{tr})/T_{mrgb} \tag{2.5}$$

式中,n_{gb} 为减速器的数目。

传动轴的总质量 W_{dsh} 为

$$W_{dsh} = 0.523T_{mrgb}^{0.4625}T_{trgb}^{0.079}(0.001L_{dr})^{0.8829}n_{dsh}^{0.3449} \tag{2.6}$$

式中,L_{dr} 为旋翼与尾桨之间的水平距离,单位为 mm;n_{dsh} 为传动轴的数目。

传动系统的总质量 W_{ds} 为

$$W_{ds} = W_{gb} + W_{dsh} \tag{2.7}$$

3）方法三：季申科质量估算方法

苏联设计师季申科在 1976 年给出了直升机传动系统的质量估算公式。该方法估算的质量包括主减速器、中间减速器、尾减速器、传动轴 4 个部分的质量。主减速器的质量 W_{mgb} 为

$$W_{mgb} = 0.465 M_{ax}^{0.8}$$

$$M_{ax} = 973.8 \left(\sum N_{tr} \right) \varepsilon / n_{mr} \tag{2.8}$$

式中，ε 为主减速器的效率；$\sum N_{tr}$ 以为主减速器输入最大功率，单位为 kW；n_{mr} 为旋翼转速，单位为 r/min。

中间减速器的质量 W_{igb} 为

$$W_{igb} = 0.85 M_{eq}^{0.8}$$

$$M_{eq} = 973.8 \left(\frac{P_{tr}}{n_{sh}} \right) \tag{2.9}$$

式中，P_{tr} 为尾传动输入功率，单位为 kW；n_{sh} 为传动轴转速，单位为 r/min。

尾减速器的质量 W_{trgb} 为

$$W_{trgb} = 0.65 M_{tr}^{0.8}$$

$$M_{tr} = 973.8 \left(P_{tr} / n_{tr} \right) \tag{2.10}$$

式中，n_{tr} 为尾桨转速，单位为 r/min。

传动轴的质量 W_{sh} 为

$$W_{sh} = 7 \times 10^{-5} L_{sh} (1.5 n_e M_{sh})^{2/3}$$

$$M_{sh} = 973.8 \left(P_{tr} / n_{sh} \right) \tag{2.11}$$

式中，$n_e = 0.8 \sim 1.2$；L_{sh} 为传动轴的长度，单位为 mm。

整个传动系统的总质量 W_{ds} 为

$$W_{ds} = W_{mgb} + W_{igb} + W_{trgb} + W_{sh} \tag{2.12}$$

4）方法四：WILLIS 质量估算法

美国的威廉姆斯于 1963 年提出了针对齿轮系统的质量估算法。

单对齿轮：

$$\sum \frac{bd^2}{C} = 1 + \frac{1}{m_g} + m_g + m_g^2 \tag{2.13}$$

两级减速齿轮系：

$$\sum bd^2/C = 1 + \frac{1}{m_{\mathrm{g}}} + 2m_{\mathrm{g}} + m_{\mathrm{g}}^2 + \frac{M_0^2}{m_{\mathrm{g}}} + M_0 + \frac{m_{\mathrm{g}}^2}{M_0} \tag{2.14}$$

两级分流减速齿轮系：

$$\sum bd^2/C = \frac{1}{2} + \frac{1}{2m_{\mathrm{g}}} + 2m_{\mathrm{g}} + m_{\mathrm{g}}^2 + \frac{M_0^2}{2m_{\mathrm{g}}} + \frac{m_{\mathrm{g}}^2}{M_0} + \frac{M_0}{2} \tag{2.15}$$

行星齿轮系：

$$\sum bd^2/C = \frac{1}{e} + \frac{1}{em_{\mathrm{g}}} + m_{\mathrm{s}} + m_{\mathrm{s}}^2 + \frac{0.4(M_0 - 1)^2}{em_{\mathrm{g}}} + \frac{0.4(M_0 - 1)^2}{e} \tag{2.16}$$

式中，b 为齿轮的齿宽；d 为齿轮的分度圆直径；m_{g} 为第一级齿轮传动比；M_0 为总传动比；e 为行星轮的数目；m_{s} 为行星轮对太阳轮的传动比，即 $m_{\mathrm{s}} = Z_2/Z_1$。由于质量是体积的函数，即存在一个系数 C 使得系统总质量(单位为 kg)与总体积之间有如下关系：

$$W_{\mathrm{gearbox}} = C \sum bd^2 \tag{2.17}$$

用方法一、方法二和方法三在估算传动系统质量时只需要输入功率、转速、传动级数等总体设计参数，所以适合于直升机传动系统总体初步论证和比较阶段；用方法四在估算传动系统质量时需要具体的传动比分配方案，适合于直升机传动系统初步方案的比较阶段。

2. 细化估算

1) 减速器

评价主减速器的质量水平亦可用主减速器质量系数(即主减速器质量与旋翼轴扭矩之比)，该系数反映了主减速器结构设计及选用的材料、工艺水平。给出主减速器初步方案图和三维实体后，可以根据几何尺寸与材料密度近似估算各主要构件的质量，从而推算整台主减速器的质量。对于壳体、附件传动、紧固件等，可以根据其他机种的数据进行推算。设计中应着重注意占主减速器质量百分比较大的构件(如机匣)的结构与减重。对于机匣类铸造零件，在预估质量时应考虑铸造误差所带来的质量增加。

减速器机匣总质量可用式(2.18)估算：

$$m = 10^{-3}T + 30.8 \quad (\mathrm{kg}) \tag{2.18}$$

式中，T 为旋翼轴扭矩，单位为 N·m。

2）传动轴

同样做出传动轴的初步方案图和三维实体后,也可以根据传动轴几何尺寸与材料密度近似估算各主要构件的质量。由于传动轴系统的质量影响直升机的性能,所以在选择的设计方案中必须采用符合强度要求的最轻的系统。影响传动轴质量的因素有:

（1）扭矩和转速要求;

（2）传动轴几何形状和材料;

（3）轴端的结构和联轴器的型式;

（4）联轴器的数量;

（5）轴承支座的数量与尺寸;

（6）超过轴临界转速工作时的阻尼要求及阻尼设计;

（7）抗弹击要求。

2.3.4 传动效率设计

先进的直升机传动系统,要求单级齿轮传动的效率达 99% 以上,主减速器的效率一般达 97% 以上,由于传动系统传动功率大,一般需要进行合适的冷却和散热,以免齿轮、轴承等部件温升过高而引起损坏。

减速器主要采用直齿圆柱齿轮、斜齿圆柱齿轮、人字（双斜）齿圆柱齿轮、行星齿轮、螺旋锥齿轮传动方式,轴承类型主要有圆柱滚子轴承、圆锥滚子轴承、球面滚子轴承、球轴承等。在相同工况下,圆锥滚子轴承摩擦损失是最大的。几种常用齿轮传动方式的传动效率参考值如下:

（1）直齿圆柱齿轮传动:传动比 1~2.5,传动效率 99.5%;

（2）斜齿圆柱齿轮传动:传动比 1~5,传动效率 99.5%;

（3）人字（双斜）齿圆柱齿轮传动:传动比 1~10,传动效率 99.5%;

（4）单级行星齿轮传动:传动比 3~5,传动效率 99.25%;

（5）螺旋锥齿轮传动:传动比 1~3.5,传动效率 99.5%。

减速器的效率取决于其功率损失,而功率损失与下列因素有关:润滑剂、齿轮圆周线速度、齿轮几何形状和表面粗糙度、轴承的型式、齿轮轴承和安装座的精度以及壳体的设计等。归纳起来,减速器主要的功率损失包括:

（1）齿轮啮合和滑动损失;

（2）轴承滑动损失;

（3）风阻和搅动损失。

1. 齿轮和轴承效率设计

这里介绍的齿轮功率损失包括齿轮啮合滚动损失、滑动损失和风阻损失,主要与载荷、转速、轮齿几何形状、齿面表面粗糙度以及滑油的黏度有关。目前采用比较多的直齿轮功率损失计算方法为 Anderson - Loewenthal 法以及在此基础上可以导出的行星齿轮、双斜齿轮、螺旋锥齿轮功率损失计算方法,具体如下。

平均滑动损失:

$$P_S = f\overline{F_n V_S}/1\ 000 \tag{2.19}$$

平均滚动损失:

$$P_R = 90\ 000\overline{V_T}hb\varepsilon_a/\cos\beta_b \tag{2.20}$$

风阻损失:

$$P_{W1} = 2.82 \times 10^7(1 + 4\ 600b/m_s Z_1)n_1^{2.8}$$
$$(m_s Z_1/2\ 000)^{4.6}(0.028\mu_0 + 0.019)^{0.2} \tag{2.21}$$

$$P_{W2} = 2.82 \times 10^7(1 + 4\ 600b/m_s Z_2)(n_1 Z_1/Z_2)^{2.8}$$
$$(m_s Z_2/2\ 000)^{4.6}(0.028\mu_0 + 0.019)^{0.2} \tag{2.22}$$

齿轮总损失:

$$P_\Sigma = P_S + P_R + P_{W1} + P_{W2} \tag{2.23}$$

式中,F_n 为平均法向载荷;f 为摩擦系数;m_s 为端面模数,单位为 mm;P 为传动功率,单位为 kW;P_R 为平均滚动损失,单位为 kW;P_S 为平均滑动损失,单位为 kW;P_W 为风阻损失,单位为 kW;T 为扭矩,单位为 N·m;V_S 为平均滑动速度,单位为 m/s;V_T 为平均滚动速度,单位为 m/s;Z 为齿数;α 为压力角,单位为度;μ 为滑油动力黏度,单位为 cP;下标中,1 表示主动齿轮;2 表示从动齿轮。

轴承功率损失主要与轴承类型、载荷、转速、轴承尺寸和摩擦系数有关。滚动轴承功率损失计算一般采用 Palmgren 法。Palmgren 将摩擦力矩分为外载引起的摩擦力矩和黏性摩擦力矩两部分,并用实验方法得出经验公式,计算公式如下。

外载引起的摩擦力矩:

$$M_1 = f_1 F_\beta d_m \tag{2.24}$$

式中,M_1 为外载引起的摩擦力矩,单位为 N·m;f_1 为与轴承结构及相对负荷有关的因子;F_β 为当量载荷,单位为 N;d_m 为轴承节圆直径,单位为 m。

黏性摩擦力矩:

$$Mv = 9.79 \times 10 - 11f_0(v_0 n)2/3d_m^3 \tag{2.25}$$

$$Mv = 3.732 \times 10 - 111f_0\ d_m^3 \quad (v_0 n \leqslant 2\ 000) \tag{2.26}$$

式中,Mv 为黏性摩擦力矩,单位为 N·m;f_0 为与轴承类型和润滑方式有关的因子;

---
* 1 cP = 10^{-3} Pa·s。

v_0 为滑油运动黏度,单位为 mm^2/s;d_m 为轴承节圆直径,单位为 mm;n 为轴承转速,单位为 r/min。

总功率损失:

$$N = 1.047 \times 10 - 4(Ml + Mv)n \tag{2.27}$$

式中,N 为总功率损失,单位为 kW。

2. 风阻和搅动损失

风阻是旋转机械运动时来自空气的阻力。风阻损失受旋转构件尺寸、迎风面积和速度影响,也受壳体设计和表面压力的影响。风阻和搅动损失不受传动功率量值的影响,但受速度和滑油流量的影响,可以用 Anderson - Loewenthal 法计算。搅动损失是由零件旋转或气流搅动损失对润滑油所产生的功率损耗。

减速器设计者首要关心的是泄油孔的设计,需要避免风阻起帘幕作用阻止油排出,避免壳体表面或齿轮上的高能量滑油冲击导致温度升高。随着齿轮节线速度的增加,出现这种情况的可能性将增大,可能在节线速度达到 40 m/s 以上时就会出现。

虽然搅动损失不能预计,但可以采取如下几种设计手段减少或排除其影响。

(1)给旋转零件(例如高线速度的齿轮)周围提供一个大的间隙空间,以便减少风阻分布流一侧的滑油聚集。

(2)在滚动轴承两侧设置排油通道(即使滑油可能仅作用于一侧)。

(3)在滑油的回油必须通过高速齿轮的部位,提供一个避开风阻的排油通道。在靠近高速齿轮的部位设置刮板和挡风板,使滑油从齿轮直接流向减速器油槽,这种方法可利用滑油的动能来帮助清洗油污。

(4)在高速齿轮周围安装精细的隔板,用以吸收来自齿轮的油喷动能并驱散风阻流;在滚动轴承两侧设置排油通道(即使滑油可能仅作用于一侧)。

2.3.5　传动系统动力学设计

传动系统动力学设计主要包括传动系统耦合振动设计(多级齿轮传动副、传动轴等组成的弹性结构集成系统)、发动机-传动-旋翼耦合振动设计、传动系统装机振动特性设计(与直升机主旋翼、尾桨和直升机平台安装连接的系统)。

传动系统振动特性对直升机性能和工作可靠性有关键性的影响。传动系统动力学设计时应考虑如下设计因素,并采取相应的措施。

1. 耦合振动

1) 传动系统耦合振动

传动系统是由多级齿轮传动副、传动轴等组成的弹性结构集成系统,对于系统耦合模态,其典型的振型如图 2.14 所示。以单旋翼带尾桨直升机传动为例,主要应考虑的激励频率有:

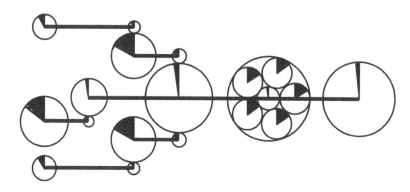

图 2.14 传动系统耦合模态振型

（1）主、中、尾减速器齿轮系统啮合激励及其谐波、轴承滚动的激励及其谐波；

（2）各啮合频率的 1/2、3/2、5/2 频率等非整数次谐波；

（3）考虑各啮合频率、轴承滚动的脉冲频率的一次谐波和二次谐波，以及考虑结构参数激励引起振动的 1/2 倍谐波。

动力轴是连接发动机输出轴和主减速器输入轴的重要部件，尾传动轴是连接主、中、尾减速器的重要部件。动力轴所受到的主要激励有：

（1）在工作中自身的不平衡力激励；

（2）受到减速器中轮齿啮合力在周向、径向和轴向动态分量所产生的激励作用。

尾传动轴所受到的主要激励有：

（1）工作中自身的不平衡力激励；

（2）减速器轮齿啮合力在周向、径向和轴向分量所产生的激励；

（3）旋翼下洗流（主要激励频率为旋翼桨叶通过频率，即 Ω/n，其中 Ω 为旋翼转速，n 为桨叶片数）和尾桨气动激励。

2）发动机-传动-旋翼耦合

发动机通过减速器和传动轴等组成的传动系统驱动旋翼和尾桨工作，这些有机械联系的部分构成了一个机械扭振系统，该系统主要考虑的激励有[9]：

（1）主旋翼激励（气动激振力及惯性力频率及其谐波、质量及气动不平衡力频率）；

（2）尾桨激励（包括气动激励频率及其谐波、质量及气动不平衡激励频率、支持刚度各向异性激励频率和非谐波激励频率）；

（3）发动机不平衡质量激励。

这个机械扭振系统又与保持发动机输出轴转速恒定的发动机燃油调节系统相互耦合，见图 2.15。

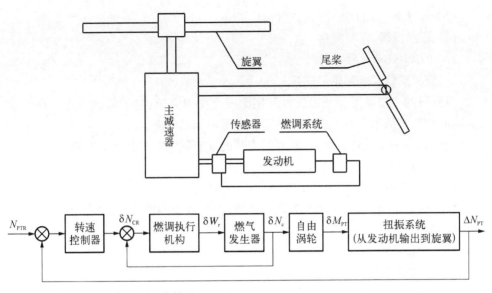

图 2.15 单旋翼带尾桨直升机发动机-传动系统-旋翼耦合系统

3）耦合振动的计算评定/测试

（1）GJB 150.16A—2009《军用装备试验室环境试验方法 第 16 部分：振动试验》中规定零部件随机振动载荷主要来自两个方面转频（$f = n_p/60$，n_p 为旋翼转速）及其桨叶数倍频（$f = i \times m_p \times n_p/60$，$i = 1, 2, 3$，$m_p$ 为桨叶数，n_p 为旋翼转速）导致的窄带尖峰激励。

（2）环境因素（如飞行器振动环境）导致的宽频激励。由于 GJB 150.16A—2009《军用装备试验室环境试验方法 第 16 部分：振动试验》中的随机功率谱密度制定方法须涵盖绝大部分直升机的机载系统及零部件，因此，据此方法得到的功率谱密度实际上偏保守，计算的应力和位移结果也偏高。有限元软件计算的随机振动响应结果一般只是 1σ 下的值，根据相关经验，由于结构加工、装配过程分散性的存在，一般采用 2.2σ 的结果进行评估，即将 1σ 值放大 2.2 倍后进行评估。

应进行传动系统固有频率测试，使其固有频率尽可能避开以下频率：

（a）主旋翼转速（1Ω）、主旋翼转速（$N\Omega$）、主旋翼转速（$2N\Omega$）；

（b）发动机输出轴转速；

（c）主减速器尾传输出轴转速；

（d）主减速器第二级传动轴转速；

（e）主减速器行星齿轮（啮合）转速；

（f）主减速器并车齿轮转速；

（g）尾斜轴转速；

（h）尾桨转速（1Ω）、尾桨转速（$n\Omega$）；

（i）旋翼挥舞、摆振频率。

2. 传动系统装机振动特性

1）旋翼系统与旋翼轴的连接

直升机的主要激励源是主旋翼和尾桨的交变阻力矩，对于某些特殊布局的滑油冷却风扇，其风扇叶片的交变阻力矩也会形成激励源。

旋翼轴与旋翼系统连接后，其局部安装的固有频率主要受如下影响：

（1）连接方式；

（2）支撑刚度；

（3）约束刚度（包括挥舞约束刚度、桨叶摆振约束刚度、扭转约束刚度，离心力方向的刚度）；

（4）质量分布；

（5）安装间隙等。

旋翼轴与旋翼系统连接后的局部频率是不可忽略的，其局部频率若接近旋翼系统的工作频率或局部连接后振动较大和受载不平衡，同样会引起传动系统或直升机出现较大磨损或破坏。

2）动力传动轴及轴套、尾传动轴装机

先进直升机的动力传动轴应具备在高速条件下传递大功率的能力，并能实现补偿较大的安装偏斜角。动力传动轴轴套连接发动机壳体和主减速器机匣，如采用橡胶夹层弹性衬套等弹性的结构设计，可以在一定程度上隔绝主旋翼经主减速器传递到发动机的振动。动力传动轴与主减速器输入轴形成的高速传动轴系存在相位匹配和刚度匹配的问题，在设计上应考虑这种不同相位动平衡量不同、连接动刚度变化对动力学特性的影响。

动力传动轴的下列设计状态影响动力学特性：

（1）连接形式；

（2）跨支长度；

（3）径向和角向刚度；

（4）结构布局；

（5）整体不平衡量；

（6）高速运行后的状态等。

尾传动轴连接着主、中、尾减速器，设计上面临采用亚临界设计还是超临界设计的问题。随着直升机对传动轴系重量轻、结构简单的高要求及技术的发展，轴系的超临界设计成为一种趋势。也有一些特殊的传动轴系，如传动轴为亚临界轴、轴系为超临界的轴系以及局部亚临界轴系和局部超临界轴系共存的轴系。

尾传动轴的下列设计因素对动力学特性有较大影响：

（1）连接形式；

（2）轴段数量；

（3）支点数量；

（4）跨支长度；

（5）支撑刚度；

（6）径向和角向刚度；

（7）联轴器刚度；

（8）阻尼器形式；

（9）结构布局；

（10）整体不平衡量等。

为控制传动轴的动应力，轴系临界转速和额定工作转速一般应有一定的裕度，亚临界轴临界转速和额定工作转速一般应有一定的裕度。

影响传动轴临界转速的主要因素及相应的一阶临界转速计算公式见表 2.4。

表 2.4　影响传动轴临界转速的主要因素及相应的一阶临界转速计算公式

影响因素	一阶临界转速计算公式	说　明
传动轴的形状及材料性能	$\omega_{cr} \propto \dfrac{r}{L^2}\sqrt{\dfrac{E}{\rho}}$	传动轴临界转速正比于轴截面的回转半径 r 及轴材料的 $\sqrt{\dfrac{E}{\rho}}$，反比于 L 的平方
支承弹性	$\omega_{cr} = \sqrt{\dfrac{\dfrac{2KK_1}{K_1 + K}}{m}}$	该公式假设传动轴支承具有弹性；两个支承的刚度系数为 K_1；轴的刚度系数为 K；集中质量为 m
转矩	$\omega_{cr} = \omega_{cr_0} - \sqrt{1 - \left(\dfrac{T}{T_{cr}}\right)^2}$	ω_{cr_0} 为无转矩的临界转速，T_{cr} 为临界转矩，即在此转矩作用下，轴将失稳，挠度无限增加；对于双支承等截面轴，在全部轴都受转矩作用的情况下，$T_{cr} = \dfrac{2\pi}{L}EI_p$，可见对于细而长的轴，$T_{cr}$ 较小，对临界转速的影响就大
轴加速（或减速）	当轴以变速越过临界转速时，其最大振幅总是后出现；一般地，转速加速越大，滞后越大，响应线也趋于平缓	
其他	各轴段之间的连接花键、套齿、螺钉或焊接的影响都会改变系统的刚性，从而影响轴系的临界转速	

3）主、中、尾减速器装机

由于机身是由多个框架梁组成的,主、中、尾减速器与机身连接后刚度发生了较大变化,从而导致减速器和机身连接后固有频率发生改变,应调整安装方式或采取减振措施,避开机体低阶频率和主旋翼、尾旋翼工作频率。

减速器的振动不仅引起噪声,当动载荷过大时,甚至会引起齿轮的损坏。减速器中激起振动的力和因素很多,一般可采取下列措施减少激振因素,减小各种激振力:

（1）进行减速器动力学特性研究,振动检测和分析,提出改进结构设计措施和减振措施;

（2）切断或阻止从振动源向振动本体传递振动;

（3）防止振动体的共振,并且抑制自激振动的继续存在;对于减速器中局部积油时引起的自激振动,可在有关部位开小孔排液加以避免;对于干摩擦激起的自激振动（如活动花键连接引起传动轴自激振动）,可检查周向摩擦痕迹,按具体情况寻找发生干摩擦的原因并加以排除;

（4）调整安装减速器零件的质量和刚度分布可降低减速器不平衡力引起的振动;

（5）齿廓修形是减小齿轮啮合冲击十分有效的措施;

（6）通过加阻尼环和阻尼橡胶吸振,或者通过结构设计改善振动环境、改变激振频率等方式使振动降低。

减速器振动特性主要体现在齿轮、轴及轴承上,轴、轴承以及齿轮旋转时的不平衡可激起转子振动。材料不均匀、几何误差、设计和装配不当、工作时零件磨损不均匀以及配合精度降低等均是引起不平衡的原因。

齿轮设计必须在所有工作转速内避免共振,在齿轮工作转速的附近不得存在临界转速,一般的评定准则如下:

（1）若临界转速超过齿轮的最大工作转速,两者之间一般至少应有一定的裕度,振动应力不得超过齿轮材料的疲劳极限;

（2）齿轮1~4节径行波共振转速与工作转速之间的裕度不低于一定的百分比,齿轮轴的弯曲和扭转共振频率与齿轮啮合频率之间的裕度不低于一定的数值;

（3）齿轮轴高于最大工作转速的临界转速一般应高于最大工作转速的一定的百分比,低于工作转速范围的临界转速一般应低于工作转速的一定的百分比;

（4）一般不允许在工作转速范围内存在驻波共振临界转速,避开的裕度至少有一定的百分比。

在不能避开临界转速时,应采取阻尼措施,提供足够的阻尼或改变系统的刚度,可调整如下参数:

（1）在某一部位增加或减去质量;

（2）调整辐板和轮缘或轮毂处的圆角半径;

（3）调整辐板的厚度；

（4）调整辐板和轮缘或轮毂转接点的位置；

（5）调整辐板的锥角。

为减小齿轮的振动应力,可采取如下措施：

（1）利用花键、螺栓等连接元件提供阻尼作用；

（2）在适当部位安装阻尼环；

（3）在非摩擦部位加涂层；

（4）降低齿轮啮合时的动载荷；

（5）提高齿轮重合度；

（6）提高齿轮加工和装配精度；

（7）采用不对称轮缘；

（8）提高轴系加工和装配精度；

（9）进行动平衡,降低齿轮轴系的残余不平衡量。

在减速器中,因旋转质量的不平衡、脉冲式参数激励和传动激励引起的齿轮传动激励是振动产生的主要原因。脉冲式参数激励是由于齿轮进入啮合和退出啮合的冲击引起的,减速器振动谱中存在有频率为齿的啮合频率及其谐频的离散分量。减速器频谱中可能有十几种以上的频率为齿频倍数的高次谐波。对于减速器所采用的各种形式的齿轮传动,齿轮啮合频率及其二倍频、三倍频的计算公式如下：

$$Fz = mZ(n/60), \quad m = 1,2,3 \tag{2.28}$$

式中,Z 为齿数；n 为转速,单位为 r/min。

轴承的振动谱结构复杂,它取决于轴承元件的几何误差-结构、工艺参数以及共振性能等因素。可计算与轴承转速有关的轴承振动频谱中的离散分量。此外,由于转速摆动、滚动体打滑以及接触角变化等原因,计算离散分量的公式可用来确定最大振幅值在振动信号谱图中的位置。轴承各元件的固有频率以及特征频率计算公式见表 2.5。

表 2.5　轴承各元件的固有频率以及滚动轴承故障特征频率[10]

序号	名　称	计 算 公 式	备　注
1	滚动体的固有频率	$f_n = \dfrac{0.424}{r}\sqrt{\dfrac{E}{2\rho}}$	r 为滚动体半径；ρ 为材料密度；E 为弹性模量；n 为固有频率的阶次；I 为套圈截面绕中性轴的惯性矩；a 为回转轴线到中性轴的半径；M 为单位长度的质量
2	轴承内、外圈的固有频率	$f_n = \dfrac{n(n^2-1)}{2\pi\sqrt{n^2+1}}\dfrac{1}{a^2}\sqrt{\dfrac{EI}{M}}$	

序号	名　称	计 算 公 式	备　注
3	内圈回转频率	$f_i = f = N/60$	
4	保持架回转频率	$f_c = \dfrac{1}{2}\left(1 - \dfrac{d}{D}\cos\beta\right)f_i$	
5	滚珠自转频率	$f_b = \dfrac{1}{2}\dfrac{D}{d\cos\beta}\left[1 - \left(\dfrac{d\cos\beta}{D}\right)^2\right]f_i$	N 为轴的转速（r/min）；D 为轴承节径；d 为滚动体直径；β 为接触角；n 为滚珠数量
6	保持架通过（内圈）频率	$f_{ci} = \dfrac{1}{2}\left(1 + \dfrac{d}{D}\cos\beta\right)f_i$	
7	滚珠通过内圈频率	$f_{bi} = nf_{ci}$	
8	滚珠通过外圈频率	$f_{bo} = nf_c$	

3. 振动参数限值确定

振动报警和限值是直升机传动系统安全运行控制的重要指标之一。国内目前还没有制定这一方面的规范，但国标等效移植了 ISO 7919－1996 和 ISO 10816－1996，形成了 GB/T 11348—1997 和 GB/T 6075—2002，在这两个规范中对转轴径向振动和轴承座振动限值做了指导性的规定。传动系统振动达到报警和限值时，并不意味着传动系统已经处于危急状态，其设计意图是让相关技术人员，把注意力集中到振动变化方面来，并应考虑振动故障原因，随时准备采取可能的纠正性操作或补救措施。

当前，直升机传动系统振动限值主要采用分析与经验相结合的方法，在对系统运转特性（激励源、激励周期、载荷传递路径等）进行必要分析的基础上，借助以往工程经验以及类似产品的振动水平，依据"绝对安全、相对合理、逐步改进"的基本原则设定。

在直升机传动系统上需要着重监测振动的部位主要包括主减速器高速输入级（与发动机连接）、主减速器机匣上部（靠近主旋翼，反映主旋翼的振动水平）、尾减速器机匣输出端（靠近尾桨，反映尾桨的振动水平），这三个位置的振动限值一般要求如下。

1）主减速器输入端的振动

高速输入级振动一般以一定振动位移作为良好值，以 3 倍良好值作为限值，或者要小于按如下公式得到的计算值：

$$A = \frac{2\,800}{\sqrt{N_{mc}}} \tag{2.29}$$

式中, A 为振动峰峰值, 单位为 μm; N_{mc} 为转动件最大连续工作速度。

2) 主减速器上端面(反映主旋翼)和尾减速器输出端振动

主减速器上端面及尾减速器输出端的振动激励源主要来自主(尾)旋翼不平衡力(激励频率为转速基频 1Ω)和旋翼气动载荷(激励频率为旋翼通过频率 $k\Omega$ 及其倍频 $2k\Omega$)。对于前者, 即不平衡响应, 其振动量值可由直升机动平衡标准进行限定。对于后者, 即气动响应, 由于气动载荷在每一个起降过程内都存在较为明显的波动幅度, 主减速器上端面振动响应出现相应的波动。对于这一类在运转过程中存在较大幅度波动的振动响应, 在其振动限值方面目前采用的方法是制定两级标准, 第一级称为稳态限值(X_1), 其确定方法参考高速输入级的振动限值; 第二级为瞬态限值(X_2), 即瞬态限值小于 3 倍稳态限值。

2.4 选 材 设 计

2.4.1 选材原则

依据 HB/Z 353—2002《航空发动机材料选用原则、程序与要求》和 GJB 2350—1995《直升机传动系统通用规范》, 确定传动系统的材料选用原则如下:

(1) 适用性: 材料在不同温度下的力学、物理和化学性能、环境适应性等综合性能应满足设计要求;

(2) 工艺性: 在材料性能满足设计要求的条件下, 其加工工艺性应满足零件成形和加工制造技术要求;

(3) 通用性: 选材应考虑通用化、系列化, 尽量减少材料牌号;

(4) 可维修性: 所选材料尽量满足传动系统的可维修性要求;

(5) 成熟性: 优先选用有使用经验, 已经定型, 并已纳入国家标准、国家军用标准和行业标准的成熟材料;

(6) 经济性: 在满足零件设计要求和不降低可靠性与耐久性的前提下, 优先选用综合成本低的材料;

(7) 先进性: 为满足发动机设计要求, 鼓励选用符合上述原则的先进材料。

2.4.2 常用金属材料及发展

1. 齿轮类零件

传动系统中齿轮类零件主要选材设计要求是: 表面硬度高, 芯部韧性好, 具有良好的疲劳性能。因此传动系统齿轮类零件一般选用渗碳、渗氮齿轮钢, 目前应用最多的是第一代齿轮钢。随着传动系统功率密度提升, 选用的材料由第一代齿轮钢发展到承温能力更高的第二代、第三代齿轮钢。如表 2.6 所示, 第一代齿轮钢是以 AISI 9310 为代表的低合金表层硬化钢,低温回火后常温使用,具有常规要求的使用性能。第一代齿轮钢占现有齿轮钢种的大部分,我国有12CrNi3A、12Cr2Ni4A、16CrNi3MoA、16Cr3NiWMoVNbE、10CrNi2Mo3Cu2V等[11]。第二代齿轮钢以 M50NiL 为代表,可在 350℃ 以下稳定使用。第二代齿轮钢的发展使表面接触疲劳寿命提高了 10 倍左右。由于齿轮转动部件易受到疲劳损伤,所用材料要求具有优良的抗疲劳性能,对钢的熔炼技术提出了更高的要求。齿轮钢熔炼工艺经历有空气、真空除气、真空感应熔炼(vacuum induction melting,VIM)、真空电弧重熔(vacuum arc remelting,VAR)、双真空熔炼(真空感应熔炼+真空电弧重熔)、三联工艺(真空感应熔炼+电渣重熔+真空电弧重熔)等,其目的是提高材料的纯净度,降低偏析、碳化物尺寸、夹杂物尺寸和改变其类型,提高疲劳性能。

从材料设计上,向损伤容限设计发展,要求材料强韧性配合良好,有更高的断裂韧度。受益于计算机辅助设计合金技术的发展,第三代齿轮钢的设计目标是:表层超高硬度(承受超高载荷,超高速度),超高接触疲劳强度;芯部超高强度,高韧性,高抗疲劳;耐高温;耐腐蚀;损伤容限设计齿轮,如 C69、CSS - 42L 等。C69 合金是新近研究发展的优良齿轮钢之一,采用二次硬化机理设计成分,表层硬度可达HRC69,芯部硬度 HRC50 以上,K_{IC} 值达到 50 MPa·$m^{1/2}$ 以上,具有很高的抗磨损和疲劳性能。CSS - 42L 也是最新研制成功的表层硬化型不锈钢,采用二次硬化机理设计成分,添加多种强碳化物形成元素,提高了吸碳能力,有利于获得表层超高硬度。添加高量钴细化 M_2X 相,低碳马氏体基体上沉淀细小弥散的 M_2X 相,使芯部具有超高强度和高韧性,CSS - 42L 钢在室温硬度达到 HRC68,430℃ 下为HRC62,直到 535℃ 仍可保持在 HRC58 以上[12,13]。

表 2.6　齿轮钢的典型性能

类　别	典型钢	抗拉强度/屈服强度/MPa	延伸率/%	断面收缩率/%	断裂韧度 K_{IC} /(MPa·$m^{1/2}$)	表面硬度/HRC	使用温度
第一代	9310	1 100/900	16	53	94	58~62	150℃ 以下
第二代	M50NiL	1 200/1 100	16	67	127	59~63	中温 350℃
第三代	C61	1 600/1 400	16	70	143	60~62	高温 450℃

2. 机匣类零件

传动系统机匣类零件主要选材设计要求是:材料具有高的比强度、铸造性能/加工性能良好、具有较高的疲劳性能和高的损伤容限性能,目前应用最多的第一代、第二代铝合金、高强镁合金等。随着损伤容限和耐久性设计准则逐步形成,对材料的强度、断裂韧性、耐蚀性、抗疲劳等综合性能提出了更高要求,促使航空铝合金向着高强高韧、耐腐蚀、耐热、高损伤容限、低密度、低成本和多功能方向发展。按照铝合金材料基础技术的发展情况,国内外铝合金从第一代发展到第四代,第一代静强度铝合金以 2024 – T3、7075 – T6 为代表;第二代耐腐蚀铝合金以 7075 – T73 为代表;第三代综合性能优良的高纯铝合金以 7050 为代表;第四代高强耐损伤铝合金以 8009、8019、8122 为代表,抗拉强度达到 700 MPa。目前,传动系统常用的变形铝合金有 7075、7050、2618、2D70 等,未来耐 250℃ 的高强耐蚀、低密度新型铝合金是重点发展方向。

在镁合金的研究及应用方面,国内达到了国际领先水平,通过化学成分优化设计,添加稀土提高耐蚀性、添加少量银提高耐热性,添加稀土 AQ80M、VW93M 等新型牌号耐热温度达到 250℃,室温拉伸性能超过 400 MPa,并在多个重点型号上取得成功应用。几种镁合金的典型性能见表 2.7。

表 2.7　几种镁合金的典型性能

国别	牌　号	抗拉强度/ MPa	屈服强度/MPa	延伸率/%	密度/(g/cm^3)	使用温度/℃
中国	AQ80M	≥350	≥210	≥5	1.8	150
中国	VW93M	≥420	≥300	≥5	1.93	250
美国	AZ80A	300~350	180~200	≥5	1.8	120

另外,机匣轻量化设计也是未来的一个重要的发展趋势,因此复合材料在机匣上的应用具有广阔的发展空间。

3. 其他类零件

传动系统轴类零件一般用高强度钢,从国外高强钢材料发展趋势上,在向有耐高温、耐腐蚀、高断裂韧性及低的裂纹扩展速率的材料发展。新型武器武装直升机传动系统等承力结构件多采用超高强度、高韧性钢,如国外的 Aermet 100、Mermet 310(强度比 Aermet 100 高10%,断裂韧性在 70 MPa·$m^{1/2}$ 以上)等;用作新一代武装直升机和重型直升机桨毂的大型超高强度不锈钢,如国外的 PHB-8Mo,高韧性耐蚀二次硬化超高强度钢 21Co14Cr10Ni5MoWV(S53),S53 可以完全替代相同强度级别 4340 钢、300M 钢和马氏体时效钢,同时还具有更好的耐蚀性能,尤其是其优异的抗腐蚀疲劳性,非常适合在海洋气候条件下使用,同时 S53 钢还具有优异的表面渗氮硬化能力,经氮化处理后硬度可达到 HRC60。

行星齿轮架一般采用钛合金;内侧压板等一般选用不锈钢;O 形圈选用橡胶;

堵头、堵盖使用低密度聚乙烯、隔热填充的高硅氧纤维材料等;观察窗选用玻璃;此外还选用了一些厌氧胶、快速清洁剂、密封剂、润滑剂、环氧酚醛清漆、醇酸烘干绝缘漆、锶黄色环氧底漆、环氧底漆以及红色或绿色环氧硝基磁漆等[14,15]。

2.5　适　　航

2.5.1　适航的基本概念

1. 适航

适航是表征民用航空器的一种属性的专用技术术语,其英文是"airworthiness",《牛津英语词典》对适航的解释是"fit to fly",即"适于飞行"的意思。

一般认为,"适航"这个术语是由早期的"适海"(seaworthiness)概念扩展而来。早期大陆之间的交往主要靠海运,一方面,海运促进了国与国的交流与沟通;另一方面,随着海运的发展,人们逐渐对其安全性、舒适性提出了要求,即"适海"要求。

有关适航的定义和概念有很多,目前国内对适航较为统一的定义是"航空器能在预期的环境中安全飞行(包括起飞和着陆)的固有品质,这种品质可以通过合适的维修而持续保持"。航空器的适航性是通过设计赋予,通过符合性验证表明,并通过适航审定最终确认。

2. 适航管理

适航这个词从诞生开始,就与政府对民用航空器安全性的控制和管理有关。民用航空器的适航管理是以保证航空安全、维护公众利益、促进民用航空事业的发展为宗旨的技术管理,是政府适航部门在制定各种最低安全标准的基础上,对民用航空产品的设计、制造、使用和维护等环节进行的科学统一的审查、鉴定、监督和管理。

这里所说的最低安全标准,即为由政府适航部门颁发的各类适航规章和标准。适航规章和标准通过在民用航空产品寿命周期中设计、制造、运营和维护等方面的经验和技术积累,吸取历次飞行事故中的教训,经过必要的验证或论证,并在公开征求公众意见的基础上不断修订形成。

适航管理根据管理内容和实施阶段的不同,分为初始适航管理和持续适航管理两个方面。初始适航管理是在航空产品交付使用前,适航管理部门依据适用的适航规章和标准,对民用航空产品的设计和制造所进行的型号合格审定和生产许可审定,以确保航空器和航空器零部件的设计、制造符合颁布的规章要求。持续适航管理是在航空产品满足初始适航标准和规范、满足型号设计要求、符合型号合格审定基础,投入运行服役后,为保持其在设计制造时的基本安全水平,保证航空产品能够始终处于安全运行状态而进行的管理。

3. 适航管理机构

世界上最知名的民航组织是美国联邦航空局(Federal Aviation Administration, FAA)和欧洲航空安全局(European Aviation Safety Agency, EASA)。

1) 美国的适航管理机构

FAA 是美国交通运输部下属、负责民用航空管理的机构。航空器的适航管理工作由 FAA 下设的航空器审定服务司执行,分为三级机构管理:

(1) 总部;

(2) 地区机构——4 个审定中心;

(3) 地方机构——航空器审定办公室。

以上机构自上而下逐级管理,发动机适航审定机构在地区机构一级和地方机构一级均有专门的职能部门。地区机构中发动机适航相关的审定中心为位于马萨诸塞州波士顿的发动机和螺旋桨审定中心(ANE - 100),负责区域内发动机适航审定、规章立法、型号认可、政策标准、管理型号合格证(type certificate, TC)项目及持续适航监控,还负责国产和进口发动机、螺旋桨和部件适航指令的起草和签发。而航空器审定办公室负责地理管辖范围内所有发动机及其产品更换零部件的设计认证,包括型号设计审定、补充型号审定、零部件制造批准和技术标准规定(technical standard orders, TSO)设计批准。

2) 欧洲的适航管理机构

EASA 成立于 2003 年,是欧盟负责民用航空安全的机构,总部位于德国科隆。EASA 的雇员由来自欧盟所有成员国的超过 700 名航空专家和行政官员组成,主要职责包括民用航空安全法规的制定和航空安全管理、航空产品的适航审定以及对已批准机构和欧盟成员国的监督。

EASA 下设执行部、政策与安全管理部、审定部、飞行标准部以及资源与支持部共五个部门。其中审定部主要负责包括发动机适航审定在内的航空产品审定。审定部按照产品分类设置了大型客机、通用航空和远程控制航空器系统、旋翼航空器、推进器/零部件和设备四个机构,同时设置了环境、设计机构、审定政策与安全信息三个机构。推进器/零部件和设备机构中的推进器部门主要负责发动机、螺旋桨和辅助动力装置的适航审定。另外,环境、设计机构以及审定政策与安全信息三个机构的职责也涉及发动机适航审定。

3) 中国的适航管理机构

中国民用航空局(Civil Aviation Administration of China, CAAC)是中华人民共和国国务院主管民用航空事业的由部委管理的国家局,归交通运输部管理,其前身为中国民用航空总局,于 2008 年 3 月改为中国民用航空局,中国民用航空局部分组织架构如图 2.16 所示。

中国民用航空局的业务范围非常广泛,与航空制造企业密切联系的业务主要

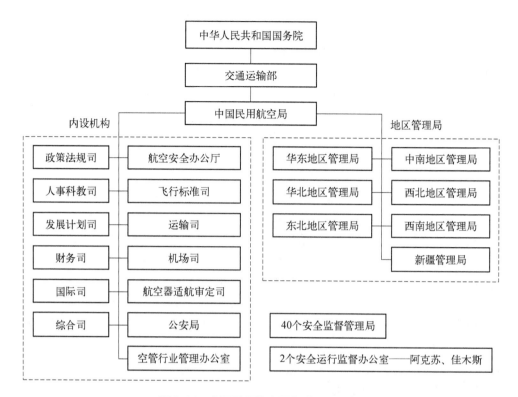

图 2.16 中国民用航空局部分组织架构

是适航审定,由其下属航空器适航审定司管理。航空器适航审定司主要负责起草编写各类适航规章和标准;各类适航审定包括民用航空产品型号及补充型号的合格审定、型号认可审定、补充型号认可审定、单机适航审定等;民用航空器的国籍登记和注册;型号合格审定、生产审定、单机审定等三类 16 种证件的管理;诸如民用航空器加、改装审定及重大特修方案、超手册修理方案工程审批等的证后管理以及适航审定委任代表和委任单位代表的审核和管理。

适航司的审定业务主要由中国民用航空适航审定中心(下辖北京、上海、沈阳、西安、成都、江西审定中心)负责。其中,中国民用航空发动机适航审定中心坐落于北京,主要负责各类发动机、辅助动力装置(auxiliary power unit,APU)的审定;中国民用航空上海航空器适航审定中心负责大飞机审定;中国民用航空沈阳航空器适航审定中心负责小飞机、旋翼机审定;中国民用航空成都航空器航油航化适航审定中心负责航油航化审定;中国民用航空江西航空器适航审定中心负责江西省内正常类、实用类和通勤类飞机及旋翼航空器的型号合格审定工作,以及航空器产品部件和组件的设计和制造符合性检查工作。

4. 适航法规体系

适航管理有一整套完整的适航法规、程序和文件。尽管各国的法规文件不尽相同,但为了有效开展适航审定工作,便于交流与合作,国际上已经形成了通行的适航法规文件结构。

1) 美国的适航法规体系

FAA 在"立法定标"方面是国际适航审定领域的领军者,FAA 基础性法规文件的编制成熟、完善,颁布的各类咨询通告、工作程序、手册、指南等支持性资料丰富、实用,且持续更新。FAA 的适航文件体系可分为两类:一类属法规性文件,如联邦航空条例(Federal Aviation Regulation, FAR)、特殊联邦航空条例(Special FAR, SFAR)、专用条件(Special Condition, SC)、技术标准规定(Technical Standard Orders, TSO)等;另一类属非法规性文件,如咨询通告(Advisory Circular, AC)、指令(Order)、通知(Notice)、指导材料(Guidance Material)、政策(Policy)、备忘录(Memo)、手册(Handbook)和指南(Manual)等。

美国联邦航空条例包括对航空器、发动机、螺旋桨及各种记载设备从设计、制造到使用、维修等全过程的各种技术要求和管理规则,还包括航空公司和航空人员、机场、空中交通管制、维修站等各个方面,是必须遵守的法令。

2) 欧洲的适航法规体系

欧洲 EASA 的规章体系分为三级。第一级规章为基本规章(Basic Regulation, BR),由欧洲议会和理事会制定,是其他规章的基础。第二级规章由初始适航、持续适航、机组成员在内的共 11 个执行规章组成,由欧盟委员会制定。第一和第二级规章均为欧盟各成员国必须遵守的法律。第三级规章包括审定规范(Certification Specification, CS)、局方决定(Agency Decision, AD)、符合性方法(Acceptable Means of Compliance, AMC)和指南材料(Guidance Material, GM),由 EASA 制定,均为非强制性规定。非强制性规定指可以通过其他等效方式替代,但在其他方式无法证明与非强制性规定等效的情况下,必须按照非强制性规定执行。

3) 中国的适航法规体系

20 世纪 80 年代,CAAC 以《国际民用航空公约》的有关附件为基础,以美国联邦航空条例为主要参考内容,吸收民航局已经发布的规章和文件的适用部分,开始进行适航立法的工作。经过多年努力,已基本建立较为完整的适航管理法规和文件体系。我国的适航法规文件可以分为三个层次,如图 2.17 所示。顶层为第八届全国人大常委会审议通过并颁布的《中华人民共和国民用航空法》;第二层为国务院颁布的《中华人民共和国民用航空器适航管理条例》和《中华人民共和国民用航空器国籍登记条例》;第三层为中国民用航空局颁布的中国民用航空规章(Chinese Civil Aviation Regulation, CCAR);第四层为中国民用航空局各职能部门下发的规范性文件,包括管理程序、咨询通告、管理文件、工作手册和信息通告五类。

其中正常类旋翼航空器、运输类旋翼航空器适用的适航规章分别为 CCAR - 27、CCAR - 29,是以 FAA 的 FAR - 27、FAR - 29 为蓝本编制的,自第一版发布以来,已经过两轮修订,目前发布的最新版为 CCAR - 27 - R2、CCAR - 29 - R2。

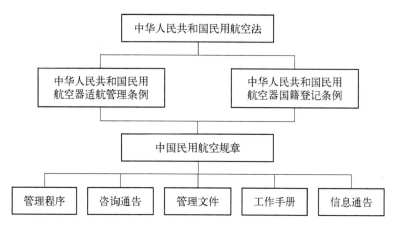

图 2.17　中国适航文件体系组成

5. 航空器型号合格审定程序

AP-21-03 程序是中国民用航空局航空器适航审定司下发的进行民用航空产品型号合格审定时必须遵循的规范性文件,该程序依据中国民用航空规章《民用航空产品和零部件合格审定的规定》(CCAR-21)制定,适用于型号合格证、型号设计批准书的申请、颁发和管理。AP-21-03 程序当前最新版本 R4 版《航空器型号合格审定程序》,该程序为航空器型号合格审定的主要依据[16]。传动系统作为旋翼航空器的一个子系统,也是根据该程序开展随机型号合格审定。

2.5.2　适用的适航条款及实质要求

美国联邦航空局(FAA)、欧洲航空安全局(EASA)、中国民用航空局(CAAC)分别颁布了旋翼航空器相关的适航规章,见表 2.8。

表 2.8　旋翼航空器相关的适航规章

规章名称	适航当局	现 行 版 本	颁 布 时 间	适 用 范 围
正常类旋翼航空器适航规定	FAA	FAR-27 Amdt.27-47	2011 年 12 月 1 日	适用于最大质量等于或小于 3 180 kg 且其乘客座位数不大于 9 座的正常类旋翼航空器
	EASA	CS-27 Amdt.2	2008 年 11 月 17 日	
	CAAC	CCAR-27-R2	2017 年 4 月 1 日	
运输类旋翼航空器适航规定	FAA	FAR-29 Amdt.29-55	2011 年 12 月 2 日	适用于运输类旋翼航空器
	EASA	CS-29 Amdt.2	2008 年 11 月 17 日	
	CAAC	CCAR-29-R2	2017 年 4 月 1 日	

　　CCAR-27-R2《正常类旋翼航空器适航规定》于 2017 年 4 月 1 日公布,自 2017 年 5 月 1 日起施行[17],与美国 FAR-27 修订至第 47 号修正案的版本等效[18]。欧洲航空器适航标准与美国航空器适航标准在标准内部的条款编号上都已基本统一。经比较分析可知,美、中、欧当局颁布的适航规章中传动系统适用条款基本一致[17-22]。CCAR-29-R2《运输类旋翼航空器适航规定》于 2017 年 4 月 1 日公布,自 2017 年 5 月 1 日起施行[20],与美国 FAR-29 修订至第 55 号修正案的版本等效[21]。

　　FAR/CS/CCAR-29 中适用于传动系统的条款(如 29.251 等)约 55 条,详见表 2.9。FAR/CS/CCAR-27 中适用于传动系统的条款(如 27.251 等)与 FAR/CS/CCAR-29 中传动系统适用条款基本一致,但在条款内容上存在差别,例如,29.571 条对主要结构件的疲劳评定要求相较于 27.571 条更严格[17,20];29.923/29.927 与 27.923/27.927 条款要求的试验时长、试验项目、试验程序有差异[17,20]。

表 2.9　FAR/CS/CCAR-29 中适用于传动系统的条款及实质要求[23]

序号	条款编号	条款名称	实　质　要　求
1	29.251	振动	传动系统的每一部件(如主减速器)在每一种合适的速度和功率状态下,必须没有过度的振动(过度的振动是指引起结构损伤或持续一段时间后能够导致结构损伤的振动)
2	29.301	载荷	要求传动系统结构强度采用限制载荷(旋翼航空器在实际使用中可能达到的最大载荷)和极限载荷(等于限制载荷乘以规定的安全系数,安全系数根据 29.303 条款确定,取 1.5)来规定; 要求载荷的大小和分布尽可能反映传动系统的真实受载情况并考虑结构变形所带来的载荷分布变化
3	29.303	安全系数	要求传动系统在结构强度设计、验证及分析过程中,安全系数必须按规章要求取 1.5; 若结构强度验证时安全系数小于 1.5,则要求有充分的依据说明选择其他安全系数得到的内应力是合理的
4	29.305	强度和变形	传动系统结构必须能承受限制载荷而无有害的或永久的变形;在直到限制载荷的任何载荷作用下,变形不得影响安全运行,即在限制载荷下传动系统能够正常运行;当用极限载荷试验验证结构的强度时,传动系统结构在极限载荷作用下能保持三秒钟而不破坏(当模拟真实载荷情况的动力载荷来表明结构的强度符合性时,不受三秒钟的限制)
5	29.307	结构验证	必须表明传动系统的结构对考虑其适用环境的每一临界受载情况均满足强度和变形要求;若有经验表明结构分析的方法(静力或疲劳)对某种结构是可靠的情况下,对这种结构可采用分析的方法,否则需对结构进行试验验证; 为满足强度要求,传动系统必须按 29.923、29.927 的要求开展动力及耐久性试验

序号	条款编号	条款名称	实　质　要　求
6	29.309	设计限值	要求在传动系统的设计说明书和维护手册中明确发动机输出轴与主旋翼轴转速比、发动机输出轴与尾输出轴转速比、中间减速器输入与输出转速比、尾减速器输入与尾桨输出转速比
7	29.571	金属结构的疲劳容限评定	传动系统每一金属主要结构件必须执行疲劳容限评定,且必须建立适当的检查和退役时间或经批准的等效方法以避免旋翼航空器运行寿命期内的灾难性失效
8	29.573	复合材料旋翼航空器结构的损伤容限和疲劳评定	必须按本条(d)的损伤容限标准评定复合材料传动系统结构,除非申请人证实因几何形状、可检查性和良好的设计实践的限制,进行损伤容限评定不切实际;如果申请人证实因几何形状、可检查性和良好的设计实践的限制进行损伤容限评定不切实际,申请人必须按本条(e)进行疲劳评定
9	29.601	设计	传动系统的结构设计可运用以往取证的民用旋翼航空器的服役经验,以此表明传动系统不存在危险的(安全性有不利影响)或不可靠(某些情况下起不到其预定的作用或功能效果)的设计特征或细节; 当以往型号设计不能满足现传动系统的设计需求,即采用一些新颖设计、新技术时,此类在国内的型号设计中首次应用的设计属于创新设计,对于创新设计或有疑问的设计细节和零件,必须通过试验确定其适用性
10	29.602	关键零部件	要求结合故障模式和影响分析(fault mode and effect analysis,FMEA)的结果,确定关键件(指其失效可能对旋翼航空器造成灾难性后果的零部件)清单; 要求制定传动系统关键件控制计划,该计划涵盖关键设计特征与控制方法、关键零部件的确定方法、关键件工艺的实施与控制管理、关键件更改流程、关键件的检验、关键件的记录要求、相关文件中有关关键件的特殊标记要求或说明等方面的内容
11	29.603	材料	对于损坏后可能对安全产生不利影响的零件,其所用材料的适用性和耐久性必须满足下列要求: a) 建立在经验或试验的基础上; b) 符合经批准的标准,保证这些材料具有设计资料中所采用的强度和其他特性; c) 考虑使用中预期的环境条件,如温度和湿度的影响
12	29.605	制造方法	要求传动系统的制造方法必须能保证制造生产的结构的质量是稳定的,并且结构符合设计要求
13	29.607	紧固件	对传动系统上的所有丧失将会危及旋翼航空器安全运行的任何可拆卸紧固件使用的锁定装置类型提出了要求; 其脱落可能危及旋翼航空器安全使用的每个可卸的螺栓、螺钉、螺母、销钉或其他紧固件必须装有两套独立的锁定装置;紧固件及其锁定装置不得受到与具体安装相关的环境条件的不利影响;使用过程中经受转动的任何螺栓都不得采用自锁螺母,除非在自锁装置外还采用非摩擦锁定装置

续　表

序号	条款编号	条款名称	实 质 要 求
14	29.609	结构保护	传动系统的每个零件必须有适当的保护以防止气候、腐蚀、磨损原因而引起的性能降低或强度丧失;在需要防止腐蚀、易燃或有毒液体聚积的部位,要有通风和排泄措施
15	29.610	闪电和静电防护	传动系统结构必须具有防止由闪电引起灾难性后果的保护措施
16	29.611	检查措施	对于每个具有下列要求之一的部件必须有能进行仔细检查的措施: a) 周期性检查; b) 按基准和功能进行调整; c) 润滑
17	29.613	材料的强度性能和设计值	传动系统零部件的材料的强度性能必须以足够的符合标准的材料试验为依据,在试验统计的基础上制定设计值
18	29.619	特殊系数	传动系统在设计过程中对于强度不易确定结构零件(如难以计数强度的结构接头)、在正常更换前其强度在使用中很可能降低(调整的安装接头)、制造中出现不稳定因素使强度出现显著变化(铸件)的零件必须采用特殊系数
19	29.621	铸件系数	铸件的安全系数等于 1.5 乘以铸件系数
20	29.623	支承系数	要求每个有间隙(自由配合)并承受撞击或振动的零件,必须有足够大的支承系数,以考虑正常的相对运动的影响
21	29.625	接头系数	对用于连接两个构件的零件或端头,要求传动系统在设计前期应在强度设计准则中确定是否选取接头系数以及接头系数的取值,并给出选取原则
22	29.861	结构、操纵器件和其他部件的防火	通常,传动系统必须在防火墙外,另外需考虑发动机着火后对传动系统的影响
23	29.901	动力装置	要求传动系统采用防差错设计、考虑电气搭接及可达性,传动系统各部件的构造、布置和安装必须保证在正常检查或翻修间隔期内,在申请批准的温度和高度范围内,能继续保持其安全运转; 要求进行传动系统详细的故障模式和影响分析(fault modes, effect and criticality analysis, FMECA),以确定预期的故障将不危及旋翼航空器的安全运行
24	29.908	冷却风扇	要求 A 类旋翼航空器冷却风扇机械损伤或冷却空气的丧失(冷却空气丧失,可能对旋翼航空器造成危险)不应妨碍"连续安全飞行"(连续安全飞行是指旋翼航空器保持返航并在出发地点安全着陆的能力,或连续飞行并在原指定目的地或合适的备用场站安全着陆的能力); 要求 B 类旋翼航空器在冷却风扇叶片万一损坏的情况下保证旋翼航空器安全着陆,或规定一项试验来表明冷却风扇叶片的固定措施是足够的,而不必考虑叶片损坏

续　表

序号	条款编号	条款名称	实　质　要　求
25	29.917	设计	要求确定传动系统各关键部件,确定和阐明其设计完整性,以表明满足适用于传动系统的基本适航性要求,即要求对传动系统进行设计评估以证实系统设计是安全的,并且所采取的补偿性措施能有效地防止发生危险类和灾难性类故障; 要求对于多发旋翼航空器,旋翼传动系统布置成当一台发动机失效时,剩余发动机将继续驱动旋翼,以保证预期的旋翼升力和操纵是有效的;即要求主减速器按发动机个数设置多输入端与其相连,以保证单发失效后,剩余发动机能继续带动主减速器从而驱动旋翼;要求传动系统的设计能使旋翼传动系统免受不工作发动机的扭转阻力;即要求在主减速器输入级的主动或从动齿轮上设置离合器,当发动机失效时,离合器将发动机与旋翼脱开,保证发动机空转时(或一台发动机工作时)也能安全飞行或自旋下滑着陆
26	29.921	旋翼刹车	如果旋翼传动系统中采用了一种能控制旋翼转动又与发动机无关的机构,则必须规定此机构的使用限制,并采取防止误动的措施
27	29.923	旋翼传动系统和操纵机构的试验	要求传动系统按本条规定的程序进行耐久性试验,试验一般在铁鸟台上进行
28	29.927	附加试验	必须进行为确定旋翼传动机构安全性所必需的附加的动态试验、耐久试验、运转试验以及振动研究
29	29.931	轴系的临界转速	任何轴系的临界转速必须经演示确定;如果对特定的设计有可靠的分析方法,则可采用该分析方法
30	29.935	轴系接头	对传动系统中有关轴系接头处(如主减速器液压泵传动花键副、交流发电机传动花键副)的润滑提出要求,即当运行必需润滑时,要求轴系接头的设计应有润滑措施(如脂润滑、喷油润滑等)
31	29.939	涡轮发动机工作特性	对于调节器控制的发动机,必须表明传动系统不存在与功率、转速和操纵位移的临界组合有关的危险的扭转不稳定性
32	29.1013	滑油箱	传动系统滑油箱需要符合要求的加油接头及通气措施,若采用软滑油箱则必须经过批准
33	29.1015	滑油箱试验	要求压力润滑系统进行滑油箱试验
34	29.1017	滑油导管和接头	对通气管的布置提出了要求
35	29.1021	滑油系统放油嘴	必须具有能使滑油系统安全排放的一个(或几个)放油嘴。每个放油嘴必须是可达的,且有手动或自动的机构,能将其确实地锁定在关闭位置

续　表

序号	条款编号	条款名称	实　质　要　求
36	29.1023	滑油散热器	滑油散热器必须能承受在运行中可能遇到的振动、惯性以及滑油压力载荷而不损坏;滑油散热器空气管的设置或配备,必须保证在着火时,不管发动机是否工作,气流都不会使火焰直接吹到散热器上
37	29.1027	传动装置和减速器:总则	要求持续润滑旋翼传动系统部件的滑油系统,必须完全独立于发动机润滑系统,并分别对压力润滑系统和溅油润滑系统提出了要求
38	29.1041	总则	要求传动系统应有充分的冷却措施(如在主减速器附件安装冷却风扇等),保证其滑油温度保持在限制范围内,冷却措施的有效程度应通过飞行试验演示
39	29.1043	冷却试验	对传动系统的冷却试验条件提出要求。要求冷却飞行试验要在最高环境大气温度条件下进行;要求如果试验用环境温度存在偏离,则要采用一定的环境温度修正系数进行修正,且修正后的温度不得超过制定的限值
40	29.1045	爬升冷却试验程序	对爬升冷却试验程序进行了规定
41	29.1047	起飞冷却试验程序	对起飞冷却试验程序进行了规定
42	29.1049	悬停冷却试验程序	对悬停冷却试验程序进行了规定
43	29.1151	旋翼刹车操纵机构	要求在飞行中必须不可能因误动而使旋翼刹车;如果旋翼刹车机构在起飞前没有完全松开,必须采取警告机组的措施
44	29.1163	动力装置附件	除非采用其他措施,否则对位于传动装置和旋翼传动系统的任何部件上的附件传动装置必须采用扭矩限制措施,以防止因过大的附件载荷导致这些部件损坏
45	29.1301	功能和安装	要求安装在运输类旋翼航空器上的传动系统必须符合下列要求: a) 说明传动系统的设计与预定的功能相适应; b) 传动系统总装图样上用标牌标明设备的代号、序列号等信息,各组件图上规定用油墨标印法或振动笔等标印法来标明产品的代号、序列号等信息; c) 制定传动系统安装技术要求,对安装条件进行详细的规定; d) 对安装后的减速器进行手动盘桨,确保安装后功能正常,并通过飞行试验验证传动系统安装后功能正常
46	29.1305	动力装置仪表	要求减速器上应设置有压力传感器,并将其设置在压力油路经过且便于拆装维护的位置,并应具备低压报警功能,可将电信号输出到显示仪表上,对滑油压力进行监控;设计油面观察窗,油面观察窗上的油位指示器透明板标有油面指示刻线(油尺),指示减速器上的滑油油量;应安装滑油温度传感器,可将电信号输出到显示仪表上,对滑油温度进行监控;应安装金属末信号器,可将电信号输出到显示仪表上,当金属末信号器探测到铁磁粒子时,将接通电信号,显示仪表上显示报警信号

序号	条款编号	条款名称	实　质　要　求
47	29.1337	动力装置仪表	要求每个减速器均有滑油油量指示器,有金属屑末探测器并向飞行员发出信号
48	29.1461	含高能转子的设备	要求含高能转子的设备须能承受因故障、振动、异常转速和异常温度所引起的损伤;必须通过试验表明,含高能转子的设备能包容住高能转子在正常转速控制装置不起作用时能达到的最高转速下产生的任何破坏;含高能转子的设备,必须安装在当转子破坏时,既不会危及乘员安全也不会对继续安全飞行产生不利影响的部位
49	29.1501	使用限制和资料总则	传动系统使用限制和资料必须按照29.1529持续适航文件、29.1541标记和标牌总则、29.1551滑油油量指示器、29.1557其他标记和标牌的技术要求执行
50	29.1521	动力装置限制	要求制定传动系统的滑油温度限制
51	29.1529	持续适航文件	必须根据附件A编制适航当局可接受的持续适航文件
52	29.1541	总则	要求传动系统每一标识和标牌必须符合下列要求: a) 示于醒目处; b) 不易擦去、走样和模糊
53	29.1551	滑油油量指示器	每个滑油油量指示器必须标有足够密的刻度,以便迅速而准确地指示滑油油量
54	29.1557	其他标识和标牌	在滑油加油口盖或其近旁必须标有"滑油"字样
55	附件A	持续适航文件	对传动系统编制持续适航文件提出了格式、内容及适航限制条款要求

2.5.3　型号研制各阶段的适航工作

传动系统适航工作将贯穿传动系统从型号论证到随机取证交付用户使用的各个阶段,传动系统适航工作可分为以下五个阶段实施,各阶段适航工作内容侧重点不同,具体如下。

1. 适航工作方案准备阶段

依据民用直升机适航工作的背景,提出传动系统适航工作的总体思路。

2. 适用适航条款确定阶段

在明确民用直升机技术要求及取证需求的基础上,分析现行有效的正常类/运输类旋翼航空器适航标准,明确传动系统适用的适航条款,并与主机研制部门达成一致意见。在必要时,需取得审查组对应审查代表的认可。

3. 适航审定计划制定阶段

根据与主机协调确定的适用适航条款内容,参考民用适航规章相关的咨询通告,将适航条款要求分解为适航技术要求,逐条确定相应的符合性验证方法。结合型号研制计划,编制对应的《传动系统适航审定计划》。

4. 适航验证实施阶段

结合传动系统的研制进度及研制内容,对照《传动系统适航审定计划》逐条梳理确认各项适航要求的符合性完成情况,开展具体的验证工作,对适航验证试验和符合性报告进行监控和审查。配合适航审查方的适航审查工作,通过说明、计算、分析、试验等方法向审查组演示产品与适航条款的符合性。

5. 取证后阶段

收集、识别、评估在产品制造使用过程中出现的工程问题,制定和实施修正措施,配合主机保证产品的持续适航。如有必要,取得局方对持续适航文件的修改方案的认可,并将修改部分内容陆续向用户提供。

以上工作项为民用直升机传动系统适航工作,军用直升机传动系统可参考执行,具体工作思路也可根据军方及主机要求作适当调整。

除以上适航管理和技术工作以外,作为传动系统研制方还应配合申请人(主机)按照其总体规划完成航空器评审工作。

2.6　通用质量特性

2.6.1　概述

为使传动系统具有良好的可靠性、维修性、保障性、安全性和环境适应性水平,在其研制中应全面开展可靠性、维修性、保障性、安全性和环境适应性工作。

在传动系统设计中,需根据主机的可靠性、维修性、保障性、安全性、环境适应性大纲及 GJB 450A—2004《装备可靠性工程通用要求》、GJB 368B—2009《装备维修性工程通用要求》、GJB 3872—1999《装备综合保障通用要求》、GJB 900A—2012《装备安全性通用要求》、GJB 4239—2001《装备环境工程通用要求》编制传动系统的可靠性、维修性、保障性、安全性及环境适应性大纲,大纲中规定了通用质量特性工作项目,应按工作项目开展相关可靠性、维修性、保障性、安全性及环境适应性工作。

1. 基本概念

《装备通用质量特性管理规定》(装发〔2014〕2 号文)中规定通用质量特性主要指可靠性、维修性、保障性、测试性、安全性和环境适应性等质量特性。根据 GJB 451A—2005《可靠性维修性保障性术语》中规定如下。

可靠性是指产品在规定的条件下和规定的时间内,完成规定功能的能力。

维修性是指产品在规定的条件下和规定的时间内,按规定的程序和方法进行维修时,保持或恢复到规定状态的能力。

保障性是指产品(系统)的设计特性和计划的保障资源,能满足平时战备完好率和战时利用率要求的能力。

测试性是指产品能够及时而准确地确定其状态(可/不可工作、性能下降),并隔离其内部故障的一种设计特性(传动系统为机械系统,不单独开展测试性工作,故下面内容将不再涉及测试性内容)。

安全性是指产品不导致人员伤亡,不危害健康及环境,不造成设备损坏和财产损失的能力。

环境适应性是指产品在其寿命期预计可能遇到的各种环境的作用下能实现其所有预定功能、性能和(或)不被破坏的能力。

平均故障间隔时间(MTBF)是指在规定的条件下和规定的时间内,产品的寿命单位总数与故障总次数之比。

平均修复时间(MTTR)是指产品排除故障所需的实际修复时间的平均值。其观测值等于在给定时间内,所用修复时间的总和与进行修复次数之比。

故障模式与影响分析(FMEA):分析产品中每一个可能的故障模式并确定其对该产品及上层产品所产生的影响,以及把每一个故障模式按其影响的严重程度予以分类的一种分析技术。

故障模式、影响及危害性分析(FMECA):同时考虑故障发生概率与故障危害程度的故障模式与影响分析。

故障树分析(fault tree analysis,FTA):通过对可能造成产品故障的硬件、软件、环境、人为因素等进行分析,画出故障树,从而确定产品故障原因的各种可能组合方式和(或)其发生概率的一种分析技术。

以可靠性为中心的维修分析(reliability-centered maintenance analysis,RCMA):按照以最少的维修资源消耗保持装备固有可靠性和安全性的原则,应用逻辑决断的方法确定预防性维修要求的过程。

修理级别分析(level of repair analysis,LORA):在装备的研制、生产和使用阶段,对预计有故障的产品进行非经济性或经济性的分析以确定最佳的修理级别的过程。

使用与维修工作分析(operation and maintenance task analysis,OMTA):分析研究装备的每项使用和维修工作,并确定所需保障资源的过程。

2. 主要标准

在传动系统设计中,可靠性、维修性、保障性、安全性、环境适应性采用的主要标准如下,其最新版本(包括所有的修改单)同样适用于本文件:

GJB 450A—2004 《装备可靠性工程通用要求》

GJB 368B—2009 《装备维修性工程通用要求》

GJB 3872—1999 《装备综合保障通用要求》

GJB 900A—2002 《装备安全性工作通用要求》

GJB 4239—2001 《装备环境工程通用要求》

GJB 451A—2005 《可靠性维修性保障性术语》

GJB/Z 20238—1994 《军用直升机及其发动机可靠性参数选择和指标确定要求》

GJB 2350—1995　《直升机传动系统通用规范》

GJB 2072—1994　《维修性试验与评定》

GJB/Z 99—1997　《系统安全工程手册》

GJB 150.3A—2009　《军用装备实验室环境试验方法 第 3 部分：高温试验》

GJB 150.4A—2009　《军用装备实验室环境试验方法 第 4 部分：低温试验》

GJB 150.9A—2009　《军用装备实验室环境试验方法 第 9 部分：湿热试验》

GJB 150.10A—2009　《军用装备实验室环境试验方法 第 10 部分：霉菌试验》

GJB 150.11A—2009　《军用装备实验室环境试验方法 第 11 部分：盐雾试验》

GJB 150.16A—2009　《军用装备实验室环境试验方法 第 16 部分：振动试验》

GJB 150.18A—2009　《军用装备实验室环境试验方法 第 18 部分：冲击试验》

2.6.2　可靠性

1. 可靠性要求

传动系统的通用质量特性参数应能反映传动系统战备完好性、任务成功性、维修人力费用和保障费用等方面的要求，包括可用性、任务可靠度、基本可靠性、耐久性等，有关军用标准，如 GJB/Z 20238—1994《军用直升机及其发动机可靠性参数选择和指标确定要求》、GJB 2350—1995《直升机传动系统通用规范》等，对此有明确要求，并针对传动系统有推荐选用的参数，根据产品研制经验，传动系统一般选取平均故障间隔时间（MTBF）作为其可靠性指标。

2. 可靠性设计分析与可靠性试验

1）可靠性设计分析

可靠性设计要点包括：简化设计、成熟技术设计、原材料和标准件的选用与控制等。

可靠性分析工作主要是为了寻找设计中可能存在的易发故障的部位，并分析其故障原因，针对故障原因采取针对性的设计或补偿措施，从而提高可靠性，具体的分析工作有：建立可靠性模型、可靠性分配、可靠性预计、FMECA、FTA、制定和贯彻可靠性设计准则等。

2）可靠性试验

传动系统可靠性试验是指传动系统在设计、制造、使用过程中，为确定其可靠性水平的试验，是验证传动系统（或主要部件）在规定条件下与规定时间内能否实现预定功能而进行的试验。

工程应用中一般视研制阶段进行的翻修间隔期验证试验、地面联合试验和试飞为可靠性试验。

3. 可靠性验证与评价

1）可靠性验证

可靠性验证的主要目的是发现产品在设计、材料和工艺方面的缺陷；确认是否符合可靠性定量要求或评价产品的可靠性水平;为产品研制、使用和保障提供信息,主要在工程研制阶段或研制阶段后期进行。

2)可靠性评价

传动系统的可靠性指标的评价是可靠性工作的一个重要方面。可以利用现场使用数据评价,也可以利用试验数据评价,对于不同阶段的不同参数有不同的评价方法,包括:

(1)现场数据评价;

(2)可靠性综合评价;

(3)试验评定方法;

(4)信息融合方法。

对于传动系统可靠性指标平均故障间隔时间(MTBF),一般采用区间评估方法评估平均故障间隔时间(MTBF)的置信下限,计算公式如式(2.30)所示:

$$T_{\mathrm{BFL}} = \frac{2T}{\chi^2(\alpha, 2\gamma + 2)} \tag{2.30}$$

式中,T_{BFL} 为平均故障间隔时间,单位为 h;T 为累计工作时间,单位为 h;$\chi^2(\alpha, 2\gamma + 2)$ 为自由度为 $(2\gamma + 2)$ 的卡方分布的 $(1 - \alpha)$ 分位数理论值;α 为选定的显著性水平,取 0.2;$1 - \alpha$ 为该置信区间的置信度;γ 为累计关联故障数。

在设计定型时进行可靠性指标定量评价,一般选取设计定型随机鉴定时数及故障数据开展可靠性评估。最终评估结果不小于所要求的值时即满足要求。

在投入使用后进行可靠性指标定量评价,一般根据实际使用时数及故障数据进行可靠性评估,最终评估结果不小于所要求的值时即满足要求。

2.6.3　维修性

1. 维修性要求

GJB/Z 20238—1994《军用直升机及其发动机可靠性参数选择和指标确定要求》、GJB 2350—1995《直升机传动系统通用规范》及 GJB 1613—1993《直升机维修性通用要求》等均对维修性指标提出了要求,根据产品研制经验,传动系统一般选取平均修复时间(MTTR)作为其维修性指标。

2. 维修性设计分析与维修性试验

1)维修性设计分析

维修性设计要点包括可达性设计、简化设计、互换性设计、防差错设计等。

维修性分析工作主要是为了寻找设计上可能造成维修、检查困难的部位,并给出相关改进意见和建议,为后续维修性工作的开展提供依据,具体的分析工作有维修性分配、维修性预计、维修性分析、制定和贯彻维修性设计准则等。

2）维修性试验

维修性试验是实施维修性验证的手段和方法,分为研制试验和使用试验。

研制试验一般是为提供研制中设计的基本信息而进行的非正式探索性试验,是在模拟使用的环境下进行的一种工程设计验证试验,主要是进行维修性核查、验证方面的试验。

使用试验是为了确定所研产品的维修性特性是否达到规定的维修性水平,是在实际使用环境条件下进行的正式的维修性试验,为产品的维修性特性正式作出接受或拒绝决策提供依据,是评定产品的设计是否达到维修性定性和定量要求的最理想的试验。这类试验可以结合地面模拟试验、飞行试验等外场使用过程中的维修保障活动进行。

3. 维修性验证与评价

1）维修性验证

维修性验证在工程研制和生产阶段的早期进行。维修性验证的目的是确定规定的维修性要求是否已经达到。对于那些不要求进行整个系统的验证,应将维修性验证纳入维修性核查中。维修性验证应尽可能在传动系统使用和维修的类似环境中进行。这种环境应能代表维修方案中所规定的维修级别上工作时所需的工作条件、工具、保障设备、备件、设施和技术出版物。进行维修性验证的传动系统一般是在研的样机或早期产品。

维修性验证主要是检查外场可换组件和外场使用维修检查点的可达性、外场可换组件装拆的难易程度与所耗费的时间;验证传动系统有故障时的维修作业和规定的维修性水平;外场维修中人机工程的要求;维修的人力要求;地面保障设备和测试设备的需求等。

通过维修性验证,可对传动系统的维修性水平进行阶段性评估;同时,也可以进一步发现传动系统维修性设计中的缺陷,以便给出设计更改。

2）维修性评价

维修性评价是在实际使用和维修环境条件下,对传动系统的维修性水平所进行的综合评价,维修性评价的主要目的是评价实际的使用环境、维修保障资源对传动系统维修性的影响;评价在维修性演示中暴露的缺陷纠正情况,为进一步改进传动系统的维修性提供依据。它是一种正式的维修性试验工作,是传动系统总评价的一个组成部分。

一般采用如下方法进行维修性指标平均修复时间(MTTR)的评估。

由式(2.31)和式(2.32)进行平均修复时间评估[24]:

$$M_{ct} = \frac{T_1}{r_1} \tag{2.31}$$

式中，M_{ct} 为平均修复时间的点估计值，单位为 h；T_1 为修复性维修总时间，单位为 h；r_1 为修复性维修作业次数。

对计算出的平均修复时间点估计值进行判断。当满足式（2.32）时，则平均修复时间满足要求，否则不满足要求：

$$M_{ct} \leqslant \overline{M}_{ct} - Z_{1-\beta} \frac{\overline{d}_{ct}}{\sqrt{n}} \tag{2.32}$$

式中，$\overline{M}_{ct}$ 为平均修复时间指标值，单位为 h；$Z_{1-\beta}$ 为对应下侧概率（$1-\beta$）的标准正态分位数，β 未给定时取 0.1；$\overline{d}_{ct}$ 为修复性维修样本的标准差；n 为修复性维修样本量。

根据 GJB 2072—1994《维修性试验与评定》，使用式（2.30）和式（2.31）时，要求修复性维修样本量不少于 30 个。在维修性样本量少于 30 个时，外场进行维修性模拟试验补充样本量至 30 个。

2.6.4　保障性

1. 保障性要求

根据 GJB 3872—1999《装备综合保障通用要求》有关要求和工作项目开展工作，以保障传动系统具有良好的保障性，满足战术通用等直升机使用战备完好性要求。

应尽可能采用标准化、通用化、系列化的维修、检测设备，减少专用设备和工具，简化包装、装卸、贮存和运输要求。配套保障设备应包括随机地面设备、随机工具等。

2. 保障性设计分析与保障性试验

1）保障性设计分析

保障性设计要点：

① 保障性设计中主要考虑后勤保障便利、备件需求数量种类少、维护方便、便于运输等因素；

② 尽量减少专用保障设备，必要时可使用飞机机电通用设备进行检查；

③ 简化零部件包装、装卸、贮存和运输要求，整机应考虑运输时的快速装卸和固定的设计；

④ 需要的备件数量尽量少、种类尽量统一简单。

保障性分析工作主要是为了通过科学合理的分析方法明确型号外场使用维护所需的保障资源、使用维护要求等，提高作战效能，并保证战备完好性，具体的分析工作有以可靠性为中心的维修分析（RCMA）、维修级别分析（LORA）、使用与维修工作分析(OMTA)等。

2)保障性试验

保障性试验是为了对在预计的使用环境里的传动系统的保障性进行评价提供必要的数据所进行的试验。

保障性评价是为了评价装备的保障性指标是否达到,推荐的装备保障资源是否适用,利用装备研制样机和装备维修用的主要保障设备与测试设备进行非破坏性使用与维修工作试验。

3. 保障性验证与评价

保障性验证需结合外场使用和维修性试验进行。保障性评价是将保障性试验分析与验证所取得数据资料进行逻辑的集合与分析,用以对传动系统的保障性设计和综合保障作出决策的一个过程。保障性评价的主要内容包括:

(1)使用可用性评价;

(2)综合保障要素评价;

(3)计算机资源保障评价。

2.6.5 安全性

1. 安全性要求

传动系统应具有良好的安全性,确保传动系统在整个寿命周期内的安全使用。在设计与试验中,贯彻 GJB 900A—2002《装备安全性工作通用要求》中的有关要求,完成传动系统的安全性设计、危险分析等相关工作内容。

2. 安全性设计分析与安全性试验

1)安全性设计分析

安全性设计要点:对可能产生灾难性故障的结构,应进行安全性设计,或采用安全装置,或设置故障监测和异常警报装置等。

(1)维护点和维修窗口的安排应使工作人员在操作、保养、维护、修理或调整过程中尽量避免危险。

(2)部件、系统设计时应尽量减少在系统的使用和保障中人为差错所导致的风险。

(3)为把不能消除的危险所形成的风险程度降至最低,应考虑采取补偿措施,这类措施包括联锁、冗余、故障安全保护设计、系统防护、防护规程等。

(4)当各种补偿设计方法都不能消除危险时,在使用和维护说明书中应给出报警和注意事项,并在危险零部件、器材、设备和设施上标出醒目的标记,使人员、设备得到保护。

2）安全性试验

安全性试验通常分为内场试验和外场试验。

a）内场试验

① 与性能试验综合

这类试验的目的通常是验证性能，测试得出的数据也可以在评价安全性时派上用场。对于传动系统进行安全性验证，可综合的试验有性能试验、结构强度试验、试飞和环境试验等。

② 专门的安全性试验

为了证明安全关键设备的故障模式及可接受性，安全性试验还应模拟各种工作状态、故障状态下系统是否安全可靠。

b）外场试验

在指定试验单位，按照批准的试验大纲，在实际使用环境或接近实际使用环境下，对传动系统进行试验，以确定传动系统是否达到规定的安全性要求。

3. 安全性验证与评价

1）安全性验证

安全性验证是验证传动系统安全性是否达到了规定的安全性要求，同时对采取的安全性措施的有效性和充分性进行确认。安全性验证工作应尽早进行，以便及时对设计中的安全性缺陷采取纠正措施，一般在方案阶段开始规划安全性验证工作，并在工程研制阶段逐步开展。

安全性验证的对象是传动系统中涉及安全关键的产品。安全性验证方法包括定性和定量方法，主要有分析、检查、演示和试验四种。

2）安全性评价

安全性评价是针对已完成的各项安全性工作，综合评价系统的安全性所进行的工作，主要在研制阶段后期开展。

常用的安全性评价方法包括风险评价和安全性综合评价两种方法。风险评价方法的详细内容参见 GJB/Z 99—1997《系统安全工程手册》，安全性综合评价法是汇集所有的安全性工作的报告和有关资料，根据这些资料对系统中残留危险的风险进行综合分析和评审并做出评价结论。

2.6.6　环境适应性

1. 环境适应性要求

应满足直升机的使用环境要求。根据 GJB 150A—2009《军用装备实验室环境试验方法》相关条款要求执行，一般选择下列战技指标作为传动系统的环境适应性指标：

（1）最大飞行高度；

（2）使用环境温度；

（3）存放环境温度；

（4）湿热、霉菌和盐雾环境要求；

（5）沙尘条件要求；

（6）中等雨、雪、结冰条件要求；

（7）海洋环境下使用的特殊要求酸性大气条件。

2. 环境适应性设计分析与环境适应性试验

1）环境适应性设计分析

环境适应性设计要点：传动系统在贮存、运输和工作过程中可能遇到一系列外界环境条件的影响，包括温度、振动、冲击、湿度、盐雾、沙尘、霉菌、腐蚀、气压、加速度等各类单一或复合的环境条件，这些环境对其可靠性可能产生有害影响，应在分析确定产品可能遇到的环境条件基础上，采取相应的防护措施以减少或消除这些有害影响来提高传动系统的使用可靠性。

2）环境适应性试验

环境试验是考核传动系统对各种自然环境的适应能力。环境试验包括以下三部分。

第一部分是考核外界环境对传动系统工作可靠性的影响，包括环境结冰试验，高寒试飞试验等。

第二部分主要是实验室环境对传动系统零部件的影响，包括零部件的"三防"试验等。

第三部分是考核实验室环境对传动系统附件的影响，如高温、低温、振动、冲击、"三防"试验等，通常依据 GJB 150.3A—2009《军用装备实验室环境试验方法 第 3 部分：高温试验》、GJB 150.4A—2009《军用装备实验室环境试验方法 第 4 部分：低温试验》、GJB 150.16A—2009《军用装备实验室环境试验方法 第 16 部分：振动试验》、GJB 150.18A—2009《军用装备实验室环境试验方法 第 18 部分：冲击试验》、GJB 150.9A—2009《军用装备实验室环境试验方法 第 9 部分：湿热试验》、GJB 150.10A—2009《军用装备实验室环境试验方法 第 10 部分：霉菌试验》、GJB 150.11A—2009《军用装备实验室环境试验方法 第 11 部分：盐雾试验》等标准并结合传动系统附件实际执行。

3. 环境适应性验证与评价

1）环境适应性验证

通常，环境适应性验证主要结合实验室环境试验来验证。但是实验室环境试验只能用来评价产品环境适应性是否满足合同文件要求，试验结果并不能代表产品在真实环境中的环境适应性水平。因此，必须进一步开展自然环境试验和使用环境试验并搜集有关使用信息，全面验证其在贮存、运输和使用各种状态的环境中的环境适应性。

2）环境适应性评价

环境适应性评价工作的内容如下：一方面是评估传动系统的材料、工艺、结构等对贮存、运输状态自然环境（大气环境、海洋环境等）中各种环境因素及其综合的长期慢破坏作用的抵抗能力；另一方面还要评估传动系统的功能系统/设备对人为活动、平台诱发环境的短时快速破坏作用的抵抗能力。因此，传动系统环境适应性评价是利用基础数据分析结果、自然环境试验、使用环境试验结果等评定传动系统的环境适应性的一个过程。在环境适应性评价时，要综合考虑这两类环境破坏因素作用的影响，获取这两方面的环境影响数据和故障信息。传动系统其他方面的信息，如研制生产过程和使用过程中收集到的环境影响和故障信息，在评估过程中也可作为参考。

2.7　技术状态管理

2.7.1　概述

技术状态管理（configuration management，在民机研制中也称"构型管理"，本书统称"技术状态管理"）的基本理念是：对产品的技术状态项目进行划分和定义，然后通过对每个技术状态项目的更改、偏离与超差控制，以及相关活动的记录和审核，实现产品全寿命周期技术状态清晰可控，保证产品特性符合产品定义，满足用户需求。

技术状态管理的目的在于使研制单位以最优的性能、最佳的费效比、最短的周期，研制、生产出满足使用要求的产品，并提供成套技术资料。对于结构复杂、研制周期长的产品（如直升机传动系统），更需要开展技术状态管理，以确保产品技术状态的物理特性和功能特性能够满足用户的使用需求，同时根据所定义的技术状态准确地制造出合格的产品。

技术状态管理理念具体如图 2.18 所示，图中形象地展示了传动系统技术状态管理工作的具体要求和开展思路，即立足传动系统研制中产生的资源（技术文件、图样、实物等），开展技术状态型管理的标识、控制、记实和审核工作。首先要做好顶层规划，成立技术状态管理组织机构，编制技术状态管理计划，依据相关顶层制度、标准，通过开展标识、控制、记实、审核四项活动，对传动系统研制过程中的资源进行有效管理，实现产品的物理特性和功能特性。

GJB 3206A—2010《技术状态管理》作为军品研制技术状态管理的顶层标准，对技术状态管理的定义为"在产品寿命周期内，为确立和维持产品的功能特性、物理特性与产品需求、技术状态文件规定保持一致的管理活动。"GB/T 19017—2008《质量管理 技术状态管理指南》作为国家层面的技术状态管理顶层标准，对技术状态

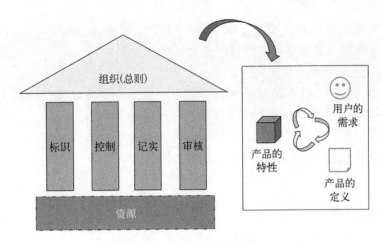

图 2.18　技术状态管理的理念

管理的定义为"指挥和控制技术状态的协调活动"。国外标准主要有 MIL‒HDBK‒61A《构型管理指南》、ISO 10007—2017《质量管理体系 构型管理指南》等。

　　技术状态管理覆盖产品的全寿命周期，属于科研技术管理范畴，是产品质量管理体系的重要组成部分，主要工作内容包括标识、记实、审核和控制。技术状态管理相关的主要标准如下：

GB/T 19017—2018　《质量管理　技术状态管理指南》

GJB 3206A—2010　《技术状态管理》

GJB 5709—2006　《装备技术状态管理监督要求》

GJB 2737—1996　《武器装备系统接口控制要求》

GJB 5159—2004　《军工产品定型电子文件要求》

GJB 726A—2004　《产品标识和可追溯性要求》

GJB 1310A—2004　《设计评审》

GJB 1362A—2016　《军工产品定型程序和要求》

GJB 5881—2006　《技术文件标识及版本管理要求》

GJB 6387—2008　《武器装备研制项目专用规范编写规定》

HB 7807—2017　《航空产品技术状态（构型）管理要求》

HB 5614.1—1987　《航空发动机设计图样管理制度成套性及格式》

HB 7805—2006　《工程更改控制》

HB 7796—2005　《航空产品数据管理通用要求》

HB 7729—2003　《航空产品 CAD 文件管理规定》

2.7.2　组织机构

依据 GJB 3206A—2010 等技术状态管理相关标准要求，应由型号总设计师单位和总承制单位共同组建型号技术状态控制委员会(Configuration Control Board, CCB),具体参加人员为双方型号(副)总师和各专业具体负责人,主要负责审批重要技术状态更改和决定事项。

在 CCB 机构下,设立型号技术状态管理办公室(Configuration Manage Office, CMO),主要负责型号技术状态管理的日常工作,具体职责如下:

(1)制定型号技术状态管理计划和更改控制程序;

(2)制定设计定型(鉴定)图样和技术文件管理要求;

(3)负责技术状态控制委员会授权的日常工作;

(4)规划型号的技术状态项,并负责在产品数据管理系统中对 CI(configuration item)树进行创建、修改和维护;

(5)协调召开 CCB 会议,并对提交的更改申请进行审查;

(6)审批配套单位提交的技术状态管理计划;

(7)为配套产品的技术状态控制提供指导性文件;

(8)参与配套产品技术状态数据的管理工作;

(9)组织贯彻型号技术状态各类的管理文件;

(10)参与适航管理工作,并提供适航取证所需的技术状态管理文件、技术状态基线数据和技术状态记实报告;

(11)协调、清理和确定技术状态基线和进行技术状态记实;

(12)基于产品数据管理系统进行技术状态配置、基线定义和数据记实;

(13)参与技术状态审核工作,并对制造单位的制造符合性和设计更改贯彻情况进行检查。

2.7.3　标识

技术状态标识作为技术状态管理工作开展的第一步,主要包括技术状态项划分和基线建立,具体活动模型见图 2.19。

技术状态项是指能满足最终使用功能,并可作为单个实体进行技术状态管理的硬件、软件或其集合体,是技术状态管理活动的基础,其下只能关联设计节点,不应再关联其他技术状态项;LCI(link configuration item)作为表示技术状态项之间装配关系的技术状态项,其下只能通过设计节点关联装配图,不应再关联其他技术状态项。VCI(variable configuration item)和 LCI 与具体的设计数据之间,通过设计节点进行关联,且通过不同的设计节点来管理不同的设计方案。

对直升机传动系统产品来说既没有固定的技术状态项划分规则,也没有规定最佳的技术状态项数量。但技术状态项的确定是否合理,关系到后期具体管理工作的开展,因此要考虑以下因素:

(1)部件/组件因素,例如是否需要单独的技术状态控制或单独实施更改;

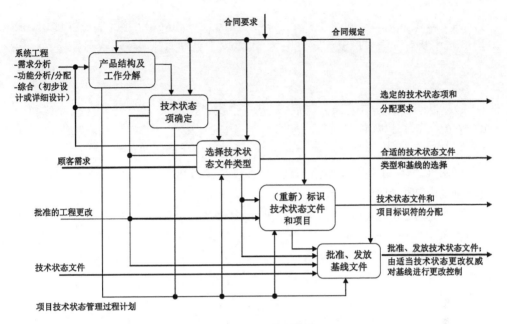

图 2.19　标识活动模型

（2）单独交付或安装要求，如成附件；

（3）涉及工作份额分工，如主减速器、中间减速器、尾减速器等；

（4）综合后勤保障活动，如外场可更换单元。

在直升机传动系统型号研制过程中，技术状态项和设计数据编号通过划线号进行区分，同时通过划线号以外的其余编号码段，以保持技术状态项和对应设计数据之间的关联，设计节点编号则是在对应技术状态项编号的基础上增加"D"前缀。

技术状态文件不仅包括各种规范、设计图样、技术文件，还包括对规范、图样或文件的更改、评审记录及其他记录表等。技术状态基线是在研制过程中的某一特定时刻，被正式确认作为今后研制、生产活动基准的技术状态文件。依据 GJB 3206A—2010 的要求，技术状态基线分为功能基线、分配基线和产品基线，并分别在方案研制阶段、工程研制阶段初期和定型/鉴定阶段由订购方确认，作为正式技术状态控制的起点。

功能基线一般包括产品研制技术协议或研制合同，主要规定订购方对产品的具体研制要求，包括功能特性、接口要求和验证要求等；分配基线是在功能基线的基础上，对功能基线中提出的具体要求进行分解，一般包括配套产品技术协议书、技术规格书和接口控制文件等；产品基线是在分配基线的基础上，将功能基线和分配基线中的要求落实到具体产品设计和制造过程中，一般包括产品整套设计制造资料。在分配基线和产品基线之间，为便于对产品设计状态的管理，也可通过型号内部审查建立设计基线，一般包括产品整套设计资料。

确定的技术状态项和技术状态文件应按照型号的要求,进行唯一性标识(编号)。技术状态项编号应易与零件图区分,以便于更好地开展技术状态管理。

2.7.4 控制

技术状态控制是在基线发布后,对基线中包含技术状态文件的更改、偏离和让步(或超差、不合格品审理,下同)所进行的论证、评定、协调、审批和实施活动。在基线发布后,对已发布技术状态文件更改、偏离和让步的审批则应由 CCB 进行,并提交订购方确认;在基线发布前,对已发布技术状态文件的更改、偏离和让步则应通过单位内部控制程序进行。

更改是对已发布技术状态文件提出变更,即变更设计状态,后续需通过具体的贯彻实施文件来实现更改的闭环管理。更改类别在军机型号中一般分为Ⅰ类、Ⅱ类、Ⅲ类,在民机型号和适航规章中要求分为大改和小改。更改控制中,应依次进行更改需求分析、更改申请提出(视情,Ⅲ类更改不需要)、更改申请审批(视情由订购方审批)、更改单编制和签署、更改贯彻和落实。

技术状态管理中所提出的偏离与让步控制,在传统的设计模式下,一般也称为不合格品控制。技术状态项的制造应满足已批准的技术状态文件规定的要求,当制造不满足技术状态文件的要求时,应采取必要的论证、评定、协调、审批和实施措施。技术状态项制造之前,承制方认为有必要临时偏离已批准的技术状态文件,如材料代用,应提出偏离申请;技术状态项制造期间或检验验收过程中,如超差不合格品,承制方认为可返修或原样使用,应提出让步申请。偏离和让步均应仅在指定的范围和时间内使用,不应作为直接更改技术状态文件的依据。

接口控制文件应由总设计师或技术负责人批准,涉及使用方控制的接口项目应经使用方认可。批准实施的接口控制文件尽量不作更改。特殊情况下需要更改时,要求更改接口控制文件的单位编写并提交更改申请,设计师单位负责协调并提出批准或不批准建议,涉及使用方控制的接口文件的更改还应经使用方会签,最后经系统总设计师或技术负责人批准。设计单位发出更改单并负责实施更改。传动系统与直升机的接口关系由直升机总体设计部门提出,传动系统设计部门认可或由双方协调确定。传动系统内各分系统、附件的接口关系由传动系统总体给定。接口关系需要协调时,用技术协调单进行协调。

2.7.5 记实

技术状态记实是在产品全寿命周期内,为说明产品的技术状态所进行的记录、报告活动。记实主要记录和报告的对象如下:

(1) 各技术状态项和对应技术状态文件及其编号;

(2) 更改、偏离和让步从提出到实施的全过程情况;

（3）技术状态审核过程、结果及意见处理情况；

（4）已交付实物产品的技术状态信息及后续变更信息。

直升机传动系统设计状态的技术状态记实活动主要包括工程物料清单（engineering bill of material，EBOM）、属性表、设计数据集等；实物技术状态记实活动则由承制单位负责进行。

2.7.6　审核

技术状态审核是为确定技术状态项与其技术状态文件的一致程度而进行的正式检查，包括功能技术状态审核和物理技术状态审核。

功能技术状态审核是确认技术状态项是否达到功能技术状态文件、分配技术状态文件中所规定的功能特性的正式审核，一般是对每个技术状态项的试验数据和质量保证记录数据的正式检查。检查的内容包括：技术状态项是否实现了技术状态文档中所定义的性能、功能/接口特性要求。

物理特性审核是确认制造的结果与其产品技术状态文件符合性的正式审核，一般是对技术状态项"制造"技术状态的正式检查，主要是检查其是否符合技术状态文件中规定的要求。物理技术状态审核包括：对工程图样/设计模型、技术规范、技术数据、产品质保数据记录和试验记录的详细审核。

依据 GJB 3206A—2010 要求，功能技术状态审核可与设计定型/鉴定审查（民机为试制与验证阶段的 TC 取证审查）工作结合进行，也可分别在产品工程设计审查或设计定型/鉴定审查时分步结合进行；物理技术状态审核可与生产定型/鉴定审查（民机为生产与服务阶段的 PC 取证审查）结合进行，也可分别在产品试制质量审查或生产定型/鉴定审查时分步结合进行。在进行物理技术状态审核和功能技术状态审核前，提交审核的技术资料应落实贯彻所有的更改，确认为最新有效状态。产品转产、复产时，应重新进行功能技术状态审核。

参考文献

[1]　UH‑60A Student Handout[Z]. United States Army Aviation Warfighting Center Fort Rucker, 2008.

[2]　Gmirya Y, He S L, Buzel G. Load sharing test of the CH-53K split-torque main gearbox[C]. Grapevine：65th American Helicopter Society International Annual Forum, 2009.

[3]　HC120 直升机维护手册[Z]. 哈尔滨：哈尔滨飞机工业公司.

[4]　Мн-26TC Maintenance Manual[Z]. Mikoyan Design Bureau, 1985.

[5]　He S L, Gmirya Y, Mowka F. Trade study on different design configurations of the CH-53K main gearbox [C]. Montréal：64th American Helicopter Society International Annual Forum, 2008.

[6]　Aviation unit and intermediate maintenance for army models UH-60A, UH-60L, EH-60A, UH-

60Q and HH-60L helicopters［Z］. Washington D. C. ：Headquarters，Department of the Army，2006.

［ 7 ］　EC 225 instruction manual［Z］. Marignane：Eurocopter Training Services，2006.

［ 8 ］　曹海波,朱如鹏,李政民卿.直升机传动系统质量估算的四种方法分析［J］.机械制造与研究,2011,40(4)：5 - 9.

［ 9 ］　梅庆.直升机传动轴系的动力学设计［J］.机械传动,2005,29(5):4.

［10］　张松林.轴承手册［M］.南昌：江西科技出版社,2004.

［11］　《中国航空材料手册》编辑委员会.中国航空材料手册——结构钢　不锈钢［M］.北京：中国标准出版社,2001.

［12］　《中国航空材料手册》编辑委员会.中国航空材料手册——涂料　镀覆层与防锈材料［M］.北京：中国标准出版社,2001.

［13］　《中国航空材料手册》编辑委员会.中国航空材料手册——橡胶　密封剂［M］.北京：中国标准出版社,2001.

［14］　于勇,田志凌,董瀚,等.中国材料工程大典——钢铁材料工程［M］.北京：化学工业出版社,2005.

［15］　黄新跃,胡本润,陈新文,等.航空材料的力学行为［M］.北京：国防工业出版社,2012.

［16］　中国民用航空局.航空器型号合格审定程序 AP - 21 - AA - 2011 - 03 - R4［S］, 2013.

［17］　中国民用航空局.正常类旋翼航空器适航规定 CCAR - 27 - R2［S］, 2017.

［18］　The USA FAA. Airworthiness standards：Normal category rotorcraft FAR27［S］, 2011.

［19］　EASA. Amendment 5. Certification specifications and acceptable means of compliance for small rotorcraft CS - 27［S］, 2018.

［20］　中国民用航空局.运输类旋翼航空器适航规定 CCAR - 29 - R2［S］, 2017.

［21］　The USA FAA. Airworthiness standards：Transport category rotorcraft FAR29［S］, 2008.

［22］　EASA. Amendment 5. Certification specifications and acceptable means of compliance for large rotorcraft CS - 29［S］, 2018.

［23］　The USA FAA. Certification of Transport Category Rotorcraft AC29 - 2C Chg8［S］, 2018.

［24］　康锐. 型号可靠性维修性保障性技术规范［M］. 北京：国防工业出版社,2010.

第3章

主减速器设计

3.1 概　　述

3.1.1 主减速器功能

主减速器一般由齿轮及齿轮轴、机匣、轴承、超越离合器、旋翼轴、法兰盘、密封系统、润滑系统等组成,其功能是将发动机功率并车、换向、减速后传递至旋翼系统、尾传输出、直升机附件,并通过机匣、传扭盘等构件将旋翼系统复杂的气动载荷、操纵系统的操纵载荷传递给机身;在直升机多发启动任意一台发动机、任意一台发动机失效或直升机自旋下滑过程中,通过主减速器超越离合器均应能实现主旋翼与发动机之间按要求接合、脱开,且尾传输出、减速器润滑系统及直升机附件均可正常工作。

3.1.2 主减速器分类

主减速器作为传动系统中最复杂的部件,具有输入转速高、减速比大、传递载荷大等特点[1]。按照发动机台数,主减速器分为单发型、双发型及多发型。双发型最常用,其设计方法也可用于单发型和多发型。按主传动链传动形式,双发型主减速器分为"先并车后换向型""先换向后并车型""同时换向并车型""简单传动型""分扭传动型"五大基本构型,各构型的传动原理图如图3.1所示。按旋翼数量,主减速器又可分为单旋翼型和共轴双旋翼型。

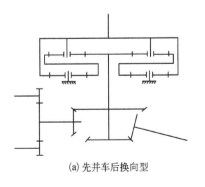

(a) 先并车后换向型

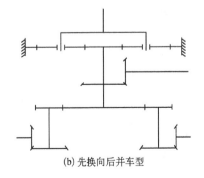

(b) 先换向后并车型

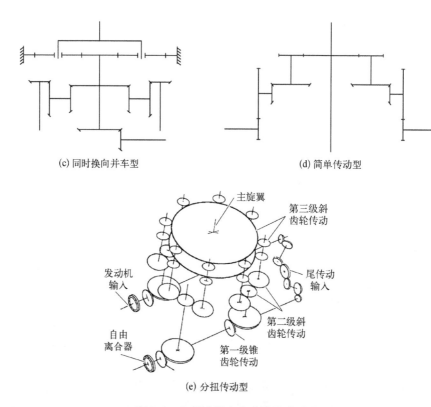

(c) 同时换向并车型   (d) 简单传动型

(e) 分扭传动型

图 3.1 主减速器主传动链传动形式

3.1.3 主减速器主要技术指标

主减速器的主要技术指标包括输入转速、输出转速、转向、总传动比、传动功率和载荷、传动效率、翻修间隔期、安全性、可靠性、维修性、保障性、环境适应性、干运转能力等。

主减速器主要技术指标的含义如下：

（1）输入转速：主减速器输入齿轮轴的转速；

（2）输出转速：主减速器主旋翼轴和尾传输出轴的转速；

（3）转向：零部件旋转方向，分顺时针和逆时针；

（4）总传动比：主减速器输入轴转速与主旋翼轴转速的比值；

（5）传动功率和载荷：包括主减速器各种使用状态下传递的功率和气动载荷、操纵载荷等；

（6）传动效率：输出总功率与输入总功率的比值；

（7）翻修间隔期（TBO）：从正式开始使用到大规模维修（非维护）、更换零部件的时间间隔；

（8）安全性：传动系统应具有良好的安全性，确保传动系统在整个寿命周期

内的安全使用;

（9）可靠性:在规定的条件下和规定的时间内,完成规定功能的能力;

（10）维修性:在规定的条件下和规定的时间内,按规定的程序和方法进行维修时,保持或恢复到规定状态的能力;

（11）保障性:系统的设计特性和计划的保障资源能满足平时战备及战时使用要求的能力;

（12）环境适应性:在寿命期内可能遇到的各种环境的作用下能实现其所有预定功能、性能和(或)不被破坏的能力;

（13）干运转能力:指在飞行机组觉察到主减速器润滑系统失效或润滑剂损失后,主减速器仍能在规定的扭矩和转速下,继续安全飞行的能力。

国外几种典型直升机主减速器的技术指标见表 3.1。

表 3.1 国外典型机型主减速器主要技术指标[2]

直升机型号	UH-60"黑鹰"	AH-64E"阿帕奇"	A129"猫鼬"	米-26"光环"
国别、公司	美国西科斯基	美国休斯	意大利阿古斯塔	苏联米里设计局
直升机起飞质量/t	7.7	10.0	5.0	56.0
发动机型号	T700-GE-700	T700-GE701D	Geml004	D-136
发动机数量	2	2	2	2
起飞功率/kW	2×1 182	2×1 470	2×918	2×10 400
主减速器输入转速/(r/min)	20 900	20 900	27 000	8 300
旋翼轴转速/(r/min)	258	289	346	132
主减速器总传动比	81.0	69.2	78.035	62.879
主减速器质量(含旋翼轴)/kg	490	—	310	3 500
主减速器传动形式	两级锥齿轮换向并车+一级行星	两级锥齿轮换向+圆柱齿轮并车+一级行星	两级锥齿轮换向+圆柱斜齿轮并车+一级行星	圆锥齿轮换向+圆柱齿轮分扭

国内典型机型主减速器技术参数见表 3.2。

表 3.2　国内典型机型主减速器技术参数

研 制 年 代	20 世纪 80 年代	20 世纪 90 年代		2000~2016 年
直升机型号	直-9	直-11	直-8	直-10
直升机吨位/t	4	2	13	6
输入转速/(r/min)	6 000	6 000	5 915	20 900
传动比	17.1	15.5	28.6	68.3
TBO/h	800	1 000	600	2 000
干运转能力/min	未要求	15	未要求	30

3.1.4　主减速器发展趋势

未来先进直升机主减速器的发展趋势主要包括:长寿命和翻修间隔期(零部件寿命为 10 000 h 以上,TBO 为 4 000 h 以上),质量大[主减速器质量系数达到 0.060kg/(kgf·m)],高干运转能力(45 min 或更高),低振动和噪声。通过采用新构型、先进结构零部件设计、新材料、新工艺、干运转设计、振动控制等技术,实现以上目标。

1. 新构型

主减速器新构型有分扭传动和共轴反转传动构型等。

分扭传动有结构简单、零件承受载荷小、效率高、可靠性较高、总体质量小等优点,适用于大功率减速器[3]。分扭传动分为圆柱齿轮分扭(图 3.2)和面齿轮分扭(图 3.3)等。

图 3.2　圆柱齿轮分扭主减速器构型传动链示意图[4]

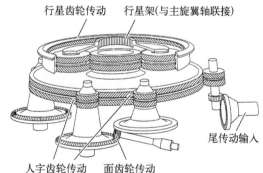

图 3.3　面齿轮分扭主减速器构型传动链示意图

共轴反转传动构型是为了满足共轴反转主旋翼对传动系统共轴输出的需求,

具有共轴、反转、同转速的主旋翼输出特性。共轴反转传动的常见构型如图 3.4 和图 3.5 所示。由于其与传统的单旋翼主减速器在功率分配和转速分配上的不同,其共轴双旋翼所承受的载荷相对较低,而尾传输出单元承受载荷较大,第一次并车时已经过一级或两级减速,因此并车输出单元的减速比相对单旋翼主减速器较小。

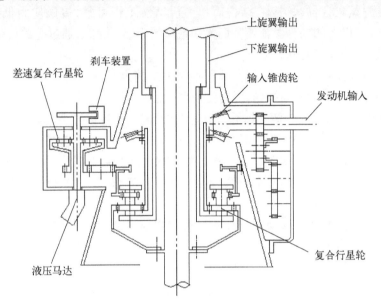

图 3.4　复合行星共轴输出构型示意图

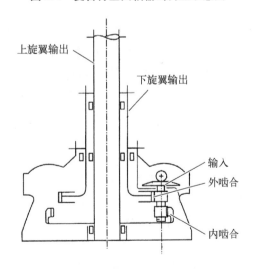

图 3.5　内外啮合共轴输出构型示意图

2. 先进结构零部件设计

目前,正在应用或研究的主减速器先进结构零部件设计技术有齿轮-轴-轴承一体化结构设计、高速弹簧离合器、高重合度齿轮、面齿轮、高速轴承等。

齿轮-轴-轴承一体化结构设计,减少了连接环节和零件数量,减轻了重量,提高了结构紧凑性和可靠性。此外还有主旋翼轴与行星架一体化、旋翼轴与桨毂一体化、双联齿轮等结构。

高速弹簧离合器尺寸小,结构简单,重量轻,工作可靠,接触应力低,适用于20 000 r/min 以上的场合。弹簧截面为变截面的矩形,工作时通过受载后弹簧的直径变化,实现接合和脱开。

高重合度齿轮传动可在重量、体积不增加的前提下,降低齿根弯曲应力,提高承载能力,同时降低噪声、振动,提高传动平稳性。

高速轴承有高速圆锥滚子轴承和陶瓷球轴承等。高速圆锥滚子轴承可简化安装结构,增加轴承支承刚度,减少摩擦损失,提高可靠性,可工作转速在20 000 r/min 以上,但动力学和干运转能力设计是难点。陶瓷球轴承适用于高温、润滑恶劣等情况,在高速工况下使用寿命比钢制轴承提高 4~6 倍,其干运转能力优于钢制球轴承。

3. 新材料、新工艺

材料技术的发展是传动系统技术发展的重要方面,突出表现于齿轮(轴)、轴承材料朝材料高纯化、表面超硬化、芯部强韧化、使用高温化的方向发展,旋翼轴材料/机匣材料采用复合材料等[5]。

复合材料机匣的研发与应用,减轻了重量,提高了生存力。RAH-66"科曼奇"直升机、AH-64E"阿帕奇"传动系统的机匣已采用复合材料,机匣减重比例达32%。

深氮化技术、纳米技术(表面改性技术)、超声速火焰喷涂碳化钨、硬质阳极化等新技术也应用于传动系统中,提高了寿命,降低了维护费用。深氮化技术具有渗层深,表层硬度高、渗氮后可以磨削,渗层组织高温稳定性好和热处理变形小的突出优点,特别适合于齿轮-轴-轴承一体化结构。喷丸等表面改性则向高能化、深层化发展,性能优异的超声速火焰喷涂碳化钨涂层是替代电镀硬铬的最佳选择。

4. 润滑设计

在润滑设计方面,目前正在发展更为有效的润滑方式,如环下润滑、离心甩油、多喷嘴喷射、扇形润滑等,同时研究和采用高过滤精度滑油滤、智能型磁性屑末信号器等高性能的润滑元件以及 MIL-PRF-32538 等新型润滑油(相比 DOD-PRF-85734A 润滑油,其运动黏度从 5 cSt* 提高至 9 cSt,承载性能大幅度提高),提高润滑效率,进一步推进弹性流体动力润滑理论的工程化应用,并采用数字仿真技术用于润滑系统动静态分析。

---

   *　1 cSt = 10^{-6} m²/s。

5. 干运转设计

主减速器干运转设计包括选用耐高温材料、储油构型设计、应急润滑系统设计、齿轮侧隙对干运转能力影响分析技术、游隙对轴承干运转能力影响分析、齿面离子注入应用等技术。

耐高温齿轮、轴承材料可显著提高齿轮、轴承的热硬性,在 250℃甚至 400℃下维持较高硬度,包括 X-53、M50NiL、CSS-42L 等。

储油构型设计技术是通过对主减速器各零件结构的优化设计,采用油兜和储油腔等,尽可能增加减速器内残余滑油和油气,维持对齿轮、轴承的润滑,延长干运转时间。

齿轮侧隙对热膨胀后轮齿间的间隙有很大影响,通过研究齿轮在无油环境下轮齿摩擦发热、齿轮与相邻件间热量传递等耦合的关系,可以分析齿轮在干运转的温度梯度下的轮齿形状、尺寸及物理特性的变化,保证轮齿间仍具有间隙,避免齿轮卡滞或抱死。

通过研究轴承在无油环境下内部摩擦发热、轴承套圈与滚动体温度、轴承与相邻件间热量传递等耦合的关系,可以分析轴承在干运转的温度梯度下的元件形状、尺寸及物理特性的变化,保证元件间仍具有游隙,避免轴承卡滞或抱死。

离子注入是一种新型的表面改性技术,被应用于金属表面改性,可使金属和合金的耐磨性、抗腐蚀、抗氧化、耐疲劳和抗黏着磨损等性能得到明显改善。如在齿轮中同时注入 S 和 Mo,在摩擦过程中能够发生摩擦化学反应,生成 MoS_2 固体润滑膜,明显地降低摩擦系数;轴承采用 Ti+C 或 Ti+Cr 复合注入可提高表面耐性。目前国内离子注入已应用于主减速器附件传动齿轮,该技术在主减速器主传动链齿轮、轴承的应用和验证是今后研究的方向。

6. 振动控制

主减速器的振动控制措施分为主动控制和被动控制。

主动控制:一方面是提高零部件的加工精度,从动力学的角度出发,研究动部件的振动规律,从而进行参数优化,以达到降低振动的目的,如齿轮修形和提高重合度、轴承提高精度和采用较小的径向游隙、机匣适当加大壁厚或增加加强筋等;另一方面,是在直升机主减速器上增加与噪声源信号频率相同、相位相反、幅值相近的信号,使二者相互抵消,达到减振降噪的目的。

被动控制是在零部件上设计辅助的阻尼元件,如齿轮上增加阻尼环或者阻尼塞,机匣或动部件振动较大的部位适当增加阻尼垫等,采用摩擦阻尼来消耗振动能量。

目前,国内在振动主动控制方面开展的研究主要包括组件不平衡量分析、组件动平衡、传动误差对振动品质影响分析、机匣支撑刚度对振动品质影响分析、齿面印痕对振动品质影响分析等。

7. 维护和保障

主减速器维护和保障工作逐步采用人机工程模拟维护检查工作,并采用面向任务的维修逻辑决断程序确定主减速器检查间隔期及寿命,利用缺陷容限安全方法进行寿命设计与验证。

3.2　工作原理

主减速器包含主旋翼输出传动、尾传输出传动、附件传动等多条传动链,其中主旋翼输出传动(简称"主传动链")一般采用圆柱齿轮、圆锥齿轮、行星齿轮实现主减速器并车、换向、减速功能。尾传输出传动、附件传动从主传动链齿轮引出功率,通过圆柱齿轮或圆锥齿轮按要求将运动、功率传输给尾传输出部件和直升机附件。同时主减速器还传递旋翼系统复杂的气动载荷、操纵系统的操纵载荷,通过旋翼轴、轴承、机匣等将全部受力传递给机身。如图3.6所示的某主减速器,经一级圆柱齿轮(2、5、13、1)并车传动、一级圆锥齿轮(21、22)换向传动、两级行星传动(23、24)将发动机动力传输给主旋翼;尾传输出从与左输入齿轮(5)、尾传从动齿

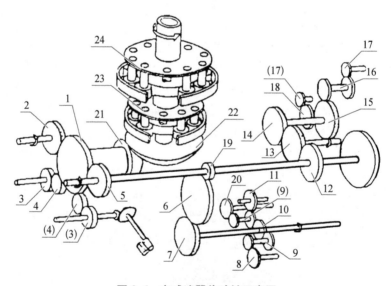

图3.6　主减速器传动链示意图

1. 并车齿轮;2. 右输入齿轮;3. 风扇齿轮轴;4. 风扇传动中间减速器齿轮;5. 左输入齿轮;6. 尾传中间齿轮;7. 尾传动齿轮;8. 齿轮(液压泵传动);9. 液压泵传动中间齿轮;10. 液压泵传动主动齿轮;11. 转速表传动齿轮;12. 尾传从动齿轮;13. 后功率输入齿轮;14. 齿轮(附件传动输入前);15. 附件传动输入齿轮;16. 附件中间双联齿轮;17. 附件传动输出齿轮;18. 附件中间齿轮;19. 刹车齿轮;20. 齿轮(液压泵传动);21. 换向锥齿轮主动齿轮;22. 换向锥齿轮从动齿轮;23. Ⅰ级行星组件;24. Ⅱ级行星组件

轮(12)同轴的刹车齿轮(19)引出功率;风扇从并车齿轮(1)引出功率。

由于载荷大、转速高,主减速器一般有一套独立的压力润滑冷却系统。齿轮、轴承多采用压力喷射润滑冷却。压力润滑冷却系统一般由内部润滑系统和外部冷却系统组成,其中内部润滑系统由滑油泵、调压阀、滑油滤、喷嘴、磁性屑末检测信号器,以及温度、压力等警告和指示系统等组成;外部冷却系统由滑油散热器、冷却风扇和配套管路等组成。

3.3 主减速器典型传动结构

3.3.1 先并车后换向传动构型

先并车后换向传动构型主减速器一般采用 1 级圆柱齿轮并车减速、1 级圆锥齿轮换向减速、1 或 2 级行星齿轮减速输出的传动形式,为高度直径比大于 1 的桶状外形,具有该典型构型的主减速器有 SA - 330、米 - 8 和 SA - 321 等直升机的主减速器。

此类构型的主减速器传动级数较多,结构较复杂,效率不高,换向传动齿轮的载荷较大,重量也较重。

3.3.2 先换向后并车传动构型

先换向后并车传动构型主减速器一般采用一级或两级圆锥齿轮换向减速、圆柱齿轮并车减速、行星减速输出的 3~4 级传动形式,为圆桶形或圆桶加输入单元的外形,具有该典型构型的主减速器有 BO - 105、A129、AH - 64 等直升机的主减速器。

该构型主减速器采用两级锥齿轮时可适应并车距的不同变化,重量通常比先并车后换向构型的轻,设计和工艺的难度比同时换向并车型小。

3.3.3 同时换向并车传动构型

同时换向并车传动构型主减速器一般采用第一级圆锥齿轮换向减速、第二级圆锥齿轮并车减速、第三级行星传动减速输出组成的三级传动形式,为圆桶形或圆桶加两初减外形。具有该典型构型的主减速器有 SA - 365、S - 70 等直升机的主减速器。

该构型主减速器可用三级传动实现较大的传动比,减少了构件数量,提高了可靠性。主减速器结构较紧凑,径向和高度尺寸都可较小。

3.3.4 简单传动构型

简单传动构型主减速器一般采用圆柱或圆锥齿轮减速(换向减速)、圆锥齿轮换向减速、圆柱齿轮并车减速组成的 2~3 级传动形式,为大直径低高度圆柱体加旋翼轴筒形机匣组件的构型。具有该典型构型的主减速器有 EC135、B429 等直升机的主减速器。

该构型主减速器结构简单、齿轮轴承等构件数较少,维修较方便、可靠性较高。

3.3.5　分扭传动构型

分扭传动构型主减速器一般采用一级圆锥齿轮换向传动或换向分扭传动、一级或多级圆柱齿轮分扭传动、圆柱齿轮并车传动组成的多级传动形式,一般为大直径低高度圆柱体加旋翼轴筒形机匣组件的构型。为适应不同并车距的要求及增大减速比,可在分扭传动前再设置一级圆锥或圆柱齿轮传动,也可在并车传动后加一级行星传动。又可根据分扭级采用的齿轮传动形式,将分扭传动构型分为圆柱齿轮分扭传动、圆锥-圆柱齿轮分扭传动、行星差动轮系分扭传动、面齿轮分扭传动等。

（1）圆柱齿轮分扭传动:由分扭、并车两级圆柱齿轮传动组成[图 3.7(a)]或由分扭、再分扭与并车三级圆柱齿轮传动组成。圆柱齿轮分扭有两侧分扭(1 个小轮与两个大轮啮合)和上下分扭[两个同轴的并车小轮分别带动一个并车大轮,如Lynx3("山猫"运输型)]两种方式。

（2）圆锥-圆柱齿轮分扭传动:由圆锥齿轮分扭、圆柱齿轮并车两级传动组成[图 3.7(b)]或由圆锥齿轮分扭、圆柱齿轮再分扭、圆柱齿轮并车三级传动组成。

（3）行星差动轮系分扭传动[图 3.7(c)]:一般由差动轮系分扭和圆锥齿轮换向齿轮并车(或圆锥齿轮换向和圆柱齿轮并车)传动组成,有太阳齿轮输入、行星齿轮架和齿圈输出以及齿圈输入、行星齿轮架和太阳齿轮输出两种输入输出方式。

（4）面齿轮分扭传动[图 3.7(d)]:由面齿轮分扭传动+圆柱齿轮传动并车组成。具有该典型构型的主减速器有米-26、CH-53K 等直升机的主减速器,该构型主减速器采用多路传扭。重型直升机、大型直升机使用该构型可达到良好的功率/重量比,结构紧凑,高度尺寸较小,但结构相对较复杂,需设置均载机构,影响可靠性和维修性。

3.3.6　共轴双旋翼输出构型

共轴双旋翼输出构型主减速器要求主减速器两路共轴、反转输出。根据两路共轴、反转输出的实现方式可分为定轴内外啮合共轴输出、封闭差动轮系共轴输出、圆柱齿轮共轴输出、锥齿轮共轴输出、面齿轮共轴输出等多种构型。

定轴内外啮合共轴输出构型[图 3.8(a)]:通过内、外啮合圆柱齿轮减速并车实现,即内旋翼轴与内齿圈相连,外旋翼轴与外啮合从动圆柱齿轮相连。该共轴输出构型主减速器零件数量较少,高度尺寸较小,径向尺寸较大。

(a) 圆柱齿轮分扭传动

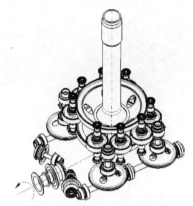

(b) 圆锥-圆柱齿轮分扭传动

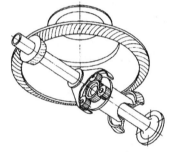

(c) 行星差动轮系分扭传动

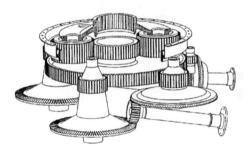

(d) 面齿轮分扭传动

图 3.7　分扭传动构型主减速器

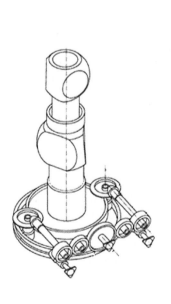

(a) 定轴内外啮合共轴输出构型

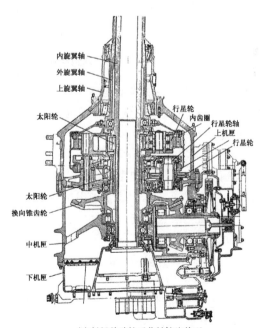

(b) 封闭差动轮系共轴输出构型

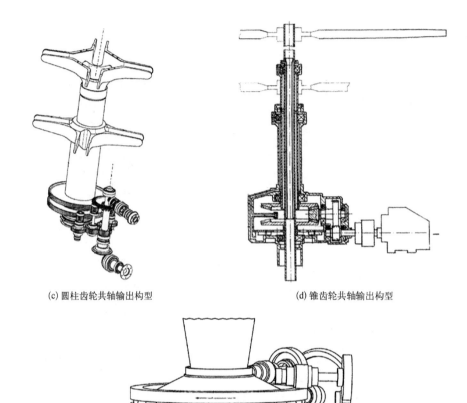

(c) 圆柱齿轮共轴输出构型　　　　　　　　(d) 锥齿轮共轴输出构型

(e) 面齿轮共轴输出构型

图 3.8　共轴双旋翼输出构型主减速器

封闭差动轮系共轴输出构型[图 3.8(b)]：以差动轮系为基础，采用星形定轴轮系来封闭差动轮系，形成自由度为 1 的轮系，由星形定轴轮系的太阳齿轮为输入，通过差动轮系的行星架和内齿圈实现两路输出。该共轴输出构型主减速器零件数量较多，高度尺寸较大。

圆柱齿轮共轴输出构型[图 3.8(c)]：通过功率分流构型实现转速换向，最后一级圆柱齿轮减速并车后共轴输出，其中内旋翼轴与下并车圆柱齿轮相连，外旋翼轴与上并车圆柱齿轮相连。该共轴输出构型主减速器零件数量较少，高度尺寸较小，径向尺寸较大。

锥齿轮共轴输出构型[图 3.8(d)]：以锥齿轮副为基础，由主动锥齿轮作为输入，通过对称布置的从动锥齿轮实现共轴反转输出，其中内旋翼轴与下从动锥齿轮相连，外旋翼轴与上从动锥齿轮相连。该构型主减速器零件数量较少，高度尺寸较小。

面齿轮共轴输出构型[图 3.8(e)]：通过功率分流构型实现转速换向，最后一级面齿轮减速并车后共轴输出,其中内旋翼轴与下并车面齿轮相连,外旋翼轴与上并车面齿轮相连。该构型主减速器零件数量较少,高度尺寸较小。

3.3.7　变速传动构型

变速传动构型主减速器内含变速传动装置(图 3.9),可根据工况实现旋翼轴多档位变转速输出的需求。变转速传动主减速器一般具备 2 挡变转速输出,通常变速传动装置设计在主减速器输入级前。根据变速传动的实现方式可分为双路圆柱齿轮传动变速装置、行星齿轮变速装置、偏心复合齿轮变速装置、开关式操纵变速装置、齿轮操纵变速装置、差动行星齿轮变速装置等多种变速传动装置。一般变速方案都是利用摩擦离合器或者刹车与超越离合器的组合来实现转

图 3.9　变速传动构型主减速器

速切换,其中摩擦离合器控制通断,超越离合器控制某个零件的转动或静止。

3.4　结构及零部件设计

3.4.1　结构布局

主减速器结构布局主要包括主减速器外部结构和主减速器内部结构。主减速器外部结构主要包括主减速器在直升机平台上的安装、与发动机的连接、外部操纵机构布局等;主减速器内部结构布局主要包括传动链布局、旋翼轴结构设计、附件传动及布局等。

主减速器结构布局受直升机总体接口、安装节点等要求的限制和约束,各型直升机的主减速器结构布局不尽相同,但均需与直升机总体结构布局相适应,主减速器结构布局设计基本上由直升机上安装空间及接口等要求决定。

1. 在直升机传动平台上的安装

主减速器在直升机传动平台上的安装有四撑杆悬挂式安装、多撑杆支架式安装、主减速器机匣凸缘式安装等类型(图 3.10)。主减速器安装结构主要是根据直升机总体布局、载荷传递路径等因素确定。

四撑杆悬挂式安装通过四根撑杆及主减速器底部的传扭构件安装在直升机传动平台上, SA - 321"超黄蜂"、AS - 350B"松鼠"等主减速器均采用该安装方式。该种安装形式的旋翼系统气动载荷通过旋翼轴轴承及机匣传至撑杆,机匣传力路线短,机匣载荷相对较小,有利于减轻重量,但结构冗余度较小,坠毁后造成的破坏

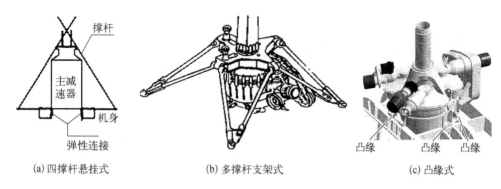

(a) 四撑杆悬挂式   (b) 多撑杆支架式   (c) 凸缘式

图 3.10　主减速器安装形式

影响较大。

多撑杆支架式安装通过多根撑杆构成超静定框架结构支承在直升机传动平台上,AH-64"阿帕奇"、卡-28、米-17 等的主减速器均采用该安装形式。该种安装形式结构冗余度大,载荷传递安全可靠,但所需空间较大、重量较重。

主减速器机匣凸缘式安装是通过主减速器机匣上的凸缘安装在直升机传动平台上,贝尔 204、"黑鹰"等主减速器均采用该安装形式,其连接形式简单,冗余度大,载荷传递安全可靠,但载荷传递路线长,机匣载荷和变形大,从而影响传动质量。

2. 与发动机的连接

主减速器与发动机的连接方式有两种(图 3.11),当发动机输出机匣通过轴套与主减速器连接时,主减速器作为发动机的一个支点。轴套承受飞行中的动态载荷,并能适应发动机的偏斜。当发动机独立安装在直升机上时,不需主减速器作为发动机的一个支点,主减速器不需设置轴套。

3. 外部操纵机构布局

如图 3.12 所示,进行主减速器的外部操纵机构布局设计时,应根据与直升机操纵结构接口的要求,结合主减速器高度、主减速器的机上安装方式等,确定助力器支座与机匣的固定方式、周向和轴向位置;根据自动倾斜器的行程要求,结合上部机匣结构,确定自动倾斜器导筒的轴向长度和安装端面等结构;需要综合考虑主减速器外部的助力器、撑杆以及自动倾斜器等结构,以避免相互干涉为原则,确定防扭臂和扭力臂的安装位置及相关尺寸。

4. 传动链布局

应根据直升机对主减速器输入转速及转向、旋翼输出转速及转向和传递功率等要求,合理确定主传动链采用的传动构型以及传动级数,原则上传动级数应尽可能少。并结合尾桨功率转速要求以及尾传动系统减速比等要求,确定从主减速器何处引出尾传动系统功率。如图 3.13 所示,该主减速器从发动机输入至旋翼输

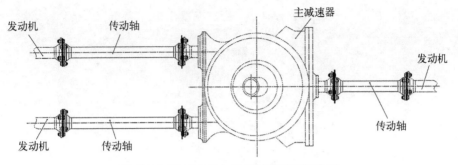

(a) 发动机通过传动轴与主减速器连接(不带轴套)

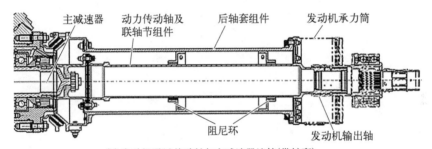

(b) 发动机通过传动轴与主减速器连接(带轴套)

图 3.11　主减速器与发动机的连接

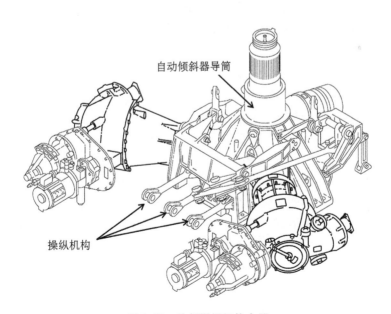

图 3.12　外部操纵机构布局

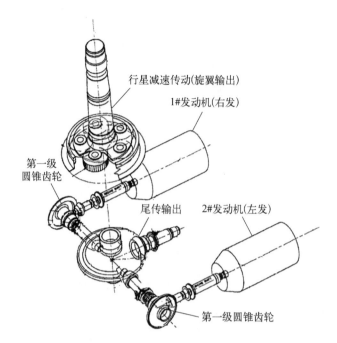

行星减速传动(旋翼输出)

1#发动机(右发)

第一级
圆锥齿轮

尾传输出   2#发动机(左发)

第一级圆锥齿轮

图 3.13   主减速器主传动链布局图

出采用第一级圆锥齿轮减速换向,第二级圆锥齿轮并车减速换向,第三级行星减速传动的三级传动链结构,为使结构紧凑,尾传输出直接从换向从动锥齿轮处引出功率。为使主减速器的外形尺寸和质量尽可能小,应尽量使主、从动轮的承载能力基本接近,使各级传动构件的强度裕度相当。

5. 附件传动及布局

附件传动及布局与整个主减速器的设计关系紧密,由主减速器驱动的直升机附件主要有液压泵、交流电机、风扇等。驱动液压泵、交流电机等直升机附件可采取单元体式集中布置的布局[图 3.14(a)],该种布局将附件传动作为单元体结构,外场拆卸方便;但单元体一般悬臂安装,支承刚性较差。液压泵、交流电机也可采取与尾传动、刹车传动等集成布置的布局[图 3.14(b)],该种布局结构紧凑,支承刚性好,附件安装空间较大,但拆卸困难;液压泵、交流电机还可分散布置在减速器机匣上[图 3.14(c)],该种布置结构紧凑,支承刚性较好,各附件单独传动。附件传动具体布局方式最终根据附件数量、安装形式及机上安装布局空间等因素综合确定。附件传动的设计应保证当一个附件卡滞时不应对主减速器造成损伤。在所有工况下,附件传动齿轮不应发生影响齿轮强度的共振。

6. 旋翼轴结构

旋翼轴是主减速器最重要零件之一,向旋翼系统传递转速和扭矩,同时将旋翼系统的气动载荷传递给机身。旋翼轴的结构类型有单元体式旋翼轴结构

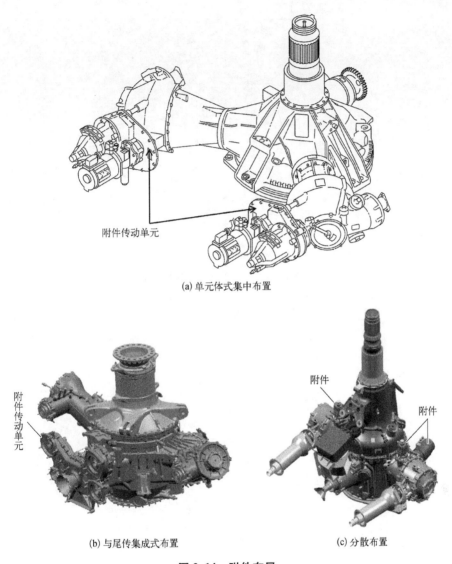

(a) 单元体式集中布置

(b) 与尾传集成式布置　　　　　　　　(c) 分散布置

图 3.14　附件布局

（图 3.15）、与主减速器一体式旋翼轴结构（图 3.16）、动静轴式旋翼轴结构（图 3.17）等类型。单元体式旋翼轴结构的旋翼轴为单独的单元体,安装于主减速器上部,该种结构拆卸方便,重量较轻,但主减速器轴向高度较大;与主减速器一体式旋翼轴结构的旋翼轴安于减速器内部,该种结构的主减速器高度较小,但主减速器径向尺寸较大;动静轴式旋翼轴结构也是将旋翼轴作为单独的单元体,该种结构的旋翼轴由静轴(也称外轴)和动轴(也称内轴)组成,其中静轴支承旋翼系统并传递载荷,动轴仅传递扭矩,结构受力状态好,旋翼轴疲劳寿命易于保障,能防止旋翼系统在坠毁事故中松脱和桨叶撞击穿透座舱,主减速器拆卸方便。

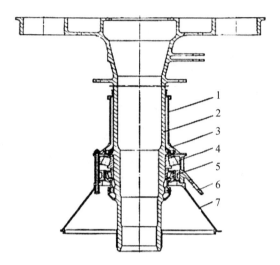

图 3.15　单元体式旋翼轴结构

1. 导筒；2. 旋翼轴；3. 填料；4、5. 圆锥滚子轴承；
6. 轴承壳体；7. 承旋翼轴壳体

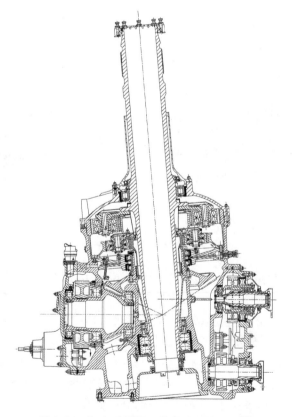

图 3.16　与主减速器一体式旋翼轴结构[6]

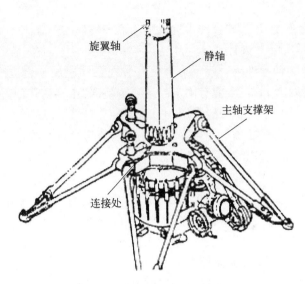

图 3.17 动静轴式旋翼轴结构

3.4.2 零部件结构设计和计算

1. 齿轮

齿轮和轴通常采用整体式结构,若不能将齿轮与轴设计成整体,应采用圆柱面径向定位、端面轴向定位、法兰盘或花键传扭的方式将齿轮安装到轴上。主减速器齿轮一般采用简支支承,但附件传动齿轮载荷较小、转速不高,也可采用悬臂支撑。齿轮精度和齿轮啮合侧隙是齿轮的主要设计参数。一般按 GB/T 11365—1989 或 GB/T 10095.1—2008 选精度为 4~6 级的主减速器齿轮,对于高速输入齿轮,选取的精度应为 4 级甚至更高。对齿轮啮合侧隙进行设计时,要考虑机匣等构件的加工精度和变形等影响,同时还需考虑干运转条件下齿轮等构件温度升高对其的影响。

高速输入齿轮设计时一般应提出动不平衡量的控制要求,行星传动齿轮设计时一般应提出一套行星齿轮齿厚控制要求。对于主减速器附件传动齿轮,除校核齿根弯曲、齿面接触、胶合等疲劳强度外,还需校核在直升机附件保险轴剪断条件下齿轮的静强度。对于转速较高的主减速器齿轮,在设计过程中需对其振动特性进行计算,齿轮的详细设计和计算见 8.1 节。

2. 机匣

机匣为主减速器内部齿轮、轴承等转动件提供支撑,使它们之间保持正确的相互位置。同时主减速器机匣还承受旋翼系统、操纵系统和发动机的载荷并通过安装机构将其传递到机身平台上。机匣设计时应考虑在任何输入功率和飞行工作条件的组合情况下,主减速器和传动机匣的变形不应影响内部部件的耐久性和寿命。机匣设计时一般应根据机匣承受的作用力的方向和力的传递形式,初步确定机匣布局及机匣间的连接形式,并合理设置机匣肋板和隔板的位置。

1) 机匣轴承安装孔设计[7]

不带安装边的轴承外环一般不应直接安装在铝镁轻质合金机匣内,可在机匣内压入薄壁轴承衬套,其衬套应有固定或锁紧措施,防止转动和轴向移动。薄壁轴承衬套与铝镁轻质合金机匣一般采用大过盈配合,以保证在最高工作温度下,衬套与机匣间不松动。为保证轴承配合表面的相互位置精度以及消除过盈装配对薄壁轴承衬套的影响,机匣衬套孔需组合加工。

2) 机匣之间的连接设计

机匣之间的连接通常是在一个机匣上安装双头螺柱,另一个相配的机匣上带法兰边,用螺母压紧连接;两个机匣之间可采用圆柱面或 2 个以上的定位销径向定位。采用圆柱面作为径向定位,若径向配合间隙过大,对于齿轮轴的两端轴承支承于不同机匣或弹性轴两端花键支承于两个机匣的构型,则会导致齿轮两端支承及花键两端的同轴度较差,尤其是高速旋转轴系偏心后会导致主减速器振动水平升高。高速级的机匣之间定心常采用小间隙或定位销定位,以提高机匣之间的定位精度。

3) 机匣油路设计

机匣油路一般为铸造油路或机加油路。为满足油路加工需要,可在机匣上设置必要的工艺孔,加工完成后,工艺孔可采用螺堵、膨胀堵头、螺塞等进行密封。

4) 强度计算

机匣承受旋翼轴载荷、助力器载荷、轴承支反力等复杂载荷。机匣强度计算时要考虑各种工况下的强度,如并车轴承安装处应考虑单发、多发条件下的轴承支反力。附件机匣应考虑直升机附件剪断条件下的载荷。

机匣的详细设计和计算见 8.2 节。

3. 离合器

主减速器一般应设置离合器,以便按照直升机工作模式的要求,使旋翼、发动机及附件接通或脱开。在旋翼自转或单发工作状态下,不提供扭矩的发动机应能通过离合器与传动系统脱开,保证主旋翼、尾桨和附件传动持续运转。主减速器常采用滚柱、斜撑或弹簧超越离合器,且常将其设置在主减速器的第一级主动齿轮或第一级从动齿轮内。滚动元件与内、外滚道接触角(对于斜撑离合器和滚柱离合器而言)或弹簧两端与内、外滚道过盈量(对于弹簧离合器而言)是离合器设计的重要参数,是保证离合器正常工作的关键。离合器的详细设计和计算见 8.4 节。

4. 旋翼轴

旋翼轴是整个传动系统中受载最复杂、安装要求高的关键件,它将发动机的扭矩传递给旋翼系统,并承受旋翼系统的升力、弯矩和剪力。

1）旋翼轴的结构类型

旋翼轴的结构类型有单元体式旋翼轴结构、与主减速器一体式旋翼轴结构、动静轴式旋翼轴结构等,具体选用何种旋翼轴结构类型将根据旋翼轴载荷以及主减速器总体结构等参数确定。

2）与桨毂接口设计

通过圆锥面、花键连接、螺纹紧固是直升机主减速器旋翼轴与旋翼系统桨毂最常见的连接方式。旋翼轴也可直接采用旋翼轴轴端法兰与旋翼系统桨毂一体化设计,这样减少了连接件的数量,但由于结构限制,造成主减速器上部的密封维护困难。

3）与行星传动接口设计

旋翼轴与主减速器最末级传动通常采用旋翼轴轴端法兰盘连接、旋翼轴中部法兰盘连接或花键连接等形式。旋翼轴轴端法兰盘的连接结构简单,但加工难度较大;旋翼轴中部法兰盘的连接结构加工成本较低,但定位销与连接件易发生微动磨损;花键连接结构较简单,但如需增加圆柱面定心则可能导致安装较困难。需根据旋翼轴在主减速器中的总体布局,确定旋翼轴与主减速器最末级传动的连接方式、接口参数。

4）支承形式

旋翼轴在主减速器中的安装支承结构形式多样,较常用的支承结构是上端采用圆柱滚子轴承,下端采用成对拉力轴承或一对圆锥滚子轴承或四点接触拉力球轴承;或上端采用四点接触球轴承,下端采用圆柱滚子轴承或球轴承的支承结构;还有上、下两端均采用圆锥滚子轴承的支承结构。旋翼轴的支承设计主要是根据旋翼轴在主减速器中的安装接口形式及其工作状态,确定支承轴承的类型和安装支承结构。

5）密封轴颈段设计

旋翼轴输出端多采用唇形油封。旋翼轴应为唇形油封提供密封跑道。为了防止密封跑道与唇形油封唇口之间的磨损,一般要求密封跑道具有较高的硬度。根据旋翼轴材料及结构,密封跑道设计要求如下:

（1）若将旋翼轴轴颈直接作为密封跑道,则该轴颈部位应采用渗氮、喷涂氧化铬、镀硬铬等表面处理;

（2）对于高强度的旋翼轴,可在旋翼轴轴颈安装一个薄壁密封环,密封环应与旋翼轴采用组合加工,以保证其圆度等要求,且密封环外表面也应采用渗氮、喷涂氧化铬、镀硬铬等表面处理;

（3）也可将旋翼轴圆柱滚子轴承内环的一段直接作为密封轴颈段。因轴承内环硬度较高,其内环作为密封轴颈段,可不进行特殊的表面硬化处理。

6）选材设计

旋翼轴为外露件,且在工作中承受弯矩、剪力、扭矩、轴向力等较大复合载荷,一般采用综合机械性能较好的材料,并具备较高的高周/低周疲劳性能及良好的加工性。目前,国内直升机传动系统旋翼轴一般采用 35Ni4Cr2MoA、9310、4340、15 - 5PH 等材料,旋翼轴选材可参照和借鉴国内外类似机种选材,对耐腐蚀性要求较高的旋翼轴材料应优先选用不锈钢。

7) 花键设计

旋翼轴花键一般采用渐开线花键,需根据旋翼轴与桨毂、行星轮系的接口参数及传递载荷的大小,初步确定花键参数(模数、齿数、工作长度等)。

8) 螺纹设计

旋翼轴轴端除采用普通螺纹外,旋翼轴还常用非对称的锯齿形螺纹。锯齿形螺纹的承载牙侧角为 7°,非承载牙侧角为 45°,该类型螺纹牙根强度较高。

9) 强度计算

旋翼轴设计时要校核轴的静强度和疲劳强度以及连接花键的挤压强度和剪切强度,同时由于旋翼轴上安装桨毂压紧螺母的螺纹需承受旋翼轴向力,在设计中还应对螺纹强度进行校核。

5. 弹性轴

弹性轴用于连接减速器的不同级传动链单元。弹性轴两端一般为渐开线花键,为提高适应两端不同心的能力,可考虑设计为鼓形花键。弹性轴的详细设计见 8.8 节。

6. 轴承

轴承处于主减速器内部,轴承设计时应考虑轴承工作时的温度、润滑及散热情况,结合结构对各轴承所处的环境及工作过程中可能达到的极限温度进行分析。球轴承和圆锥滚子轴承除了径向定位外,通常还具有轴向定位的功能,因此选择轴承径向游隙时,对于有轴向限位要求的轴承还需进行轴向游隙变化分析,以便判断游隙变化对支承轴、齿轮的影响。另外,轴承的轴向游隙不仅受轴向尺寸变化的影响,还与径向游隙关联,尤其是圆锥滚子轴承及配对预紧的轴承。轴承的详细设计和计算见 8.3 节。

7. 花键

花键常设计成齿侧定心。花键设计时要校核花键的挤压强度和剪切强度。花键齿面磨损严重是主减速器花键的一种较常见的失效形式。为了减少花键磨损及微动磨损,花键齿面常采用表面硬化或镀银等设计。当花键齿面采用镀银、镀铬等表面处理时,要考虑表面涂层对齿厚、齿槽的影响。花键的详细设计和计算见 8.1 节。

8. 密封

主减速器密封包含相对静止结合面间的静密封和相对运动结合面间的动密封。主减速器密封设计时要注意以下要求:

（1）在一个旋转轴密封失效的情况下,主减速器润滑油不应耗尽;

（2）转动件间一般采用唇形油封、机械密封、磁性密封等接触式动密封,如高速输入单元多采用机械密封;旋翼输出端多采用唇形油封;

（3）静止的结合面通常采用 O 形圈密封;

（4）减速器机匣分离面应用密封剂,以防止水分浸入结合面,从而帮助降低腐蚀;密封剂应为低剥离强度的低粘连类型,以保证分解时容易移除;

（5）一般情况下,动密封应设计成外场可更换单元。

此外,为防雨水、灰尘,需采用带防尘盖的皮碗。密封的详细设计见 8.6 节。

9. 附件传动轴

附件传动轴用于带动滑油泵及液压泵、交流电机等附件。为补偿附件传动轴与两端相连接件中心的不同轴度,传动轴两端采用间隙配合花键。

附件传动轴由于受载较小,受冲击较小,可采用调质合金钢。附件传动轴一般应设计保险截面,在附件出现过载时,附件传动轴切断,起到保护其他零部件的作用。

10. 法兰盘

法兰盘通过螺栓与动力传动轴/尾传动轴轴端的联轴器连接,通过花键传递功率,花键两侧一般通过圆柱面与齿轮轴配合,实现径向定心。根据齿轮轴与动力传动轴/尾传动轴的连接方式,法兰盘的安装有以下两种形式:

（1）法兰盘通过螺母固定在齿轮轴上,花键为固定花键,该结构不允许法兰盘轴向自由窜动;

（2）法兰盘径向定位在齿轮轴上,但与齿轮轴间无轴向约束。花键为滑动花键,法兰盘可轴向自由窜动。

法兰盘的选材主要有合金调质钢 40CrNiMoA、不锈钢 15 - 5PH、钛合金 TC4 等,为了提高防腐能力,法兰盘多选用不锈钢和钛合金材料。法兰盘设计时,除校核结构的强度外,还要对花键挤压、剪切强度进行计算分析,并分析安装不同心对法兰盘安装孔的影响。对花键强度进行校核时,应注意花键材料以及安装形式。

3.5　润滑系统设计

3.5.1　润滑系统类型

主减速器一般应有完全独立于发动机的润滑系统。主减速器润滑系统的功能是向齿轮、轴承和花键等摩擦副供油,减少摩擦磨损,带走摩擦所产生的热量,同时带走对偶面形成的硬杂物,提高主减速器的可靠性和耐久性。

主减速器由于载荷大、转速高,一般采用压力润滑。压力润滑系统可分为全流量系统和定压系统。全流量系统的油泵设计无备份流量,泵后为安全活门。定压系统泵后为调压活门,当滑油的压力出现波动时可使其趋于稳定。全流量系统和定压系统的优点分别为全流量系统重量较轻、定压系统可保持压力稳定。主减速器多采用定压系统,若直升机飞行高度不高(低于 6 000 m),滑油泵的效率在飞行高度范围内变化很小,也可以选用全流量系统。若飞行高度较高(6 000 m 以上),滑油泵无法兼顾地面、高空的润滑冷却要求,则需选用定压系统。润滑系统的分类主要根据调压阀的结构来判断,若是安全活门,则为全流量系统;若是调压活门,则为定压系统。

典型主减速器润滑系统原理见图 3.18,该系统主要由滑油泵、回油泵、调压阀、滑油散热器、滑油滤、喷嘴以及警告和指示系统组成。2 个滑油泵从油槽中通过带金属末信号器的吸油滤吸油,滑油泵的出口各有一调压阀,通过调整调压阀拧紧圈数调整滑油泵的出口压力,从滑油泵出来的压力油通过软管流向散热器,冷却后的滑油通过油滤过滤,然后经过机匣内部管道进入各喷嘴。若润滑后的滑油不能通过重力回到油槽,则需设置回油泵,将润滑后的滑油抽回油槽。

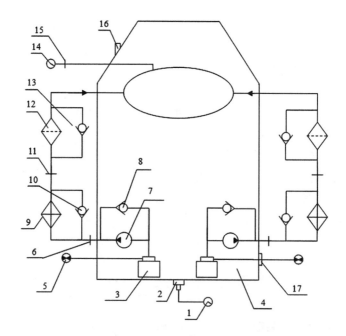

图 3.18　典型主减速器润滑系统原理图

1. 温度指示器;2. 温度传感器;3. 磁性吸油滤;4. 油槽;5. 磁性屑报警灯;6. 自封快速接头;7. 滑油泵;8. 调压阀;9. 散热器;10. 旁路阀;11. 自封快速接头;12. 滑油滤;13. 旁通阀;14. 压力指示器;15. 压力传感器;16. 通气塞;17. 油面观察窗

3.5.2　润滑系统主要设计内容及方法

主减速器润滑系统设计应满足主减速器在工作包线范围内能正常工作,主要的设计要求如下:

(1) 在主减速器的任何飞行条件和姿态下,都能保证所需的滑油供给;

(2) 双发或多发直升机,任一发动机不工作,滑油系统仍能正常工作;

(3) 在旋翼自转条件下,减速器及附件传动仍有足够的润滑;

(4) 无外部和内部的滑油泄漏;

(5) 应有效地将滑油中的机械杂质过滤出来,尽可能多地将滑油中的空气分离出去;

(6) 具有低温下使用的可靠性,并要求启动迅速,滑油品种的选择要适当;

(7) 管路、接头应有足够的强度、冲击稳定性及密封性,流体阻力要小;

(8) 维护和使用要简单,有关附件的可达性要好,能快速加油,方便测量滑油量和提取分析油样,保证能将系统中的滑油排放出来;

(9) 滑油应能在冷却装置工作所消耗的功率为最小的情况下得到冷却;当系统中有滑油散热器时,要自动保持滑油温度在给定的范围内;

(10) 润滑油需满足传动系统的使用环境、工作温度要求,并具有一定的承载能力,保证在对偶面形成润滑油膜,同时需与主减速器接触的所有材料相容。

主减速器润滑系统主要设计内容与方法如下:

1. 润滑油选择

润滑油的性能对主减速器有很大影响。需根据主减速器的工作温度、齿轮和轴承负载、使用要求选择润滑油,同时要求润滑油有合适的黏度、较好的黏温特性及良好的润滑性能。润滑性能指的是高温性能、低温性能、抗泡沫性能、蒸发性、橡胶相容性和润滑油的金属腐蚀性[8]。

(1) 高温性能:润滑油的高温性能是衡量润滑油使用温度极限和使用寿命的重要指标,高温性能主要包括闪点、热安定性、高温抗氧化安定性。

(2) 低温性能:润滑油的低温性能直接影响减速器的低温启动,具体指标主要包括低温下的黏度、倾点或凝点。

(3) 抗泡沫性能:由于在润滑油中含有各种不同性质的添加剂,这些添加剂多数是极性化合物,具有表面活性作用,以及减速器运转中有空气进入,润滑油会发生氧化等,滑油在使用过程中会产生泡沫,泡沫会恶化润滑条件,增加零件磨损及加速润滑油的氧化变质等,因此对润滑油的起泡性和消泡时间提出了要求。

(4) 蒸发性:润滑油的蒸发性,主要取决于润滑油的工作温度与持续工作的时间,会影响滑油消耗率。蒸发性主要用蒸发损失指标来评价。

(5) 橡胶相容性:润滑油对橡胶密封材料有一定腐蚀作用,它会使橡胶膨胀,改变其体积和弹性,从而降低润滑系统的密封性能。在选择润滑油时应考虑使用的橡胶密封材料与润滑油相容性。润滑油与橡胶的相容性,可用在一定温度下经过一定时间试验后橡胶的膨胀率、抗拉强度、伸长率与硬度变化等表示。

(6)金属腐蚀性:润滑油的金属腐蚀性是指金属表面受滑油的作用而被破坏的情况。润滑油一般会与常用的钢、银、镁、铝、铜进行金属腐蚀性试验,减速也应尽量选用防腐蚀的材料。

主减速器用润滑油分为石油基(矿物油)润滑油与合成润滑油两类。石油基润滑油的最高使用温度为120~150℃,合成润滑油的最高使用温度为200~250℃。根据上述要求,按 GJB 135A—1998(Ⅰ型油)及 GJB 1263—1998(Ⅱ型油)的特性选择合适的润滑油,必要时可选用国外 MIL‑PRF‑7808L、MIL‑PRF‑23699F、DOD‑PRF‑85734A 等其他性能相当的润滑油,高于-20℃推荐用 MIL‑PRF‑23699F 或 DOD‑PRF‑85734A,-40~-20℃之间根据启动情况选择润滑油,MIL‑PRF‑7808L 适宜在-40℃以上的寒冷地区使用。

2. 功率损失计算

由于主减速器为机械传动,主要传动部件为齿轮和轴承,在传递功率过程中必然存在功率损失,产生大量的热量。主减速器产生的热量一部分通过机匣表面的对流和辐射传走,若不能全部带走,则需通过滑油带走。

功率损失主要有齿轮的滑动、滚动和风阻损失,轴承的摩擦损失,密封件的摩擦热,油泵的机械损失等,其具体计算方法见"2.3.4 传动效率设计"。

3. 滑油系统循环量设计

主减速器滑油系统循环量实际上是主减速器各部位所需供油量的总和,它取决于滑油需带走的热量和滑油在减速器中允许的温差。计算公式为[9]

$$W = 60 \times 10^6 \frac{Q}{(C_p \times \rho \times \Delta T)} \tag{3.1}$$

式中,W 为滑油流量,单位为 L/min;Q 为滑油散热量,单位为 kW;C_p 为滑油定压比热容,单位为 J/(kg·℃);ρ 为滑油密度,单位为 kg/m³;ΔT 为温升,单位为℃。

影响确定滑油循环量的因素很多,包括轴承、齿轮、密封装置、泵等的发热,以及机匣腔壁、滑油池、系统管路与环境的热交换和滑油使用的工作极限等。

润滑系统的热计算,一般需反复迭代,在主减速器结构与重量之间进行折中,才能得到适宜的选择。因换热计算较复杂,这样算得的结果也是近似值,需经减速器台架试验加以修正。

对成熟主减速器的使用进行统计、分析对比是一种常用的方法,但偏于保守。通常通过机匣表面的对流和辐射传走的热量为总散热量的 8%~15%。

4. 各位置润滑方式选择

主减速器的润滑部件包括齿轮、轴承、花键、离合器。齿轮通常有 3 种润滑方式：喷射润滑、飞溅润滑、油雾润滑，喷射润滑又可分为啮入侧供油、啮出侧供油、啮入侧和啮出侧供油并用。轴承通常有 5 种润滑方式：喷射润滑、环下供油润滑、飞溅润滑、油雾润滑、脂润滑。花键通常是油润滑或脂润滑。润滑方式的选择一般需考虑润滑部件的载荷、转速以及结构等因素，各润滑方式特点如下。

（1）喷射润滑：将一定压力的润滑油通过喷孔向润滑点喷射，针对齿轮喷射润滑的 3 种润滑方式的特点如下。

（a）啮入侧供油：这种方法采用较多，但缺点是散热效果差，抗点蚀能力低于啮出侧供油，且出现挤油现象。

（b）啮出侧供油：从冷却的角度来看，小齿轮上的温度高于大齿轮，啮出侧的温度高于啮入侧，故喷嘴应对准啮出侧小齿轮齿面上；若从提高抗点蚀能力、提高传动效率、减小振动和噪声等考虑，啮出侧供油优于啮入侧供油。

（c）啮入侧和啮出侧供油并用，啮出侧主要用于喷油冷却，啮入侧用于喷油润滑，啮出侧供油量一般会比啮入侧大。

（2）飞溅润滑：利用旋转的零件从油池中将油带到零部件的润滑点。

（3）油雾润滑：是将由压缩空气管线引来的干燥压缩空气通入油雾发生器，利用文氏管或涡旋效应，借助压缩空气载体将润滑油雾化成悬浮在高速空气喷射流中的微细油颗粒，形成干燥油雾，再用润滑点附近的凝缩嘴，将油雾直接引向各润滑点表面，形成润滑油膜，而空气则逸出到大气中。

（4）环下供油润滑：靠旋转离心力作用将油从内环上的孔或两个轴承内环之间甩出实现轴承的润滑和冷却，这样的方式不但能保证良好润滑，而且对内环有良好的冷却。

（5）脂润滑：将润滑脂填充在机壳中或其他适当部位来实现润滑。与润滑油相比，润滑脂具有一系列优点：温度范围较广，易于保持在滑动面上，不易流失和泄漏，润滑系统与密封结构简化，能有效地封住污染物和灰尘，防锈性与热氧化安定性优良，而且节省能源。

5. 滑油流量分配和喷嘴设置

流量的分配是为了保证供给各润滑点所需的流量，它通常由供油压力及喷嘴来确定。喷嘴孔径尺寸通常取 0.7~1.5 mm。对于一定的供油量，喷嘴孔径越小，则喷嘴前的供油压力越高；反之，喷嘴孔径越大，则喷嘴前的供油压力越低。因此，要综合考虑这两个因素，喷嘴前供油压力的确定还应考虑到当润滑系统总压为最低滑油压力时，能满足喷嘴供润滑点所需要的最小流量要求，并且此时滑油的温升应能控制在规定的范围内。考虑到喷嘴的供油压力不一定与系统总压相匹配，所以必要时需设置节流嘴来调整喷嘴前的供油压力。

通过喷嘴孔口的流量可用式(3.2)计算[8]：

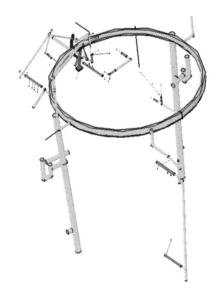

图3.19　典型主减速器滑油管路图

$$W = 66.64 \times C_d \times d^2 \times \sqrt[2]{\frac{\Delta P}{\rho}} \quad (3.2)$$

式中，W 为流量，单位为 L/min；C_d 为流量系数，该值取决于孔口形式和雷诺数 Re；d 为喷嘴孔口直径，单位为 mm；ΔP 为喷嘴孔口前后压差，单位为 MPa；ρ 为滑油密度，单位为 kg/m³。

6. 滑油管路设计

滑油管路设计一般要求管路的管径、长度和走向应尽量减小流体阻力。主减速器的滑油管路比较复杂，一般集成在铸造机匣上，典型主减速器的滑油管路示意图见图3.19。管径(d)则可根据流量 W 和流速 V，由式(3.3)计算：

$$d = 4.6 \sqrt{\frac{W}{V}} \quad (3.3)$$

式中，d 为管径，单位为 m；W 为流量，单位为 L/min；V 为流速，单位为 m/s。

吸油管路流速一般为 1~2 m/s，压力管路的流速一般不大于 5 m/s，回油泵后管路流速一般不大于 3 m/s。

7. 滑油池油量计算

根据计算的供油量，同时考虑整个系统的循环速度，确定主减速器内滑油池需加的油量。可参考已研型号或国外经验值初步确定滑油池油量，后续通过姿态分析及润滑系统试验最终确定滑油量。根据美国 ART 计划中，西科斯基公司给出的经验，滑油池油量为滑油供油量的 0.4 倍。

3.5.3　润滑系统附件设计

1. 滑油泵

选择和确定滑油泵要根据工作压力范围、转速、流量、容积效率、自吸能力、压力脉动及成本等综合考虑。

主减速器滑油泵的工作压力通常小于 1.0 MPa，属低压泵类，一般选用容积式油泵。按照工作原理和结构，容积式油泵又可分为齿轮泵、转子泵、旋板泵和柱塞泵。

1）齿轮泵

齿轮泵一般指外啮合渐开线齿轮油泵，主要由主动齿轮、从动齿轮和壳体组成，通过主、从动齿轮在啮合过程中形成密封工作腔的容积变化实现吸油和排油。目前，大多数主减速器都采用这种类型，其优点是结构简单，尺寸小，工作可靠，寿命长；缺点是流量和压力脉动大、噪声大,在高压下工作不采用特殊密封结构时,容积效率明显下降等,且不适用于高速。目前,航空上所用的齿轮泵转速大部分在 5 000 r/min 以下,一般要求齿顶圆切向速度小于 10 m/s。齿轮泵工作原理见图 3.20。

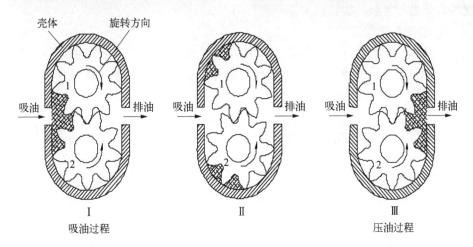

图 3.20　齿轮泵工作原理图

2) 转子泵

转子泵为内啮合齿轮泵,主要由内、外转子及壳体组成,通过内、外转子在啮合过程中形成密封工作腔的容积变化实现吸油和排油。转子泵优点是结构紧凑,尺寸小,重量轻,压力脉动和噪声较小,容许使用转速高,吸油性能好;缺点是齿形复杂,加工精度要求高,需要专门的制造设备,造价较贵。转子泵的工作原理见图 3.21。

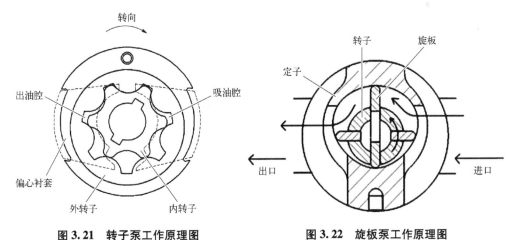

图 3.21　转子泵工作原理图　　　　图 3.22　旋板泵工作原理图

3) 旋板泵

旋板泵一般主要由定子、转子和旋板组成,利用定子与转子偏心,在转子旋转过程中形成密封工作腔的容积变化实现吸油和排油。旋板泵的主要特点有工作平稳,输出流量均匀,脉动小,噪声小,效率较高,结构较紧凑和进口真空度较高。旋板泵的零件比齿轮泵多,同时工艺性要求也复杂,定子内廓曲线及转子需利用高精度的磨床进行磨削。旋板泵工作原理见图3.22。

2. 回油泵

主减速器不能靠自重回到滑油池中的滑油,必须通过回油泵抽回。回油泵的类型、选用与滑油泵相同。由于在回油中混有大量的空气,回油泵的流量须大于供油量,一般为2~3倍。

3. 调压阀

调压阀的调压范围根据主减速器润滑系统的要求确定。常采用的调压阀结构有锥阀和球阀两类,采用弹簧调节,若滑油压力大于弹簧预压紧力,则推动阀芯,使油路接通,实现压力调节功能。调压阀的开启压力通过调整弹簧预压紧力确定。典型的锥阀结构见图3.23,典型的球阀结构见图3.24。

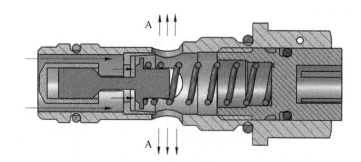

图 3.23　典型的锥阀结构

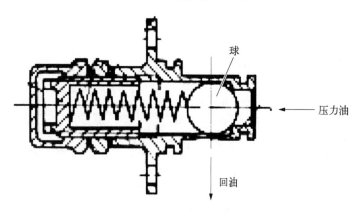

图 3.24　典型的球阀结构

4. 滑油滤

滑油滤分为主滑油滤、吸油滤、回油滤、喷嘴前油滤及滑油箱加油口油滤。

1）主滑油滤

主滑油滤用于滤除滑油中的固体杂质,确保主减速器良好的工作。其过滤精度的选取与齿轮、轴承对滑油的清洁度要求有关。一般分为可清洗的金属网滤芯以及不可清洗的纸质滤芯。为了保证主减速器工作正常,滑油滤一般应设置压差指示器和旁通活门。滤芯堵塞时,压差指示器提供报警信号,提示对滤芯进行清洗或更换,此时旁通活门打开,滑油不经过油滤,直接进入主减速器。通常主减速器主滑油滤的过滤精度不低于 20 μm。

2）吸油滤

吸油滤一般安排在滑油供油泵进口,保护油泵和除气的作用,只过滤较大的污物。

3）回油滤

回油滤一般安排在滑油回油泵进口,保护油泵和除气的作用,只过滤较大的污物。

4）喷嘴前油滤

喷嘴前油滤的主要作用是防止分解和装配过程中污染物掉入管内而堵塞喷嘴。

5）滑油槽加油口油滤

为防止加油时污染物掉入滑油槽内,应在减速器加油口处设置油滤。

5. 滑油冷却装置

滑油冷却装置一般由散热器和风扇组成,主减速器一般采用空气滑油散热器,主要由翅片、端盖、法兰、管接嘴及温控、旁通活门组成,风扇主要由叶轮、壳体组成。散热器的基本要求为散热能力及流阻,散热器的散热需求根据主减速器的功率损失计算确定。风扇的基本要求是在额定转速下的风量。

6. 通气装置

设置通气装置的目的是使油池内保持合适的压力,这个压力在各种高度和给定状态下滑油不会外漏,而且要保持回油泵(或供油泵)的性能,即保持油泵安全工作的进口压力。一般在减速器机匣上部设置一个具备油气分离功能的通气活门。通气装置应安装过滤设备,除去空气携带的 10 μm 以上的颗粒,在各种工作条件下和减速器姿态下,通气装置应可以防止减速器滑油损耗。

3.5.4　润滑系统状态监测

为监测润滑系统工作是否正常及减速器的工作状态,通常需设置监测附件对润滑系统状态进行监测。润滑系统状态监测可分成三类:

(1)润滑系统工作参数监测,以间接反映主减速器是否正常工作。需监测的润滑系统主要工作参数包括滑油供油压力、滑油温度等,通常在油路上会设置滑油压力传感器、温度传感器、滑油压力开关、滑油温度开关,具体监控范围及动作点的设置需考虑齿轮、轴承的工作温度限制和润滑要求,以及滑油管路和润滑系统元件流阻。如果超出限值,表明润滑系统或减速器可能出现故障。

（2）滑油屑末监测，以反映减速器动部件的磨损及故障状况。滑油屑末监测主要有滑油滤堵塞指示器、磁性屑末检测信号器、滑油光谱分析。目前，比较先进的还采用带烧蚀功能的磁性屑末检测信号器及颗粒计数传感器，带烧蚀功能的磁性屑末检测信号器可熔化正常磨损产生的微金属粒子，防止误报警。颗粒计数传感器可对滑油中金属屑末的数量及大小进行在线检测和分析，间接反映减速器的磨损情况及发展趋势。

（3）滑油本身的状况监测。滑油本身的状况监测一般并没有设置监测附件来进行分析，通常采取"按规取样，离线监测"的方式。通过对使用过的滑油进行理化性能分析可反映滑油本身的状况信息，常用滑油光谱分析、酸值、黏度变化及含水量来衡量。应规定各参数的限值，当取样分析滑油的理化性能等超过规定值时，必须更换滑油。

3.6　设计实例

本节以某型主减速器设计为例，简单介绍主减速器的设计内容。根据直升机总体要求，该主减速器通过双发输入，单旋翼输出，为旋翼与尾减速器提供功率与转速，并驱动直升机附件。该主减速器主要输入要求（功率、转速、安装节点）如表3.3～表3.5所示，以此为依据开展设计工作。

表 3.3　功率要求

工 作 状 态	功率值/kW
主减速器最大起飞功率	310
主减速器最大连续功率	280
旋翼轴最大功率	310
尾桨最大功率	30

表 3.4　转速要求

名　称	转速/(r/min)	转　向
主减速器输入	6 000	顺时针（顺航向）
主旋翼输出	406	顺时针（俯视）
尾传输出	2 992	顺时针（顺航向）

表 3.5 安装节点要求

节 点 名 称	尺 寸	说 明
桨毂中心到主减速器安装平台距离	995 mm	—
主减速器安装平台	—	水平
动力轴与主旋翼轴交点至尾传动轴与主旋翼轴交点距离	168.49 mm	—
旋翼前倾角	3°	—

3.6.1 构型设计

根据实际情况和设计经验,确定主减速器采用的基本构型。根据主传动链换向、并车的顺序,从 3.3 节介绍的几种基本构型中选取其中一种基本构型进行构型设计,然后进行传动比分配优化设计和主减速器构型优化设计。

根据主减速器构型和内外部接口,主减速器分为初减单元体、主单元体、上部单元体、附件单元体。

3.6.2 结构布局

1. 直升机平台上的安装

主减速器采用 4 撑杆悬支安装+底部两个凸耳安装结构方式。旋翼升力、剪切载荷通过上机匣经由四根撑杆传递给机身平台,旋翼扭矩通过下机匣上的凸耳传递至机身平台,见图 3.25。

2. 与发动机的连接

动力传动轴组件主要由动力传动轴、联轴器及连接紧固件组成。联轴器采用膜片联轴器结构,通过螺栓与主减速器输入法兰盘连接,膜片联轴器补偿轴向偏移和角向偏差,将发动机功率传至主减速器。

3. 旋翼轴结构类型

根据主减速器传动链设计和安装形式,旋翼轴采用单元体式结构类型,旋翼轴及其支承轴与上机匣行星传动构成一个单独的单元体——主减速器上部单元体。

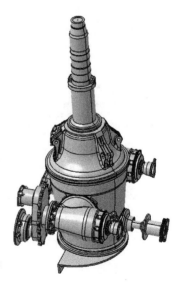

图 3.25 某主减速器安装示意图

4. 直升机附件布局

在主减速器上装有如下附件:一台液压泵、一台滑油泵、一台冷却风扇。这些附件在主减速器上分散布置,由相应的附件传动带动。所有附件传动均由主传动链齿轮驱动,液压泵和滑油泵通过尾传中间齿轮的泵轴驱动,冷却风扇由风扇齿轮与输入从动齿轮啮合增速后驱动。

5. 尾传动引出结构

尾传输出从换向锥齿轮传动引出,经圆柱齿轮增速后输出至尾传动轴。

3.6.3 主要零部件结构设计和计算

1. 齿轮

1)传动比匹配

根据传动系统总体分配,主减速器传动比为 16,按照主、从动轮的承载能力基本接近,尽量使主减速器的外形尺寸和质量最小等原则确定齿轮传动比分配方案,见表 3.6。

表 3.6 齿轮传动比分配方案

名　　称	传动比	齿　　数		齿面接触应力/MPa	外廓尺寸/mm
		主动轮	从动轮		
第一级螺旋锥齿轮传动	1.207	29	35	1 431.5	—
第二级螺旋锥齿轮传动	2.958	24	71	1 642.6	—
尾传从锥齿轮	0.351	57	20	1 401.1	—
行星传动	4.47	38(太阳轮) 47(行星轮) 132(固定齿圈)		—	Φ380 (固定齿圈)

2)参数设计

考虑到齿轮承载能力,确定各级螺旋锥齿轮的齿轮参数和行星齿轮参数。为了最大程度提高轮齿的承载能力,设计时螺旋锥齿轮采用齿根倾斜修正技术,并采用齿面数字化技术、热处理变形控制等技术,以获得最优的齿型设计参数和齿面印痕。

3)齿轮强度校核

螺旋锥齿和圆柱齿轮强度校核结果见表 3.7 和表 3.8。

表 3.7 螺旋锥齿轮强度校核结果

齿轮名称	计算功率/kW	转速/(r/min)	弯曲强度安全系数	接触强度安全系数	温升/℃
第一级主动锥齿轮	520	6 000	1.01	1.21	97.6
第一级从动锥齿轮		4 971.4	1.08	1.23	

续　表

齿轮名称	计算功率/kW	转速/(r/min)	弯曲强度安全系数	接触强度安全系数	温升/℃
第二级主动锥齿轮	520	4 971.4	1.00	1.20	105.4
第二级从动锥齿轮		1 680.5	1.02	1.28	
尾传输出主动锥齿轮	185	1 680.5	1.43	1.91	58.6
尾传输出从动锥齿轮		4 789.4	1.47	1.78	

表 3.8　圆柱齿轮强度计算结果

齿轮名称	齿数	模数	计算功率/kW	弯曲强度安全系数	接触强度安全系数	温升/℃
太阳齿轮	38	2.5	761	1.43	1.23	34
行星齿轮	47			1.43	1.24	
固定齿圈	132			—	1.78	27

4）齿轮精度等设计

主传动链圆锥、圆柱齿轮机加精度在 5 级以上,均沿齿形、齿向适当修形,以降低啮合过程中的动载荷;轮齿表面进行渗碳或渗氮处理,并采用喷丸强化和振动光饰,以提高齿面接触强度和表面光洁度。

为保证干运转状态下齿轮正常运转,输入级螺旋锥齿轮侧隙(大端法向侧隙为 0.25~0.30 mm)设计为标准侧隙的 2 倍,其他各级也适当增大齿侧间隙。

2. 机匣

主减速器机匣由上机匣、主机匣组成,其中上机匣是主减速器的关键承力部件,承受全部旋翼气动载荷和操纵载荷,见图 3.26。

3. 离合器

在输入主动锥齿轮内设置滚柱离合器,其中离合器内轴为主动元件。离合器内轴采用角接触球轴承和滚子轴承简支支撑形式。离合器滚柱采用压力喷油润滑,球轴承通过离合器内轴小孔甩油,引入轴承处进行润滑,喷射后,滑油在重力作用下回油至初减机匣油池。

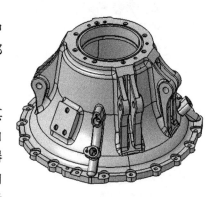

图 3.26　上机匣三维结构图

4. 旋翼轴

旋翼轴采用与行星齿轮安装盘、轴承一体化的设计;上端采用圆柱滚子轴承,下端采用四点接触球轴承。

5. 轴承

为简化结构,提高可靠性,广泛采用轴承内环与齿轮轴一体化设计、外圈带安装边结构;轴承轴端采用 SHUR‑LOCK 锁紧。

为保证干运转状态下轴承的正常运转,加大了所有轴承的轴向和径向游隙,为标准轴承游隙的 2 倍;对于受载大、转速高的轴承采用耐高温的轴承钢,轴承采用钢保持架结构并镀银。

3.6.4   选材及"三防"设计

在满足结构强度、使用性能和设计需求的基础上,综合考虑经济性等,借鉴成熟型号选材及腐蚀防护经验,主减速器主要零件选材及外露零部件的表面防护方案如下。

1. 齿轮选材及防护

齿轮因传递扭矩而使齿根部受到弯曲应力,齿面有相互滚动和滑动摩擦的摩擦力,在轮齿面窄小接触处承受很大的交变接触压应力。输入从动双联锥齿轮、尾传中间双联齿轮等结构复杂,壁厚较薄,多处需表面硬化。此外,瞬时过载、润滑油腐蚀及异物的侵入等情况,都可能加剧齿轮工作条件的恶化。因此,选用 32Cr3MoVE,其具有高淬透性、良好的渗氮性能和综合力学性能,渗氮后表面可获得高的硬度和耐磨性,满足表面具有高硬度,芯部具有高的强度和韧性配合以及足够的疲劳强度的要求。

2. 旋翼轴和法兰盘等零件选材及防护

旋翼轴为外露件,是主减速器关键零件之一,承受直升机正常飞行时和机动飞行的高低循环疲劳载荷。因此,选用 15‑5PH 不锈钢,15‑5PH 不锈钢是在 17‑4PH 不锈钢的基础上发展的,通过减少 Cr、Cu,增加 Ni 等元素研制的一种马氏体沉淀硬化不锈钢,具有较高的强度、抗氧化性和可焊性等,已在成熟型号中广泛使用。

考虑防腐特性,对零件采取表面化学钝化处理加涂漆处理,能显著提高 15‑5PH 不锈钢的抗腐蚀性能,尤其是抗点蚀能力。

3. 上机匣、自动倾斜器导筒等选材及防护

上机匣、自动倾斜器导筒均为外露件,上机匣为主要承力部件,传递旋翼弯矩与升力等气动载荷,受载复杂。7075 铝合金是一种可热处理强化的铝‑锌‑镁‑铜系高强度变形铝合金,静强度较 2024 和 2014 高,疲劳性能与之相当。目前,应用较多的 7075 合金热处理状态为 T73 和 T76 状态。T73 的 7075 合金强度水平中等,但具有高的断裂韧度和优良的抗应力腐蚀开裂和抗剥落腐蚀性能。7075‑T73 铝合金已应用于多种成熟型号的自动倾斜器导筒等关键零件。由于锻件具有较好的

晶相组织和疲劳性能,考虑上机匣、自动倾斜器导筒为主要承力部件,传递载荷较大,因此上机匣、自动倾斜器导筒采用 7075 锻造件。

为提高抗腐蚀性能,对零件进行表面阳极化处理(需封闭)+涂漆处理。

3.6.5　润滑系统设计

在设计中,根据主减速器的功率限值,采用主减速器最大起飞功率和滑油工作温度,进行了主减速器的功率损失和滑油循环量计算。根据计算结果,功率损失为 19.6 kW,效率为 97.5%,需要的滑油系统循环量为 35.6 L/min。此外,基于齿轮、轴承、离合器等摩擦副功率损失及流量要求,并满足每个点滑油的温升不超过 20℃ 的条件,进行了主减速器流量分配计算。

在此基础上,根据主减速器总体结构,对润滑系统进行总体布局并初步确定了元件参数。主减速器采用独立的压力循环式润滑系统。1 台滑油泵安装在主机匣上,通过粗滤网吸油后将滑油增压,进入滑油滤过滤,过滤后的滑油经过机匣内部管道进入各喷嘴,润滑后的滑油在自重作用下回流到滑油池。这一润滑系统的特点如下:

(1) 润滑系统各元件布置紧凑,提高了主减速器的可靠性和安全性;

(2) 滑油泵采用内啮合摆线齿轮泵,该泵具有结构紧凑,转速高,容积效率高,压力脉动和噪声都较小等优点;

(3) 监测和报警项目齐全,监测项目包括主减速器滑油压力及油池温度;报警项目包括主减速器滑油池和上部单元体滑油的金属屑末报警。

参考文献

[1]　王卫刚,陈仁良,蔡贺新. 齿轮减速器在直升机动力传动系统中的应用[J]. 机械研究与应用,2010,23(2):48 - 50.

[2]　袁新立,邓涛. AH - 64"阿帕奇"武装直升机[M]. 北京:航空工业出版社,2014.

[3]　陈铭,徐冠峰,张磊. 直升机传动系统和旋翼系统关键技术[J]. 航空制造技术,2010(16):32 - 37.

[4]　Gmirya Y,He S L,Buzel G. Load sharing test of the CH - 53K split - torque main gearbox[C]. Grapevine:American Helicopter Society 65th Annual Forum, 2009.

[5]　Chatize J C,Berthier J M. 新技术是当代直升机的竞争性因素,也是未来直升机必须具有的技术[C]. 欧洲旋翼机研讨会论文集,1996.

[6]　周志烈. 减速器图册[M]. 北京:国防工业出版社,1983.

[7]　布尔加科夫,常春江,等. 航空齿轮传动和减速器手册[M]. 北京:航空工业出版社,1988.

[8]　章永锋. 航空发动机设计手册第 13 分册(减速器)[M]. 北京:航空工业出版社,2001.

[9]　林基恕. 航空发动机设计手册第 12 分册(传动与润滑系统)[M]. 北京:航空工业出版社,2002.

第4章
中间减速器设计

4.1 概　述

中间减速器位于尾水平轴与尾斜轴的交会处,将尾水平轴的功率和转速传递给尾斜轴,并实现减速和换向功能。

中间减速器的结构比较简单,一般分为输入齿轮组件、输出齿轮组件与机匣组件,主要由齿轮、机匣、轴承、法兰、密封和监控元件等组成。输入端通过输入法兰盘与尾水平轴相连,输出端通过输出法兰盘与尾斜轴相连。监控元件主要包括磁性屑末检测信号器、滑油温度传感器等。

4.1.1　中间减速器功能

中间减速器一般采用一对螺旋锥齿轮传动,尾水平轴将功率传递给中间减速器输入法兰盘,中间减速器输入法兰盘通过花键将功率传递给中间减速器输入齿轮,中间减速器输出齿轮再通过花键传递给输出法兰盘,最终传递给尾斜轴。齿轮啮合产生的作用力通过支承轴承传递到机匣,再传递给机身。

4.1.2　中间减速器分类

根据轴夹角的不同,中间减速器的构型主要分为钝角型和锐角型两类。

钝角型中间减速器:齿轮轴夹角为钝角,见图4.1。目前,大多数直升机中间减速器采用钝角型,如SA-321"超黄蜂"、贝尔204等直升机中间减速器。

锐角型中间减速器:齿轮轴夹角为锐角,见图4.2。采用该中间减速器构型的直升机主要有S-58T、BO-105与A129等。

从结构尺寸看:钝角构型中间减速器的高度尺寸较小,轴向尺寸稍大,而锐角构型中间减速器的高度尺寸较大,轴向尺寸则稍短小。从换向功能看:顺航向看,钝角构型中间减速器的输入、输出转向是相同的,而锐角构型中间减速器的输入、输出转向则是相反的。

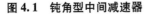

图 4.1　钝角型中间减速器　　　　图 4.2　锐角型中间减速器

4.1.3　中间减速器主要技术指标

中间减速器的主要技术指标包括：

（1）输入转速和转向；

（2）输出转速和转向；

（3）尾桨功率谱；

（4）使用寿命；

（5）翻修间隔期；

（6）干运转要求；

（7）重量；

（8）使用环境要求和"三防"（防湿热、防霉菌和防盐雾）要求；

（9）通用质量特性要求（安全性、可靠性、维修性、保障性、测试性、环境适应性）。

中间减速器接口由直升机或传动系统总体提出，主要包括：

（1）在直升机上中间减速器中心坐标（输入、输出轴交点）；

（2）输入、输出轴的夹角；

（3）安装平台节点参数、安装腿部安装方式及接口尺寸；

（4）中间减速器与尾水平轴、尾斜轴的接口尺寸；

（5）中间减速器各监控元件（磁性屑末检测信号器、滑油温度传感器等）的接口要求和接线要求；

（6）中间减速器的其他接口：液压装置、电搭接等接口要求。

4.1.4 中间减速器发展趋势

随着直升机技术的发展,中间减速器要求具有长寿命(翻修间隔期 TBO 不小于 5 000 h,整机寿命大于 20 000 h),轻重量和高干运转能力(45 min 或更高)。为了实现先进的技术指标,中间减速器主要的技术发展趋势有以下几个方面。

1. 先进结构设计

中间减速器主要采用单元体结构、零件一体化结构等先进的结构设计以减轻重量,如齿轮辐板与齿轮轴的一体化设计,轴及轴承内圈一体化设计等。为了最大限度地优化齿轮结构,齿轮辐板采用渗碳结构。

2. 新材料、新工艺

材料技术的发展是中间减速器技术发展的重要方面,突出表现为齿轮(轴)、轴承材料向高纯化、表面超硬化、芯部强韧化、使用高温化的方向发展。

先进的表面处理技术可提高减速器易磨损部位的抗磨能力,如在与动密封唇口配合零件的工作面喷涂氧化铬,可以提高密封唇口的耐磨损能力。

3. 润滑设计

随着计算机技术的发展,基于计算流体动力学(computational fluid dynamics, CFD)方法开始被应用于减速器的飞溅润滑研究。将基于 CFD 的数值仿真技术用于飞溅润滑分析,开展气液两相流设计分析,可获得减速器内部的滑油分布云图及流线图,为飞溅润滑减速器储油结构设计提供指导。为提高中间减速器抗弹击能力,减轻重量,采用脂润滑设计也是今后的发展方向之一。

4. 干运转设计

中间减速器干运转设计包括耐高温材料的选择、储油构型设计、齿轮侧隙对干运转能力影响分析技术、轴承游隙对干运转能力影响分析技术等。

耐高温齿轮、轴承材料可显著提高齿轮、轴承的热硬性,在 250℃ 甚至 400℃ 下维持较高硬度,包括 X-53、M50NiL 等。

储油构型设计技术是通过对减速器各零件结构的优化设计,在减速器油池无油的情况下,尽可能增加减速器内的残余滑油和油气,维持齿轮、轴承的润滑,延长干运转时间。

齿轮副齿面间的油膜可降低齿面相对滑动造成的摩擦,当油膜破坏时,齿面极有可能发生胶合。齿轮侧隙对油膜厚度、储油等有较大的影响,国内已有学者针对齿轮侧隙的大小对减速器干运转能力的影响进行了研究。

通过研究轴承在无油环境下内部摩擦发热、轴承套圈与滚动体温度、轴承与相邻件的热量传递等之间的关系,可以分析和确认轴承在干运转的温度梯度下仍具有游隙,避免轴承卡滞或抱死。

4.2　中间减速器典型构型

4.2.1　钝角构型

钝角型中间减速器的典型结构如图 4.3 所示。由于内部空间限制,在中间减速器机匣内部布置轴承支座较为困难,因此中间减速器输入、输出齿轮大多数采用悬臂安装结构。这一构型的优点是结构紧凑,缺点是齿轮悬臂安装,轴承载荷大,易出现沿齿长的偏载。

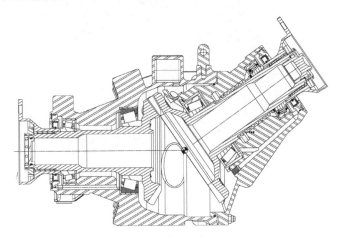

图 4.3　钝角型中间减速器

4.2.2　锐角构型

锐角型中间减速器的典型结构见图 4.4 所示。由于输入齿轮轴与输出齿轮轴错开,中间减速器机匣空间相对较大,齿轮轴往往采用简支安装结构。这一构型的优点是齿轮简支安装,受力条件好,缺点是机匣高度略有增加,可能影响重量,也增加了从动齿轮润滑油路的长度。

4.3　结构及零部件设计

4.3.1　中间减速器安装设计

中间减速器在直升机上的安装方式比较单一,一般都采用安装腿(或机匣凸缘)

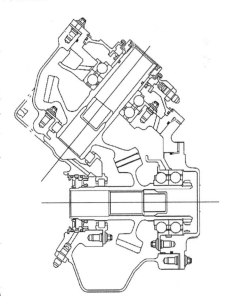

图 4.4　锐角型中间减速器

安装,用螺栓组件连接固定在机身上,如图 4.5,这样既能有效利用空间,又能保证安装刚度与强度,从而提高中间减速器的工作可靠性。中间减速器安装时应满足与主减速器尾传输出及尾减速器输入轴的同轴度要求。尽量不要在机匣安装腿下加有高度差的调整垫,避免安装后中间减速器机匣的安装应变过大。

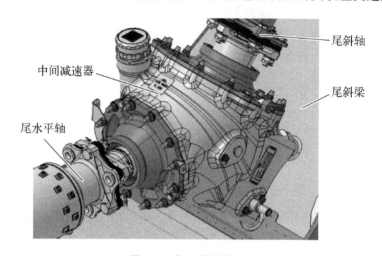

图 4.5   中间减速器安装

4.3.2   结构布局

中间减速器输入、输出齿轮轴的支点配置应考虑承载能力和结构布局的协调,其支承有两种方式:

(1)简支支承,这种支承的刚度较好,有利于锥齿轮啮合,但机匣的结构一般略显复杂,其轴承的典型配置方式是一个支点为无内圈滚棒轴承(带法兰边),另一支点为四点接触球轴承或双排球轴承(角接触球轴承和四点接触球轴承),见图4.4 所示[1];

(2)悬臂支承,这种支承结构比较紧凑、简单,但支承的刚度较差,轴承的常用配置方式如下:

(a)两支点均为圆锥滚子轴承,见图4.3,也有采用单个双列锥轴承的支承结构;

(b)一个支点为滚子轴承,另一个支点为一个角接触球轴承,见图4.6;

(c)一个支点为一深沟球轴承,另一支点为角接触球轴承,或双列角接触球轴承,见图4.7[1]。

S-64(CH-54)的中间减速器构型比较特殊,有三个齿轮,主动轮带动惰轮,惰轮带动从动轮。增设惰轮的目的是带动滑油泵,齿轮和轴承采用喷油润滑(图4.8)。

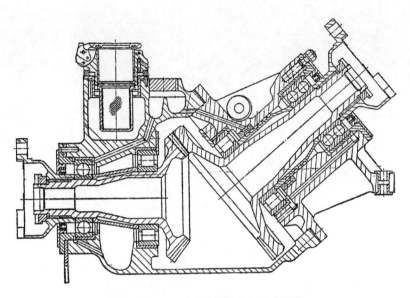

图 4.6　SA‑330"美洲豹"中间减速器

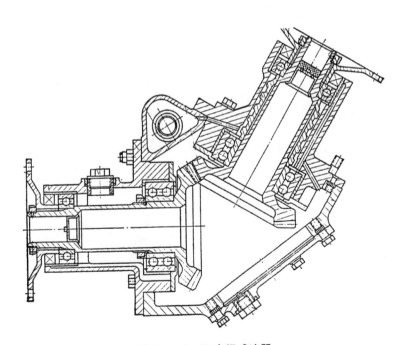

图 4.7　S‑58 中间减速器

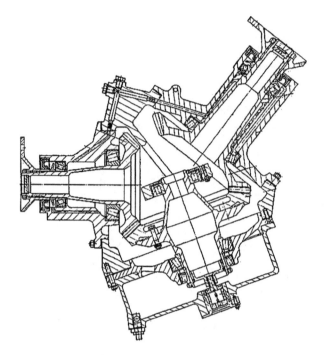

图 4.8　S‐64 中间减速器

4.3.3　零部件结构设计

1. 齿轮设计

中间减速器齿轮是中间减速器最关键的零件之一,中间减速器齿轮参数根据传动系统总体设计分配的传动比、传递功率与寿命等要求确定。参数匹配时应考虑主、从动轮的齿数没有公约数及承载能力基本接近等原则[2]。

1）传动比匹配

中间减速器传动比一般较小,为 1~1.4,中间减速器传动比有两种选择方式。一种是取为 1 左右,只起换向作用,这种中间减速器的输入、输出结构基本相同,尾斜轴转速与尾水平轴相当,处在较适宜的转速范围（中型直升机为 4 000~4 800 r/min,轻型直升机可达 6 000 r/min,重型直升机为 2 800~3 500 r/min）。尾斜轴的直径与尾水平轴的相近,且长度较短,因此其临界转速有一定的裕度,设计工作量也可以简化。另一种中间减速器的传动比在 1.2~1.4,这种速比范围的尾斜轴直径稍大,重量稍重,但可分担尾减速器速比,并可降低亚临界工作的尾斜轴最大工作转速,增大其与临界转速间的裕度。中间减速器传动比优化与主减速器尾传输出及尾减速器一同进行,尾传动链传动比优化的参数如下。

（1）设计变量:各级齿轮齿数、直径。

（2）约束条件:主减速器尾传动主动齿轮与尾桨轴间的总传动比、尾水平轴及尾斜轴转速限制、齿轮强度、主减速器尾传动单元、中间减速器、尾减速器外廓尺寸限制、齿轮圆周速度。

（3）优化目标：重量最轻、外廓尺寸/体积最小。

2）齿轮参数设计

中间减速器齿轮参数根据传动系统总体分配的传动比、传递功率与寿命等要求确定，参数匹配时应考虑主、从动轮的齿数没有公约数及承载能力基本接近等原则。为了提高轮齿的承载能力，可采用齿根倾斜修正技术优化轮齿参数[2]。根据齿轮作用力、强度、刚度和振动要求，确定齿轮轮缘和辐板方向、厚度。

中间减速器采用齿面数字化技术进行锥齿轮一体化设计与加工，利用热处理变形控制等技术，获得较优的齿形设计参数和齿面印痕，最大限度地提高齿轮的承载能力和可靠性。

3）齿轮精度

齿轮精度和齿轮啮合侧隙是中间减速器齿轮的主要设计参数。齿轮啮合侧隙设计时，要考虑机匣等构件的加工精度和变形等影响，还需考虑干运转条件下齿轮等构件温度升高对其的影响。

4）齿轮轴设计

中间减速器齿轮轮齿与轴一般采用一体化设计，齿轮轴通常设计为空心阶梯轴结构，并尽量减少齿轮轴的阶梯数和截面变化处的应力集中。轴端均应设计倒角，螺纹、花键及需磨削的轴肩端面处应留出越程槽或退刀槽。

齿轮轴装配轴承的轴颈部位应严格控制形位公差等级，一般取 4~5 级，如齿轮轴与轴承内环采用一体化结构，即齿轮轴颈作为轴承内跑道，形位公差要求更严，一般取 2~3 级。轴肩部位结构设计应避免弯曲应力过大，需进行强度及刚度校核。

中间减速器齿轮除校核齿面接触疲劳强度、齿根弯曲疲劳强度与齿面胶合承载能力外，还需用有限元法对齿轮轮缘、轮辐和轮体结构进行强度校核及动态特性分析[3]，保证轮体的结构强度和刚度，避免产生过大的振动应力，消除共振。

中间减速器齿轮材料主要有 9310、18CrNi4A/E、16Cr3NiWMoVNbE 与 X - 53 等。

2. 机匣设计

机匣是中间减速器的重要组成部分和主要承力部件，为中间减速器内部的齿轮、轴承等转动件提供支承，并将载荷传递到机身平台上。机匣设计时应综合考虑强度、刚度、重量和工艺性等要求[4]。

中间减速器机匣由主机匣及输入、输出机匣（端盖）组成，主机匣两端通过螺桩分别与输入、输出机匣（端盖）连接。主机匣上一般安装加油口盖、油面观察窗、滑油温度传感器和磁性屑末检测信号器等附件，底部兼作滑油池，为了便于检查中间减速器齿轮的印痕，一般设计有窥视孔。输入、输出机匣（端盖）为主、从动轮和

轴承提供支承,中间减速器机匣的设计主要包括:

(1)根据齿轮最大外径和支承形式,安装接口,输入、输出轴夹角,确定机匣主体结构和尺寸;

(2)根据机匣结构和轮廓尺寸、机匣材料、最大功率与强度、刚度要求,确定机匣的壁厚;

(3)根据机匣材料、接口、强度要求,确定轴承座、安装腿和加强筋的结构和尺寸。

(4)根据润滑量及附件的安装要求,确定机匣的油池、油路及附件的接口位置及结构。

中间减速器机匣的静强度、疲劳强度和刚度一般采用有限元分析,保证中间减速器机匣强度、寿命满足设计要求。

中间减速器机匣毛坯大多采用铸件,结构简单的也可采用棒料。一般选用材料密度低、强度高、铸造性好、易于加工、防腐性好的轻合金铸件。目前,国内中间减速器机匣应用相对成熟的铸造轻合金主要有 ZL114A、ZM6、WE43A 等铸造铝、镁合金[5]。

3. 法兰盘设计

中间减速器法兰盘通过螺栓与尾传动轴轴端的联轴器连接,通过花键与齿轮轴连接,传递功率,见图 4.9。花键两侧一般通过(两段)圆柱面与齿轮轴配合,实现径向定心。根据中间减速器齿轮轴与尾传动轴的连接方式,中间减速器法兰盘的安装有以下两种形式:

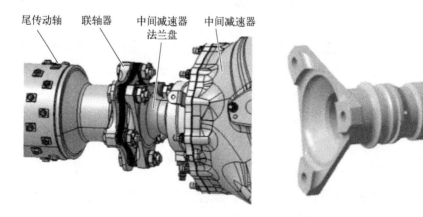

尾传动轴   联轴器   中间减速器   中间减速器
                        法兰盘

图 4.9   法兰盘结构图

(1)法兰通过螺母固定在齿轮轴上,花键为固定花键,该结构不允许尾传动轴沿轴向自由窜动,例如超黄蜂中间减速器的输入法兰盘与尾水平轴的连接,见图 4.3;

(2)法兰径向定位在齿轮轴上,但与齿轮轴间无轴向约束,花键为滑动花键,尾传动轴可以沿轴向自由窜动,如 AC352 中间减速器输入法兰盘与尾水平轴的连接,见图 4.9。

法兰盘设计时需明确与法兰盘相关的接口参数和设计载荷,具体来说,接口参数包括与传动轴连接部分的螺栓孔分布圆直径、螺栓孔数量及螺栓孔直径;与齿轮轴相配花键处的轴径;存在法兰盘轴颈与动密封配合的情况下,还需考虑与密封配合处的轴径和花键尺寸。设计载荷包括需要传递的扭矩及承受的载荷,一般来说中间减速器输入、输出法兰盘只承受扭矩。法兰盘设计时要对花键挤压、剪切强度进行计算分析,并采用有限元法进行强度、刚度分析,确保法兰盘强度寿命满足设计要求。

中间减速器法兰盘的润滑方式有脂润滑和油润滑两种,在中间减速器结构允许的前提下应尽量采用油润滑方式,以便于通过磁性屑末检测信号器监控花键副处的早期剥落故障。

中间减速器法兰盘的选材主要有合金调质钢 35Cr2Ni4MoA、不锈钢 15 − 5PH[6]、钛合金 TC4 等,为了提高防腐能力,目前法兰盘多选用不锈钢和钛合金材料。

4.4 润 滑 与 密 封

4.4.1 润滑类型

中间减速器润滑分为飞溅润滑、压力润滑与脂润滑三种方式。中间减速器一般采用飞溅润滑,利用浸在滑油中的部分轮齿,将滑油甩至齿轮、轴承及油路,润滑齿轮、轴承和花键。中间减速器的散热途径为机匣,当中间减速器发热量较大,散热条件较差时,可采用独立的润滑系统。为了提高抗弹击能力,也可采用脂润滑方式。

4.4.2 飞溅润滑

中间减速器采用飞溅润滑时,油面的高度应至少能保证齿轮的部分轮齿浸在滑油中。由于中间减速器输出轴承和花键的位置较高,单靠齿轮的甩油很难保证润滑。一般要在机匣上设置油兜和内部管路,将油引导到需要润滑的轴承和花键处,必要时还需设置导油结构,导油结构可分为如下两种。

(1)螺旋导油管:设置在输出轴上,使滑油输送到位置较高的轴承处,见图 4.10。

(2)引油锥:考虑到从动轮的输出端花键位置较高,在从动轮内设计引油锥。当锥体旋转时,离心力沿锥体表面的分力使附着在锥面上的滑油向上流动,进入油腔以润滑花键,见图 4.11。

由于中间减速器处在尾梁整流罩内温度较高的部位,采用飞溅润滑的中间减速器没有独立的散热冷却系统,需要分析中间减速器周围的空气流和发动机排气流对中间减速器温度的影响,进行中间减速器的散热能力分析评估。根据中间减速器散热表面积大小评估其散热能力,确保齿轮、轴承等部位产生的热量能够通过中间减速器机匣表面与外部环境进行热交换,从而达到热平衡的状态,使得中间减速器机匣油池内的滑油温度处在合理的范围内。当中间减速器散热能力不足时,可考虑在机匣或端盖上增加散热片,提高中间减速器的散热能力。必要时可在中间减速器输入或输出轴上设置一个风扇,见图 4.12。

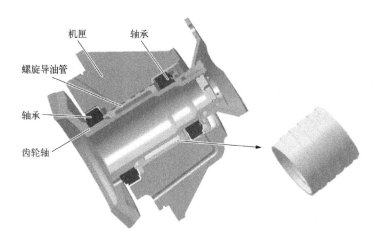

图 4.10 螺旋导油管结构图

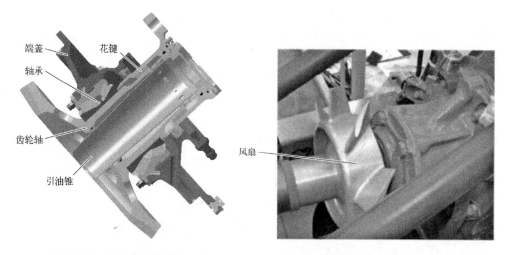

图 4.11 引油锥结构图   图 4.12 风扇

飞溅润滑设计过程中,需考虑在机匣、端盖等壳体零件上设计油兜、油路或储油管,并考虑干运转的设计要求,在丧失滑油的情况下,利用油兜、油路中残余的滑油或油雾继续对齿轮、轴承进行润滑,以延长干运转时间。

4.4.3 压力润滑

当中间减速器传递功率大、发热量较大、散热条件较差时,则需采用压力喷油润滑方式,该润滑形式需设置独立的润滑系统。在减速器内部设置一个滑油泵,将压力油输送至各润滑油路,然后在各喷点位置设置喷油嘴润滑齿轮和轴承,并通过外部冷却系统(散热器)或轴流风扇等对润滑油进行冷却,以达到循环使用的目的[7],如米-6、贝尔214、XC-142A。

贝尔214中间减速器采用压力润滑方式,中间减速器装有滑油泵,有独立的润滑系统(图4.13),通过从动锥齿轮内的连接轴带动滑油泵,用压力油润滑齿轮和轴承。这种方式的润滑效果好,但结构复杂,增大了质量,通常在重型直升机传动系统中间减速器上应用较多。中间减速器压力润滑设计内容和方法与主减速器润滑系统设计相同,详见3.5.2节。

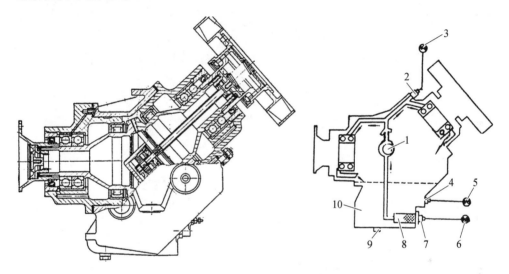

图 4.13 贝尔 214 中间减速器润滑系统原理图

1. 转子泵;2. 压力开关;3. 低压报警灯;4. 温度开关;5. 高压报警灯;6. 磁性屑末报警灯;7. 磁性屑末检测器;8. 吸油滤;9. 油塞;10. 滑油池

4.4.4 脂润滑

直升机的抗弹击性能对于提高飞行员的安全性有着关键性作用。采用飞溅润滑或压力喷油润滑方式的中间减速器,当油池或油箱被击中导致滑油丧失时,减速器的润滑功能将失效,各转动部件将处于贫油润滑乃至干运转状态,摩擦加剧导致温度急剧升高,进而导致零部件胶合、破损,最终可能危及直升机的安全。

为了寻求更高的减速器生存力,国外 A129、AH-64"阿帕奇"等直升机的中间减速器采用了脂润滑方式。A129 直升机中间减速器采用 SYN Fech NS-44 05-FG 绵羊脂作为润滑介质。为了方便外场进行动密封拆卸和更换,将输入/输出密封直接安装在端盖中,拆卸时可利用工装将动密封取下。考虑到该减速器的润滑方式为脂润滑,相比飞溅润滑,其散热能力较差,特配装 4 个温度传感器分别监控 4

个轴承温度,并布置注脂孔以利于加脂维护。

脂润滑中间减速器的密封和泄漏问题容易解决,干运转能力和抗弹击能力强。但是其机匣设计较为复杂,为了保证在意外情况下润滑脂不会漏光,需要分为几个腔。脂润滑时,中间减速器齿轮、轴承的磨损、故障情况不能用磁性屑末检测器监控,需要采用温度传感器和振动传感器进行监控。设计中还需注意:

(1)采用适当的润滑脂,如 SYN Fech NS‐44 05‐FG 绵羊脂采用酯基锂皂稠化剂,具备高压稳定和耐高温性能,其工作环境温度为‐47~135℃;

(2)设置能引导润滑脂进入齿轮啮合部位的导流板和能保存润滑脂的挡板、罩等;

(3)在机匣底部设置较小的润滑脂收集池,确保轮齿能将其搅起,带至齿轮啮合处;

(4)在可能的情况下采用自润滑轴承。

另外,由于齿轮、轴承散热条件差,脂润滑中间减速器的散热设计也是关键和难点之一。

4.5 密封设计

中间减速器的密封采用如下方式:

(1)转动件间一般采用唇形密封,也可采用石墨机械密封或磁性密封;

(2)静止的结合面通常采用 O 形圈密封;

(3)机匣壳体接缝处涂以密封胶。

此外,为防雨水、灰尘,需采用带防尘盖的皮碗或波纹胶套。

4.6 设计实例

本节以某中间减速器设计为例,简单介绍中间减速器的设计内容及流程,具体设计过程如下。

4.6.1 设计要求

根据传动系统总体设计要求,中间减速器主要设计要求如下。

(1)中间减速器输入转速:3 381.8 r/min。

(2)中间减速器输出转速:2 516.6 r/min。

(3)尾桨最大功率:850 kW。

(4)轴夹角:128°。

(5)中间减速器寿命:9 000 h。

(6)翻修间隔期(TBO):3 000 h。

（7）干运转时间：不少于 30 min。

4.6.2　构型设计

根据直升机总体分配的轴夹角要求,若采用锐角构型将使得中间减速器输出轴承位置较高,给润滑设计带来了困难。另外,根据直升机总体设计要求,尾桨布置在直升机的左侧(顺航向看),考虑到配套尾减速器的构型设计需求,中间减速器宜采用钝角构型设计,见图 4.14。根据与主机协调的安装方式,中间减速器通过中间减速器机匣的 4 个安装腿固定在直升机尾梁上,中间减速器输入/输出端分别通过法兰盘与尾水平轴、尾斜轴连接。

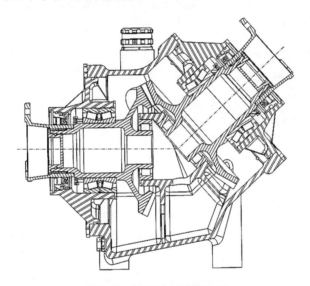

图 4.14　中间减速器结构图

4.6.3　结构布局

中间减速器主要由输入/输出齿轮、输入/输出法兰盘、机匣、输入/输出端盖组件等零部件组成。在机匣上安装滑油温度传感器、加油口盖、油面观察窗与磁性屑末检测信号器等。

根据中间减速器结构布局,中间减速器输入、输出齿轮均为简支安装形式:中间减速器主动轮靠锥顶支点为无内圈滚子轴承,远离锥顶支点为双列锥轴承;中间减速器从动轮靠锥顶支点为无内圈滚子轴承,远离锥顶支点为双列锥轴承。

4.6.4　主要零部件结构设计

1. 齿轮设计

根据传动系统总体分配的中间减速器速比要求,考虑齿轮齿数没有公约数,主、从动轮的承载能力基本接近,中间减速器的外形尺寸和质量尽量最小等因素,将中间减速器的齿数确定为 32/43。考虑到齿轮的承载能力,确定齿轮模数为 6.25 mm,齿宽 41 mm,压力角 22°30′,中点螺旋角 32°。同时为了最大限度地提高轮齿的承载能力,设计时采用了齿根倾斜修正技术优化轮齿参数,采用齿面数字化技术进行锥齿轮一体化设计与加工,并采用热处理变形控制技术,以获得最优的齿形设计参数和齿面印痕。

根据中间减速器传递的功率要求,采用格里森软件校核螺旋锥齿轮强度,满足设计要求,结果见表 4.1。

表 4.1　中间减速器齿轮强度计算结果

格里森螺旋锥齿轮强度	计算值	
	主动轮	从动轮
齿根弯曲强度安全系数	1.15	1.15
齿面接触强度安全系数	1.13	1.13
温升/℃	87	87

主机匣

输出端盖

输入端盖

图 4.15　中间减速器机匣与端盖

2. 机匣设计

中间减速器机匣由主机匣、输入端盖、输出端盖三部分组成,见图 4.15,考虑海洋环境下的"三防"要求,为了提高其防腐性,中间减速器机匣、端盖选用铸造铝合金材料 ZL114A。主要结构设计如下:

(1)机匣按内部的齿轮、轴、轴承、端盖的外廓结构进行包容设计,机匣内壁与齿轮间保持合理的间隙;机匣的外形呈圆柱、圆锥体的相贯形,综合考虑了传力方向合理、刚度和强度满足要求、重量较轻的要求;

(2)主机匣安装腿按圆筒式结构设计,有利于减小腿部应力集中和防积水,安装腿尺寸按总体安装尺寸参数要求与强度计算结果确定;

(3)输入、输出端盖根据与机匣安装配合要求、轴承安装要求和润滑需求等进行结构设计,既要满足结构强度、刚度要求,又要进行减重设计,使其重量尽量轻。

3. 法兰盘设计

中间减速器输入、输出法兰盘分别与输入、输出固定连接,渐开线花键传递扭矩。安装法兰边采用三角形结构,通过均布的 3 个螺栓孔,经螺栓、螺母、垫片等分别与尾水平轴轴端及尾斜轴轴端的联轴器连接。为提高法兰盘防腐能力,中间减速器法兰盘采用 15 – 5PH 不锈钢材料。

4.6.5 润滑设计

中间减速器采用飞溅润滑,通过齿轮飞溅起来的滑油由输入、输出端盖上设置的油兜收集,并通过相应的油路进入输入、输出轴承位置进行润滑。

参考文献

[1] 航空工业部第六〇八研究所二室.减速器图册[M].北京:国防工业出版社,1983.

[2] 徐灏,邱宣怀,蔡春源,等.机械设计手册第 1 卷[M].北京:机械工业出版社,1991.

[3] 章永锋,高向群,曹正康,等.航空发动机设计手册第 13 册 减速器[M].北京:航空工业出版社,2001.

[4] 徐灏,邱宣怀,蔡春源,等.机械设计手册第 1 卷[M].北京:机械工业出版社,1991.

[5] 《中国航空材料手册》编辑委员会.中国航空材料手册第 3 卷 铝合金 镁合金[M].北京:中国标准出版社,2002.

[6] 《中国航空材料手册》编辑委员会.中国航空材料手册第 1 卷 结构钢 不锈钢[M].北京:中国标准出版社,2002.

[7] 黄志坚.润滑技术及应用[M].北京:化学工业出版社,2015.

第5章
尾减速器设计

5.1 概　　述

尾减速器安装在垂尾上端的平台上,将尾传动轴的功率传递给尾桨,并为尾桨桨距操纵机构提供安装接口,传递尾桨的载荷。

尾减速器一般分为输入齿轮组件、输出齿轮组件、机匣组件与桨距操纵杆组件,主要由齿轮、机匣、尾桨轴、尾桨桨距操纵构件、轴承、法兰、密封和监控元件等组成。输入端通过输入法兰盘与尾斜轴或尾水平轴相连,输出端与尾桨相连。监控元件主要包括磁性屑末检测信号器、滑油温度传感器等。

5.1.1　尾减速器功能

尾减速器一般采用一对螺旋锥齿轮传动,输入法兰盘将尾传动轴的功率传递给输入齿轮,螺旋锥齿轮副实现减速和换向的功能,尾桨轴将尾减速器功率传递给尾桨。尾减速器承受和传递尾桨的气动力,并为尾桨操纵机构提供支承。

5.1.2　尾减速器分类

按所配尾桨的不同,尾减速器可分为普通尾减速器和涵道尾桨式尾减速器。多数直升机采用普通尾减速器(图 5.1),如"山猫"与 SA – 321"超黄蜂"等直升机尾减速器;涵道尾桨式尾减速器装在涵道内,传动比小,尾桨轴较短,重量较轻,但消耗功率所占比例较大,如图 5.2 所示为 SA – 365"海豚"尾减速器。

按尾桨桨距操纵(航向操纵)的结构,尾减速器可分为内操纵尾桨尾减速器(图 5.3)和外操纵尾桨尾减速器(图 5.4)。从尾助力器到操纵叉形件、变距杆的尾桨桨距操纵(航向操纵)系统都安装在尾减速器上。根据构件位置的不同,尾桨的操纵系统有内操纵和外操纵两类。内、外操纵的助力器都处于尾减速器后部的中间位置,内操纵尾桨的操纵构件(如随尾桨轴旋转的桨距操纵杆、不转动的助力器连接杆、调心轴承等连接件)位于尾桨轴内;外操纵尾桨的操纵构件位于尾减速器机匣以外,有的轻型直升机不用尾助力器,由飞行员直接蹬舵操纵尾桨,此时多采用外操纵系统。

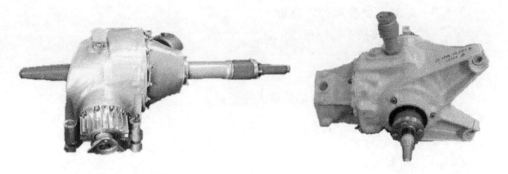

图 5.1 SA - 321"超黄蜂"尾减速器外形   **图 5.2 SA - 365"海豚"尾减速器外形**

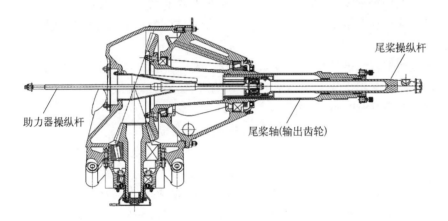

尾桨操纵杆

助力器操纵杆

尾桨轴(输出齿轮)

图 5.3 内操纵尾减速器

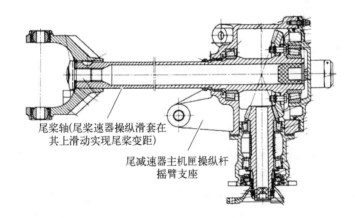

尾桨轴(尾桨速器操纵滑套在
其上滑动实现尾桨变距)

尾减速器主机匣操纵杆
摇臂支座

图 5.4 外操纵尾减速器

按通常的界面分工,内操纵尾桨的操纵构件由传动系统负责,外操纵尾桨的操纵构件由主机负责,但在尾减速器上应提供操纵构件的安装接口。

5.1.3 尾减速器主要技术指标

尾减速器的主要技术指标包括：

（1）输入转速和转向；

（2）输出转速和转向；

（3）尾桨功率谱及载荷谱，尾桨最大扭矩；

（4）使用寿命；

（5）翻修间隔期；

（6）干运转要求；

（7）重量；

（8）使用环境要求和"三防"（防湿热、防霉菌和防盐雾）要求；

（9）通用质量特性要求（安全性、可靠性、维修性、保障性、测试性、环境适应性）。

尾减速器接口的主要技术指标由直升机或传动系统总体提出，主要包括：

（1）在直升机上尾减速器中心坐标（输入、输出轴交点）；

（2）输入、输出轴的轴夹角；

（3）安装平台节点参数、安装腿部安装方式及接口尺寸；

（4）尾减速器输入端与尾斜轴/水平轴的接口尺寸及安装调整要求；

（5）尾减速器输出端与尾桨毂/尾桨的接口尺寸；

（6）尾减速器与助力器和直升机主机负责桨距操纵构件的接口；

（7）各监控元件（磁性屑末检测信号器、滑油温度传感器等）的接口要求和接线要求；

（8）尾减速器的其他接口，如防除冰装置、电搭接等要求。

5.1.4 尾减速器发展趋势

为了满足先进直升机的发展需求，尾减速器的技术发展趋势主要分为以下几个方面。

1. 新构型

目前，常规构型的尾减速器设计技术已基本成熟。随着直升机技术的发展，直升机总体构型呈多元化发展，尾减速器构型也朝着高安全性、大功率及电气智能化等多元方向发展。例如：为了满足共轴高速直升机的需求，尾减速器采用带星形传动的尾推减构型；为了满足轻小型直升机的电气智能化设计需求，则采用高功率密度、高转矩密度的驱动电机系统代替传统的齿轮减速器，不需要尾传动轴部件。

2. 先进结构零部件

为了实现高功重比的目标，尾减速器大量采用一体化技术以减轻重量，零件一体化结构从齿轮辐板与齿轮轴的一体化设计、轴及轴承内圈一体化设计发展到尾桨轴与桨毂一体化设计。有些直升机甚至采用铝合金桨距操纵杆设计,相对不锈钢构件减轻了重量。

3. 新材料、新工艺

随着对尾减速器在寿命、可靠性和质量方面的要求不断提高,齿轮(轴)、轴承材料向材料高纯化、表面超硬化、芯部强韧化和使用高温化的方向发展。陶瓷材料也开始在轴承滚动体上应用,以提高轴承的性能;高强度镁合金在尾减速器机匣上已开展工程化应用,明显提高了机匣的强度;国外先进传动系统已将复合材料应用到承力机匣,不仅可以有效减重,还可以提高机匣的耐腐蚀性。

喷涂氧化铬、喷涂碳化钨等新的表面处理技术可提高减速器易磨损部位的抗磨能力,如尾桨轴与轴承的配合面采用喷涂碳化钨技术,实现尾减速器的高 TBO 要求。

润滑和干运转设计的发展趋势与中间减速器基本相同。

5.2　尾减速器典型构型

5.2.1　单级齿轮啮合传动构型

根据传动系统总体分配的速比,当速比小于 3 时,大部分直升机的尾减速器采用单级齿轮啮合传动构型,如 SA - 330"美洲豹"尾减速器[1](图 5.5),该构型结构简单,主要通过一对螺旋锥齿轮传动。

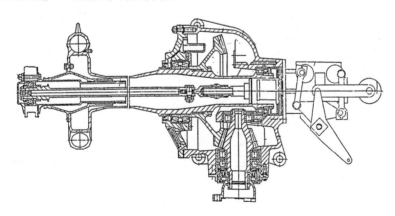

图 5.5　单级齿轮传动构型尾减速器

5.2.2　两级齿轮啮合传动构型

当速比超过 3 时,如采用单级传动将造成尾减速器输出齿轮过大,可考虑采用双级齿轮传动构型,如米 - 26 的尾减速器,采用锥齿轮换向和行星轮两级传动。两级齿轮传动构型尾减速器传动链简图见图 5.6。

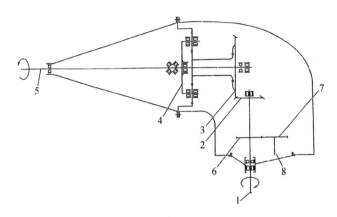

图 5.6   两级齿轮传动构型尾减速器传动链简图

1. 尾减速器输入轴;2. 尾减速器主动锥齿轮;3. 尾减速器从动锥齿轮;4. 行星
轮系;5. 尾桨轴;6. 油泵驱动主动齿轮;7. 油泵驱动从动齿轮;8. 油泵接口

5.3   结构及零部件设计

5.3.1   尾减速器安装设计

尾减速器在直升机上的安装方式比较单一,一般都采用安装腿(或机匣凸缘)安装于垂尾顶部传动平台的承力框架上,用螺栓连接固定,如图 5.7,这样能有效利用空间。无中间减速器的直升机及涵道尾桨直升机(如 AS‐350"松鼠"、SA‐365N1"海豚")的尾减速器安装于尾梁后端。尾减速器作为传动链的一个端点,在传动系统机上安装时,应首先确定其安装位置;在尾减速器安装设计时需要重点考虑尾减速器的安装、定位设计。

尾减速器的安装状态有两种:

1) 水平安装

多数直升机尾减速器的安装面(垂尾上端面)与尾桨轴线平行,如尾桨轴线与机体的 XOY 平面平行,则尾减速器安装面与 XOY 平面平行。这种机匣构型工艺性好,但是由于机匣的腹部呈锥形,会有一对安装腿较长,增大了腿根部的应力水平。

2) 倾斜安装

有些直升机的尾减速器是倾斜安装的,尾减速器的安装面相对于 XOY 平面是倾斜的,尾桨轴与尾减速器安装面也不平行,而是呈一定的夹角,其四条安装腿的结构匀称,长度较短小,大大改善了受力状况。

尾减速器机匣安装部位的设计应满足静强度和疲劳强度的要求。根据 GJB 720A—2010《军用直升机强度和刚度规范》的规定,传动系统静强度与疲劳强度计算时,应考虑尾减速器的主要受载情况及全机载荷计算结果,选取其中受力较大的几种状态。尾减速器承受的载荷有尾传动轴传递的扭矩、尾桨轴扭矩、尾减速器惯性力、尾桨惯性力、尾桨气动载荷及尾桨变矩操纵机构的操纵力。应根据尾减速器在前后安装螺栓连接处的受力形式,通过有限元分析,校核其静强度和疲劳强度。

另外,根据直升机总体有无中间减速器的布局设计,其尾减速器的安装方式也不尽相同。

1) 有中间减速器直升机的尾减速器安装设计

有中间减速器的直升机,其尾减速器的安装应考虑与中间减速器之间传动轴连接的可靠性并应降低自身的振动水平,其安装面应设计有小的传动平台;利用尾减速器机匣上的安装凸耳通过螺栓组件将尾减速器连接固定在传动平台上,其机匣安装部位和螺栓组件的设计与中间减速器相同。

图 5.7 有中间减速器直升机的尾减速器安装

2) 无中间减速器直升机的尾减速器安装设计

无中间减速器直升机的尾减速器安装于尾梁后端,普通尾桨尾减速器有两种安装方式:

(1) 尾桨后端设计尾减速器传动平台及相应的承力框,用以支承尾减速器;

(2) 尾减速器直接"跨骑"在尾梁上。

如无中间减速器直升机的尾减速器安装设计时,根据尾梁的特点,尾减速器的安装面设计成前端凸缘与后安装面两部分。前端与尾梁上的支架以螺栓组件连接坚固,后安装面与尾梁锥面相配合(图 5.8),通过机匣上的凸耳用两个螺栓组件与尾梁相连,从而起到安装紧固作用。

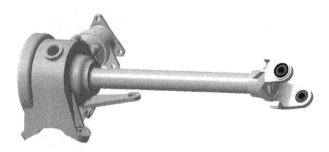

图 5.8 无中间减速器直升机的尾减速器安装

5.3.2 结构布局

1. 总体布局

尾减速器一般采用一对螺旋锥齿轮传动,其输入轴与尾传动轴相连,输出齿轮轴一般即为尾桨轴。但也有的尾桨轴设计为独立的单元体,类似于主减速器的旋翼轴组件,如 BO－105。这样的好处是安装维护方便,可以故障隔离,但提高了结构的复杂程度,一般不采用。

尾减速器锥齿轮多为 90°轴夹角,也可根据气动设计和尾桨布局需要确定,如尾减速器轴夹角也可以为钝角,其尾桨轴线与机体坐标系的 XOY 平面通常不是平行的。

尾减速器齿轮轴夹角取决于尾桨轴与尾斜轴的夹角,是重要的传动系统总体参数。

根据直升机的气动设计,尾桨轴线沿机体坐标系的 Y 轴方向或倾斜一定角度,根据主旋翼的旋转方向的不同和推力桨或拉力桨的设计,朝向机身的左侧或右侧。

由于传动布局和转向的不同,尾减速器大齿轮相对于小齿轮的布置有位于靠近尾桨一侧和远离尾桨一侧两类。前者,如 S－64、SA－321"超黄蜂"尾减速器结构较紧凑,米-8、贝尔 214 尾减速器支承刚度较大,但因增加了轴承座机匣,制造难度相对较大;后者,如 SA－365"海豚"(图 5.12)尾减速器一般采用简支安装,齿轮和尾桨轴的受力状况好。

2. 尾减速器输入齿轮的支承方式

尾减速器输入齿轮轴的轴承只承受齿轮啮合力带来的作用力,有两种支承方式。

1)简支安装

简支安装,如贝尔 214、A109、A129,这种支承的刚度较好,有利于锥齿轮啮合,但机匣的结构一般略显复杂,其轴承的典型配置方式如下。

(1)一个支点为无内圈圆柱滚子轴承,另一支点为两个球轴承(角接触球轴承和四点接触球轴承),如 A109、贝尔 214(图 5.9)。

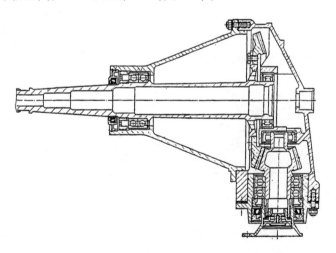

图 5.9　贝尔 214 尾减速器小齿轮支承结构

(2)一个支点为滚子轴承,另一支点为一个滚子轴承和一个四点接触球轴承,如 SA－330"美洲豹"(图 5.5)、米-8。

（3）一个支点为滚子轴承，另一支点为背靠背安装的两个圆锥滚子轴承，如S-64（图5.10）。两个轴承中，一个用于承力，另一个主要用于轴向约束，同时承担一部分径向力。因此，根据小齿轮轴的支点载荷，两个轴承按不同的尺寸设计。

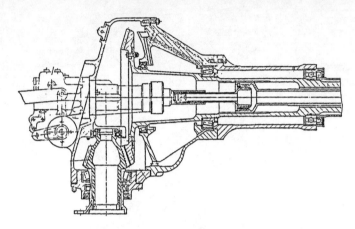

图5.10　S-64尾减速器

（4）一个支点为一深沟球轴承，另一支点为角接触球轴承，或双列球轴承。

（5）两个支点均为圆锥滚子轴承，面对面安装，如"山猫"尾减速器（图5.11）。

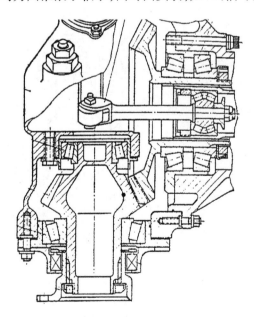

图5.11　"山猫"尾减速器

2）悬臂支承

这种支承结构比较紧凑、简单，应用比较普遍。但与简支相比支承刚度较差，轴承的配置多采用两支点均为圆锥滚子轴承,背靠背安装的方式,如 SA - 321"超黄蜂"、SA - 365"海豚"(图 5.12)、AS - 350"松鼠"、BO - 105 尾减速器(图 5.13)。

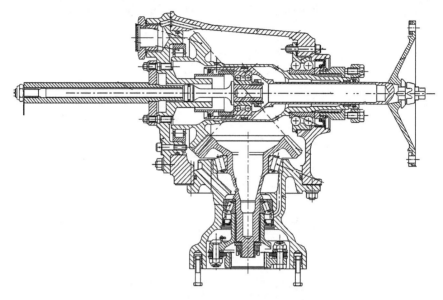

图 5.12　SA - 365"海豚"尾减速器

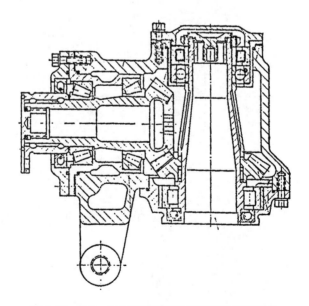

图 5.13　BO - 105 尾减速器输出轴轴承支承结构

采用圆锥滚子轴承支承时,需严格控制轴承的轴向间隙,尾减速器大齿轮的支承应保证一定的过盈,避免因齿轮的轴向窜动影响啮合。

3. 尾减速器输出齿轮及尾桨轴的支承

除齿轮啮合力外,尾减速器输出齿轮轴/尾桨轴的轴承还要承受尾桨气动载荷带来的作用力,也有两种支承方式:

1) 简支安装

简支安装轴承的典型配置方式如下。

(1) 一个支点为滚子轴承,另一支点为两个球轴承。两个球轴承可采用成对安装、背靠背的角接触球轴承,如 SA‐365"海豚"、A129、米‐8 尾减速器;或成对安装、面对面的角接触球轴承,如贝尔 214 尾减速器;或一个角接触球轴承和一个四点接触球轴承,两个轴承中,一个用于承力,另一个主要用于轴向约束和承担一部分径向力。角接触球轴承一般位于尾减速器后部的端盖或机匣上,也可位于靠近尾桨的机匣前端颈部(如贝尔 214),根据轴承作用力状况、机匣的结构及装配关系确定。例如,SA‐365"海豚"为涵道尾桨尾减速器,机匣呈圆柱形,根据装配程序,角接触球轴承需要设置在靠近尾桨的机匣前部(图 5.12)。

(2) 一个支点为滚子轴承,另一支点为一个滚子轴承和一个四点接触球轴承,如 BO‐105(图 5.13)、米‐6 尾减速器。

(3) 一个支点为滚子轴承,另一支点为面对面或背靠背安装的两个圆锥滚子轴承,如 SA‐330"美洲豹"尾减速器(图 5.5)。SA‐330"美洲豹"尾桨轴与尾桨毂为一体化设计,考虑到装配需要,圆锥滚子轴承只能位于尾减速器前部靠尾桨处。

(4) 两个支点均为圆锥滚子轴承,面对面安装,如 AS‐350"松鼠"尾减速器(图 5.4)。

2) 悬臂支承

悬臂安装轴承的典型配置方式如下:

(1) 一个支点为滚子轴承,另一支点为两个球轴承(两个成对安装、背靠背或面对面安装的角接触球轴承,如贝尔 204 尾减速器,或一个角接触球轴承和一个四点接触球轴承)。

双排球轴承的设计参数根据对齿轮轴向力、径向力的计算结果和轴承承载能力与寿命的计算结果确定。在承载能力许可的情况下,也可采用一个四点接球轴承。

(2) 两支点均为圆锥滚子轴承,背靠背布置,如 S‐58、S‐64、"山猫"、SA‐321"超黄蜂"尾减速器。为保证齿轮的相对轴向位置和印痕,轴承应采用过盈配合。

应尽可能采用带安装边的轴承,既可以解决外圈转动问题,避免工作温度下的热膨胀对轴承工作游隙状态的影响,还可以减少轴承衬套,减轻重量。

5.3.3　零部件结构设计

1. 齿轮设计

尾减速器齿轮是尾减速器最关键的零件之一,尾减速器齿轮参数根据传动系统总体设计分配的传动比、传递功率与寿命等要求确定。参数匹配时应考虑主、从动轮的齿数没有公约数及承载能力基本接近等原则[2]。

1）传动比匹配

尾减速器的传动比选择与下列因素有关：

（1）尾传动轴、中间减速器的设计转速。为保证结构优化和具有良好的强度、刚度、重量、临界转速匹配，对于中型直升机，尾水平轴、尾斜轴的转速应在4 000～5 000 r/min。不同传动系统尾传动轴的动力学设计不同，最佳的转速也有差异。受尾斜轴转速限制，中间减速器的传动比一般取为1左右，或在1.2～1.4，这样就限制了尾减速器速比的选择范围。

（2）尾减速器的传动比限制。尾减速器的传动比不能过大，否则尾桨直径将大大增加，导致重量过重。一般来说，尾减速器的传动比应在3.5以内。

因此，需要在综合考虑整个尾传动链的重量、强度、传动轴临界转速的基础上，综合优化，分配主减速器尾输出、中间减速器和尾减速器的传动比。确定传动比时需注意齿轮齿数最好没有公约数，以改善齿轮啮合的工作条件。

2）齿轮参数设计

尾减速器齿轮参数根据传动系统总体分配的传动比、传递功率与寿命等要求确定，参数匹配时应考虑主、从动轮的齿数没有公约数及承载能力基本接近等原则。为了提高轮齿的承载能力，可采用齿根倾斜修正技术优化轮齿参数[3]。根据齿轮作用力、强度、刚度和振动要求，确定齿轮轮缘和辐板方向、厚度。

尾减速器齿轮一般采用螺旋锥齿轮，齿形按格里森制。齿轮啮合侧隙设计时，要考虑机匣等构件的加工精度和变形等影响，还需考虑干运转条件下齿轮等构件温度升高对其影响。齿轮的齿形面采用数字化设计与制造，通过三坐标仪检验齿面参数，并进行啮合印痕检查。

3）齿轮轴设计

尾减速器的锥齿轮传动比较大，小锥齿轮直径较小，为使结构紧凑，提高可靠性，一般尾减速器小齿轮与轴设计为一体；大齿轮可通过电子束焊接与尾桨轴加工成一体，以简化结构、提高可靠性，也可以采用组合结构，结构允许时也可以直接加工成一体。

4）齿轮强度校核

尾减速器齿轮除校核齿面接触疲劳强度、齿根弯曲疲劳强度与齿面胶合承载能力外，还需采用有限元法对齿轮轮缘、轮辐和轮体结构进行强度校核及动态特性分析[4]，保证轮体的结构强度和刚度，避免产生过大的振动应力，消除共振。

齿轮材料主要有9310、18CrNi4A/E[5]、16Cr3NiWMoVNbE与X-53等。

2. 机匣设计

尾减速器机匣是尾减速器的重要组成部件和主要承力部件，为尾减速器内部的齿轮、轴承、尾桨轴和助力器等提供支承,还为其他连接件、密封件、成附件等提供安装接口,并提供内部润滑油路、喷油嘴安装接口和存油空间等。尾减速器机匣由主机匣及输入机匣(端盖)、输出机匣(端盖)组成,主机匣两端通过螺桩分别与输入、输出机匣(端盖)连接。尾减速器机匣的静强度、疲劳强度和刚度一般采用有限元分析,保证尾减速器机匣强度与寿命满足设计要求,其设计要点如下。

1) 轴承安装部位的结构

轴承外环一般不应直接安装在镁合金机匣上,可采用薄壁衬套压入机匣中,作为轴承的支承。在设计时,应恰当选择衬套与机匣孔的配合性质,保证在最高的工作温度下,衬套与机匣间不松动。为了保证各轴承配合表面的相互位置精度,机匣与衬套孔需组合加工。

2) 机匣接合面

机匣与其他零件的安装面应设计成法兰边接合面结构,通常用双头螺柱作为紧固件,将双头螺柱安装在机匣结合面上。为便于安装时的准确定位,各机匣零件之间在结构允许的位置采用圆柱销定位表面或用专用销钉定位表面。为了便于分解减速器,在机匣的安装结合面上应设计有顶丝垫,将拆卸工装螺杆拧入即可将其他部件从机匣上分解下来。

3) 机匣的加强

(1) 为提高连接处的强度,在安装双头螺柱、顶丝垫、销钉等法兰边部位局部加厚;

(2) 一般应根据机匣承受的作用力的方向、性质和传递形式,在机匣内设置加强筋板;加强筋板应设计成向其根部逐渐加厚的形状,以便承受弯矩;应尽量避免平直的肋板,平直的肋板不利于承受弯矩,且受压时不稳定;滑油油路不能设计在结构受到严格限制的肋板上;

(3) 承受较大径向载荷的轴承座不应超过承力肋板或机匣隔板的范围而呈悬臂状;该肋板、隔板最好通过轴承支承面中心。

4) 工艺性

尾减速器机匣的设计需符合铸造工艺要求,例如,铸造斜度要从金属重量集中的地方逐渐向较薄的截面过渡。两壁面的夹角不宜过小,应留有足够的连接半径等。

尾减速器在直升机上的安装结构一般都采用机匣安装腿或凸缘,安装腿分筋板式与圆筒式结构。典型的筋板式尾减速器机匣安装腿结构见图 5.14;典型的圆筒式尾减速器机匣安装腿结构见图 5.15,机匣底部采用螺桩结构,腿部在螺桩的周围形成筒形结构,这种结构的强度、维修性与防积水性较好。

尾减速器大多采用铸造机匣,为了提高机匣强度有的采用锻件,结构简单的也可采用棒料直接加工。一般选用比强度高、易成型、易于加工的铸造铝、镁合金,如 ZM6 - T6、ZL114A 等,或变形合金,如 MB15 镁合金、2014、2618A、7075、7475 铝合金[6]。

筋板
安装腿

图 5.14　尾减速器安装腿(筋板式)

圆筒形
安装腿

图 5.15　尾减速器安装腿(圆筒式)

3. 法兰盘设计

尾减速器输入法兰盘连接尾传动轴与尾减速器输入齿轮,传递尾传动轴功率;输出法兰盘连接尾桨轴和尾桨,传递尾减速器功率,并将尾桨气动载荷传递给尾桨轴或尾减速器输出齿轮。

尾减速器输入法兰盘与尾传动轴轴端的联轴器用螺栓连接,通过渐开线花键将扭矩传递给齿轮轴,法兰与齿轮轴一般通过圆柱面配合,实现径向定心;尾减速器输出法兰盘也通过渐开线花键与输出锥齿轮轴/尾桨轴连接,一般通过花键两端的锥面与锥形块配合,实现定心和轴向楔紧。法兰盘设计时要对花键挤压、剪切强度进行计算,并采用有限元法进行强度、刚度分析,确保法兰盘强度与寿命满足设计要求。

法兰盘花键的润滑方式有脂润滑和油润滑,在尾减速器结构允许的前提下应尽量采用油润滑方式,通过磁性屑末检测信号器能够及时监控花键副处的早期剥落故障。尾减速器法兰盘材料主要有合金调质钢 35Cr2Ni4MoA、不锈钢 15-5PH、钛合金 TC4 等。为了提高防腐能力,目前法兰盘多选用不锈钢和钛合金材料。

4. 尾桨轴设计

尾桨轴是尾减速器的关键部件,承受各种飞行状态下的尾桨气动载荷,其主要功能是将尾传功率和转速传递至尾桨,并将尾桨的气动载荷传至尾减速器机匣,然后传递至机身,为尾桨操纵机构提供导向接口。尾桨轴的轴体结构根据作用力和力矩沿轴的分布特点、结构需要来设计,轴的内孔和壁厚按强度、刚度、重量要求和保证均匀过渡的原则进行设计。尾桨轴主要有三种结构形式。

1) 尾桨轴与尾桨毂分体式结构

这种结构的尾桨轴与尾桨毂为两个单独的部分,尾桨轴通过输出法兰盘与尾桨毂相连,其轴端连接法兰盘的定位和锁紧机构往往采用锥形块、锁紧螺母及其螺桩组件等,见图 5.16。

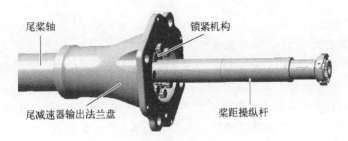

图 5.16　尾桨轴与尾桨毂分体式结构

2) 尾桨轴与尾桨毂一体化结构

典型的尾桨轴与尾桨毂一体化结构如图 5.17,这种结构可划分为桨轴与桨毂部分。桨轴部分在减速器内,由一对轴承支承,通过外花键与齿轮连接。桨毂部分则露在减速器外,通过弹性轴承、阻尼器等零件与尾桨柔性梁连接(图 5.18)。与分体式结构相比,一体化尾桨轴简化了连接结构,省去了锥形块与锁紧装置,大大减少了零件数量,提高了可靠性,也简化了安装程序并减少了维护检查费用。

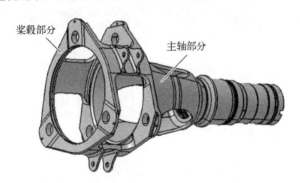

图 5.17　一体化尾桨轴结构图

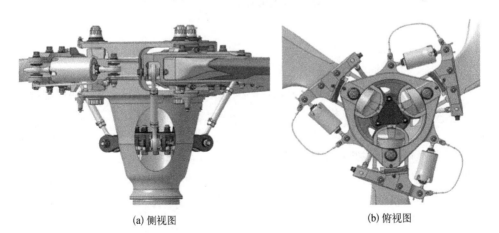

(a) 侧视图　　　　　　　　　　(b) 俯视图

图 5.18　桨叶、阻尼器、操纵杆在尾桨毂上的安装

3）动静轴式尾桨轴

动静轴式尾桨轴是一种独立单元体结构的新型尾桨轴构型[7]（图 5.19），由动轴（内轴）和静轴（外轴）共同组成。动轴（内轴）一端通过花键与尾桨毂相连，另一端通过花键与尾减速器输出轴相连，仅传递扭矩；静轴设计在动轴外面（轴套形式），静轴（外轴）一端通过两个球轴承与尾桨毂相连，另一端固定在尾减速器输出机匣上。静轴本身主要承受尾桨传来的各种载荷，但不传递扭矩。该结构实现了载荷分流，使零件受载简化，零件弹击损伤容限高，且动轴（内轴）受外轴（静轴）保护，降低了被击中概率，可有效提高尾桨轴抗弹击性能，同时尾桨载荷通过静轴（外轴）直接传至机身而不经过尾减速器，尾减速器的机匣受载简化，有利于降低机匣设计难度，减轻尾减速器重量及轴系变形等。

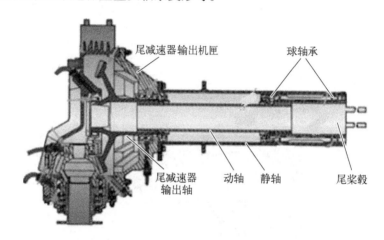

图 5.19　AH - 64 装动静轴式尾桨轴的尾减速器

尾桨轴的材料主要有渗碳合金钢 9310、4340、合金调质钢 40CrNiMoA 以及不锈钢 15 - 5PH。

5. 操纵构件设计

尾桨操纵构件通过操纵臂或叉形件等直升机上的构件实现尾桨变距，以满足直升机各种飞行姿态的要求。尾桨操纵结构通常有内操纵和外操纵两种形式。

（1）尾减速器内操纵构件通常包括助力器操纵杆、尾桨桨距操纵杆、轴承及连接件等，内操纵构件的典型结构见图 5.3。尾桨操纵助力器安装在尾减速器机匣上，尾桨桨距操纵杆安装在尾桨轴内，通过滑套支承在尾桨轴上。助力器操纵杆的一端装在尾助力器上，另一端通过连接件与尾桨桨距操纵杆相连。尾桨桨距操纵杆随尾桨轴一起转动，并在助力器的操纵下随助力器操纵杆实现往复运动，尾桨桨距操纵杆的另一端与尾桨操纵臂（对两片桨叶尾桨）或叉形件（对多片桨叶尾桨）相连，通过小拉杆改变尾桨距。

助力器操纵杆和尾桨桨距操纵杆间的连接方式有如下几种：

（a）采用一个球面调心滚子轴承或关节轴承加一个双排球轴承连接，可以适应两者间的角向偏斜。

（b）采用一个双排球轴承连接，这一结构不能适应两者间的偏斜。此时必须保证助力器安装后其输出轴与尾桨桨距操纵杆间的同轴度。

（2）外操纵尾桨的操纵构件位于尾减速器机匣以外，如 AS－350"松鼠"尾减速器（图 5.4）。

尾减速器助力器操纵杆和尾桨桨距操纵杆的材料主要有合金调质钢，如 40CrNiMoA；不锈钢，如 15－5PH 等。为了提高防腐能力，目前多选用不锈钢。助力器操纵杆和尾桨桨距操纵杆需采用常规方法或有限元法进行强度、刚度分析，确保其强度与寿命满足设计要求。

5.4 润 滑 设 计

5.4.1 润滑类型

尾减速器润滑与中间减速器相似，有三种形式：飞溅润滑、压力润滑和脂润滑。

5.4.2 飞溅润滑

尾减速器一般采用飞溅润滑，如 S－65、米－8 等，油面的高度应至少能保证从动齿轮的轮齿一部分浸在滑油中[8]。由于尾减速器输出轴承、桨距操纵杆轴承的位置较高或在尾桨轴内部，单靠齿轮的甩油很难保证润滑，一般要在机匣上设置油兜和内部管路，将油引导到需要润滑的轴承处，见图 5.20。

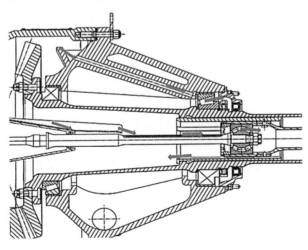

图 5.20 尾减速器输出轴承及桨距操纵杆轴承润滑示意图

为确保尾减速器工作过程中滑油温度不超过其限制工作温度,应进行尾减速器的冷却与润滑设计,进行尾减速器的散热能力分析评估,根据尾减速器散热表面积大小评估其散热能力,确保齿轮、轴承等部位产生的热量能够通过尾减速器机匣表面与外部环境进行热交换达到热平衡的状态,使得尾减速器机匣油池内的滑油温度处在合理的范围内。当尾减速器散热能力不足时,可考虑在机匣或端盖上增加散热片,提高尾减速器的散热能力。

5.4.3　压力润滑

当尾减速器发热量较大,散热条件较差时,也可采用独立的润滑系统,尾减速器装有滑油泵,用压力油润滑齿轮和轴承。这种方式多用于重型直升机,润滑效果好,但结构复杂,增加了重量,一般较少使用[7]。尾减速器压力润滑设计内容和方法与主减速器润滑系统设计相同,详见 3.5.2 小节。

例如,贝尔 214 尾减速器(图 5.21)有独立的润滑系统,通过从动锥齿轮内的连接轴带动滑油泵。滑油系统数据如下:最低报警压力:0.7 kgf/cm^2;最高报警温度:110 ℃;滑油容量:2.1 L。

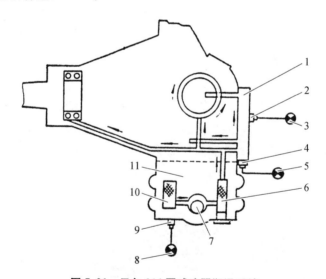

图 5.21　贝尔 214 尾减速器润滑系统

1. 滑油总管;2. 温度开关;3. 高温报警灯;4. 压力开关;5. 低压报警灯;6. 供油滤;7. 转子泵;8. 磁性屑末报警灯;9. 磁性屑末检测器;10. 吸油滤;11. 滑油槽

5.4.4　脂润滑

有的传递功率较小的尾减速器采用脂润滑,如 A129、AH – 64"阿帕奇"等。脂润滑尾减速器的密封和泄漏问题容易解决,干运转能力和抗弹击能力强。但是其机匣设计较为复杂,需要分为几个腔,保证在意外情况下润滑脂不会漏光。脂润滑尾减速器齿轮、轴承的磨损、故障情况不能用磁性屑末检测器监控,需要通过温度、振动传感器监控。

如图 5.19 所示,脂润滑尾减速器主要由输入/输出齿轮组件、尾桨轴动轴组件和静轴组件等组成。输入/输出齿轮轴均采用简支结构,齿轮轴一端由安装在输入/输出端盖上的双排球轴承支承,齿轮轴另一端由安装在机匣上的圆柱滚子轴承支承,且轴承内环与齿轮轴采用一体化设计。考虑到该减速器润滑方式为脂润滑,相比飞溅润滑的散热能力较差,特配装 4 个温度传感器分别监控 4 个轴承温度,并在机匣上布置通气孔及散热筋板。试验验证表明,此结构设计的尾减速器被 12.7 mm 子弹击中后仍可在载荷条件下运转 2.5 h。

5.5 密 封 设 计

尾减速器的密封设计与中间减速器基本相同。需要注意的是,由于尾减速器的使用工况较中间减速器复杂得多,在进行尾减速器转动件位置的动密封选型设计时,应准确识别尾减速器动密封工作的边界条件,充分考虑动密封的安装及尾桨载荷引起的动密封位置的变形对其影响,从而保证尾减速器动密封的油封效果及可靠性。

5.6 设 计 实 例

本节以某尾减速器设计为例,简单介绍尾减速器的设计内容及流程,具体设计过程如下。

5.6.1 设计要求
根据传动系统总体设计要求,尾减速器的主要设计要求如下。
(1)尾减速器输入转速:5 250 r/min(顺航向看:逆时针)。
(2)尾桨转速:2 121 r/min(顺航向看:底向前)。
(3)尾桨最大功率:300 kW。
(4)轴夹角:90°。
(5)尾减速器寿命:9 000 h。
(6)翻修间隔期(TBO):3 000 h。
(7)干运转时间:不少于 30 min。

5.6.2 构型设计
按直升机总体布局要求,为了实现换向和减速传动,在尾减速器中设计一对锥齿轮,轴夹角为90°,主动齿轮齿数19,从动齿轮齿数47,模数为3.5 mm,减速比为2.47。为了实现对尾桨的操纵,尾减速器内部设计有尾桨桨距操纵杆,传递操纵载荷,尾减速器总体构型见图5.22。

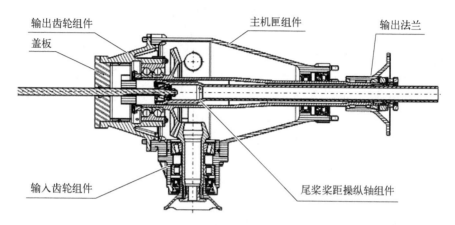

图5.22　尾减速器结构图

5.6.3　结构布局

尾减速器主要由输入齿轮组件、主机匣组件、输出齿轮组件和尾桨桨距操纵杆组件组成,主机匣上方设有加油口盖,主机匣的下方有磁性屑末检测信号器、滑油温度传感器和油面观察窗。

（1）输入齿轮组件主要由尾减速器输入法兰盘、输入端盖、尾减速器输入齿轮、尾减速器输入唇形油封、圆锥滚子轴承、滚棒轴承和法兰盘锁紧螺母等组成。

（2）输出齿轮组件主要由尾减速器输出端盖、尾减速器输出齿轮、轴承和锁紧螺母等组成。

（3）主机匣组件主要由主机匣和螺桩组成,输入端与输入齿轮组件相连,输出端与输出齿轮组件相连,四个安装腿通过螺栓与尾水平梁相连。

（4）尾桨桨距操纵杆组件主要由桨距操纵杆、助力器操纵杆、锁紧螺母和轴承等组成。

根据尾减速器布局空间,尾减速器输入齿轮为悬臂安装,尾减速器输出齿轮为简支安装。输入齿轮轴由一个圆锥滚子轴承和一个圆柱滚子轴承支承,尾桨轴由一个双列角接触球轴承和一个圆柱滚子轴承支承。

5.6.4　主要零部件结构设计

1. 齿轮设计

根据传动总体分配的尾减速器速比要求,考虑齿轮齿数没有公约数,主、从动轮的承载能力基本接近,尽量使尾减速器的外形尺寸和质量最小等因素,将尾减速器齿轮的齿数确定为 19/47。考虑到齿轮承载能力,确定齿轮的模数为 3.5 mm。同时为了最大限度地提高轮齿的承载能力,设计时采用了齿根倾斜修正技术优化轮齿参数,采用齿面数字化技术进行锥齿轮一体化设计与加工,并采用了热处理变形控制技术,以获得最优的齿形设计参数、齿面印痕和渗层状态。

根据尾减速器传递的功率,采用格里森软件校核螺旋锥齿轮强度,满足设计要求,结果见表 5.1。

表 5.1　尾减速器齿轮强度校核结果

格里森螺旋锥齿轮参数	计算值	
	主动轮	从动轮
齿数	19	47
模数/mm	3.5	3.5
齿根弯曲强度安全系数	1.08	1.12
齿面接触强度安全系数	1.21	1.21

2. 主机匣设计

主机匣组件主要由主机匣和螺桩组成,输入端与输入齿轮组件相连,输出端与输出齿轮组件相连,四个安装腿通过螺栓与尾水平梁相连(图 5.23),考虑海洋环境下的“三防”要求,为了提高其防腐性,尾减速器机匣选用铸造铝合金材料。主要结构设计如下:按照内部的齿轮、轴、轴承的外廓结构,对尾减速器主机匣进行包容设计,根据机匣的载荷及其分布和材料的特性,按照等强度原则确定其壁厚及形状,使得机匣强度、刚度、寿命和重量满足设计要求。

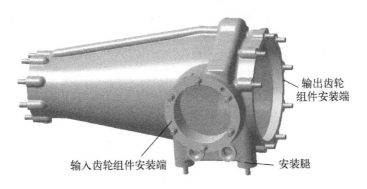

图 5.23　尾减速器机匣

3. 法兰盘设计

为了减轻零件重量,尾减速器输入法兰边采用三角结构。根据对尾传动系统的总体安装调整要求,尾减速器输入法兰盘与输入齿轮采用固定花键连接,渐开线花键传扭,花键副润滑方式为脂润滑。

4. 尾桨轴设计

尾桨轴采用与尾减速器输出齿轮、轴承内滚道一体化的设计,尾减速器输出齿轮与尾桨轴通过电子束焊接为一体。

5. 操纵构件设计

尾减速器采用内置桨距操纵杆结构,主要包括桨距操纵杆、助力器操纵杆、滑套和轴承等零件。桨距操纵杆和助力器操纵杆通过一个双列调心滚子轴承连接。

桨距操纵杆是一根空心细长轴,工作时既做往复运动,又随尾桨转动,将尾助力器的操纵载荷传递给尾桨叉形件,在工作中一般承受较大的轴向力和来自尾桨的旋转弯矩,因此桨距操纵杆采用高强度不锈钢材料。

5.6.5 润滑设计

尾减速器采用飞溅润滑,齿轮副和轴承等零件产生的热量通过机匣表面的对流和辐射直接散热。输入和输出齿轮的部分轮齿浸在滑油中,旋转将飞溅起的滑油甩至位于主机匣上方的油兜内:一部分滑油通过设计的油路对输入轴承进行润滑;另一部分滑油通过设计的油路对输出轴承、桨距操纵杆轴承进行润滑。

============ 参考文献 ============

[1] 航空工业部第六〇八研究所二室. 减速器图册[M]. 北京:国防工业出版社,1983.
[2] 叶克明,石凤山,许洪基,等. 齿轮手册[M]. 北京:机械工业出版社,1990.
[3] 章永锋,高向群,曹正康,等. 航空发动机设计手册第 13 册 减速器[M]. 北京:航空工业出版社,2001.
[4] 徐灏,邱宣怀,蔡春源,等. 机械设计手册第 1 卷[M]. 北京:机械工业出版社,1991.
[5] 《中国航空材料手册》编辑委员会. 中国航空材料手册第 1 卷 结构钢 不锈钢[M]. 北京:中国标准出版社,2002.
[6] 《中国航空材料手册》编辑委员会. 中国航空材料手册第 3 卷 铝合金 镁合金[M]. 北京:中国标准出版社,2002.
[7] Goodman N, Bayoumi A, Blechertas V, et al. AH - 64 tail rotor gearbox studies [C]. Huntsville: Technical Specialists' Meeting on Condition Based Maintenance Huntsville, 2009.
[8] 黄志坚. 润滑技术及应用[M]. 北京:化学工业出版社,2015.

第6章
动力传动轴组件设计

6.1 概 述

6.1.1 动力传动轴组件功能

动力传动轴组件是直升机传动系统中转速最高的动力传输部件之一,主要功能是连接发动机和主减速器,将发动机功率传输给主减速器,同时补偿发动机输出轴与主减速器输入轴间由于制造安装误差、承载后的变形以及温度变化的影响等引起的不同轴度误差和轴向相对位移。如有要求,也可设计轴套,为发动机提供支撑。

6.1.2 动力传动轴组件分类

动力传动轴组件可以分为不带轴套和带轴套两类:

1. 不带轴套的动力传动轴组件

不带轴套的动力传动轴组件由传动轴、联轴器及连接紧固件组成,传动轴一般采用法兰盘-空心薄壁轴一体化结构设计,轴的两端通过联轴器分别与发动机输出轴和主减速器输入轴相连接,联轴器用来补偿发动机输出轴与主减速器输入轴间的不同轴度误差,典型结构见图6.1。

图6.1 不带轴套的动力传动轴组件结构示意图

2. 带轴套的动力传动轴组件

带轴套的动力传动轴组件由传动轴、联轴器、轴套及连接紧固件组成。传动轴一般采用法兰盘-空心薄壁轴一体化结构设计,轴两端通过联轴器分别与主减速器输入轴和发动机输出轴相连接。联轴器用来补偿发动机输出轴与主减速器输入轴线之间的不同轴度误差,轴一端也可以设计成花键用以补充轴向相对位移。轴套组件一端与发动机输出机匣相连接,另一端与主减速器前轴套相连接,为发动机提供前支撑,一般为万向节结构,典型结构见图6.2。也有的直升机上的轴套仅起防护作用,不作为发动机的支撑。在本章中,"轴套"仅指作为发动机支撑的情况。

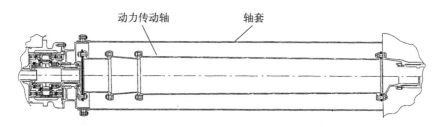

动力传动轴　　　　　轴套

图6.2　带轴套的动力传动轴组件结构示意图[1]

6.1.3　动力传动轴组件主要技术指标

动力传动轴组件需在直升机总体给定的转速和转向、载荷与尺寸限制条件下,传递要求的功率,同时应基于国内材料、工艺水平,满足重量、强度、寿命、可靠性、成本等指标要求,其主要技术指标如下。

（1）总体性能要求:功率、载荷、转速及转向、需要补偿的角向及轴向偏斜。

（2）总体结构要求:节点坐标、主减速器与发动机的连接要求,强度、寿命、重量、外廓尺寸以及通用质量特性要求。

6.1.4　动力传动轴组件的发展趋势

随着直升机的吨位和任务使命的新需求,动力传动轴组件从低速、小的偏角补偿到高速、重载、大的偏角补偿,寿命在不断延长,产品性能不断提高,以满足直升机日益换代的需求,其技术发展趋势如下:

（1）膜盘联轴器与传动轴的一体化设计构型;

（2）各种工况下轴的动力学特性的数字化仿真分析;

（3）高性能新材料技术,如钛合金材料(TC4)、复合材料(碳纤维T100)等;

（4）电子束焊等工艺技术;

（5）高效的防腐镀层、涂层(如IP9183、有机硅耐热漆等);

（6）先进的寿命、可靠性设计技术,如面向任务的预防性维修任务分析(MSG -

3)确定成品检查间隔期及寿命,采用缺陷容限安全方法进行寿命设计与验证[2]等;

(7) 实时监控(如振动等)和健康管理技术的系统设计[2]技术。

各代直升机动力传动轴组件典型技术参数见表 6.1。

表 6.1　各代直升机动力传动轴组件典型技术参数[3]

技 术 参 数	第一代	第二代	第三代	第四代
直升机典型型号	米–4	超黄蜂	AB139	科曼奇
输入转速/(r/min)	2 600	6 000	20 900	20 900
联轴器形式	滚柱联轴器	膜片联轴器	膜盘联轴器	双膜盘联轴器
联轴器偏角补偿	30′	30′	1.75°	2.3°
总寿命/飞行小时	800	1 200	9 000	15 000

6.2　工　作　原　理

由于不带轴套和带轴套的动力传动轴组件在结构形式上的显著差别,因而具有不同的工作特点,下面分开叙述。

6.2.1　不带轴套的动力传动轴组件工作原理

不带轴套时,主减速器与发动机分别安装,发动机自行支承在直升机上,两者间的轴向对准靠控制加工、安装误差与机体刚度来保证。

这类动力传动轴组件只有动力传动轴轴体和联轴器,动力传动轴通过联轴器与主减速器、发动机相连。发动机和主减速器的安装节都不能适应发动机位置的偏斜,主减速器与发动机的相对偏斜最后要由联轴器承担。联轴器应可以适应各工况下主减速器输入轴与发动机输出轴之间的偏斜,工作示意图见图 6.3。

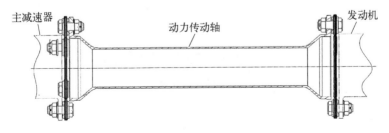

图 6.3　不带轴套的动力传动轴组件的工作示意图

6.2.2　带轴套的动力传动轴组件工作原理

这类动力传动轴组件主要由两大部分组成：动力传动轴和轴套。轴套为发动机主支承，承受飞行中来自发动机的惯性载荷并适应发动机位置的偏斜。动力传动轴的两端分别与主减速器输入轴及发动机输出轴相连接，轴靠主减速器一侧，有联轴器，靠发动机一端有联轴器或花键，联轴器用来补偿发动机与主减速器之间的不同轴度。设计时，应保证传动轴的结构尺寸和传扭能力满足要求，保证联轴器的补偿能力和疲劳寿命。这类动力传动轴组件的工作示意图见图6.4。

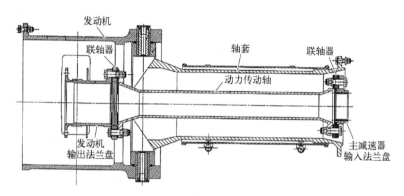

图6.4　带轴套的动力传动轴组件的工作示意图

6.3　动力传动轴典型结构

动力传动轴主要由传动轴、联轴器等零件组成。目前国内动力传动轴的构型按联轴器的结构形式分以下两种。

（1）膜片联轴器形式：传动轴+膜片联轴器[4]。

该种形式的动力传动轴为常用构型，目前在国内型号中使用最多。膜片联轴器的优点是结构简单、没有速度波动、不需要润滑、便于维护且具有破损安全能力，安全可靠、装卸方便、能适应较大范围的转速和扭矩；其缺点是质量大，轴向、角向补偿能力较小。典型结构见图6.5。

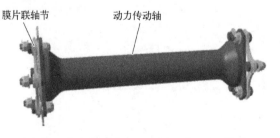

图6.5　膜片联轴器式动力传动轴结构示意图

（2）膜盘联轴器形式：传动轴+膜盘联轴器。

该种形式的动力传动轴为新型结构,一般先进直升机常采用这种构型。膜盘联轴器的优点是结构简单、承载能力大、不需要润滑、重量轻、适用的转速高、偏斜角大、可靠性高的特点,缺点是膜盘型面设计要求高、制造成本高、工艺较复杂。典型结构见图6.6。

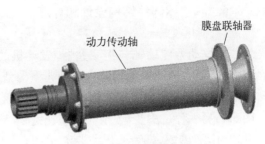

图 6.6　膜盘联轴器式动力传动轴结构示意图

6.4　结构及零部件设计

6.4.1　结构布局

动力传动轴组件的结构布局,根据直升机上主减速器和发动机的布局和技术要求确定,传动系统设计部门应与发动机、直升机总体设计部门协调,确定发动机输出轴相对于主减速器输入轴之间的同轴度要求,以及是否需要设置轴套作为发动机的主支承。两类动力传动轴组件的布局设计中,需注意以下问题:

1. 带轴套的动力传动轴组件

确定这类动力传动轴组件的结构形式及方案参数时,应保证轴套对工作偏斜的适应能力,满足工作条件限制、结构布局和安装空间及外形尺寸限制,保证构件的强度和刚度。

带轴套的动力传动轴组件适应性较强,可以在一定程度上适应四撑杆类非刚性安装的主减速器,其输入端在工作中沿扭矩方向位置变化,以及发动机轴线位置的偏移。因此,欧洲直升机公司、莱昂纳多直升机公司等在小型、中型、大型直升机上广泛采用。这种设计增加了动力传动轴组件的设计难度,但可以减轻整个直升机的总重量。

2. 不带轴套的动力传动轴组件

不带轴套时,主减速器与发动机分别安装,发动机自行支承在直升机上,两者间的安装误差靠控制加工、机体刚度来保证。

这类动力传动轴组件只有动力传动轴(一般采用法兰盘-空心薄壁轴一体化结构设计)和联轴节,动力传动轴与主减速器、发动机通过联轴节直接相连。对这种构型方式,直升机本体结构、发动机与主减速器的安装都必须有足够的刚度,保证在各种飞行状态下发动机与主减速器的相对位置符合联轴器的疲劳强度要求,这种构型的直升机总重量要增加,但动力传动轴组件的设计相对简单。

6.4.2　零部件结构设计和计算

1. 轴体设计

根据动力传动轴与主减速器、发动机的连接方式,动力传动轴的轴体有两种典型构型,一种是法兰盘-空心薄壁轴结构,两端为法兰盘,见图 6.7;另一种是法兰盘-空心薄壁花键轴结构,一端为法兰盘、一端为渐开线花键,见图 6.8。若采用膜盘联轴器与动力传动轴一体化结构,则法兰盘位于膜盘联轴器之外,典型结构见图 6.9。

图 6.7　法兰盘-空心薄壁轴结构

图 6.8　法兰盘-空心薄壁花键轴结构

图 6.9　膜盘联轴器与动力传动轴一体化结构

在进行动力传动轴轴体设计时,需要考虑轴管、法兰盘和花键的设计:

1) 轴管设计

轴管的设计主要以接口要求、动力学特性及强度要求为依据。设计时根据类似机种经验,先综合考虑接口、重量、强度要求选择结构尺寸,然后保证动力学、强度、寿命等要求。轴管结构示意见图 6.10。

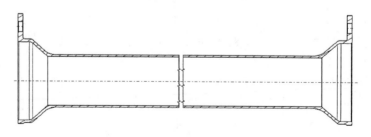

图 6.10　轴管结构示意图

2) 法兰盘设计

法兰盘设计的关键要素有螺栓孔、轴径等。结构设计过程中,需明确与法兰盘相关的接口参数和设计载荷,接口参数包括法兰盘上螺栓孔的分度圆直径、螺栓孔的数量及螺栓孔的直径;设计与轴管相连接的法兰结构时,要考虑与轴管相连的过渡段处的倒圆/倒角,避免出现应力集中的情况。法兰盘通常与轴管一起进行强度计算。法兰盘螺栓孔分布示意见图 6.11。

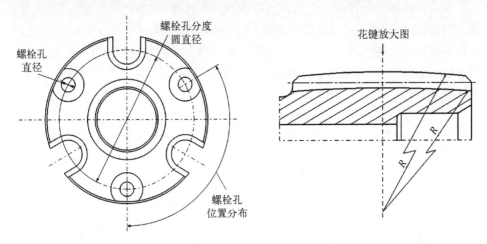

图 6.11　法兰盘螺栓孔分布示意图　　　图 6.12　鼓形浮动花键

3)花键设计

动力传动轴花键为渐开线外花键,与发动机输出轴或转接法兰(如 AS350“松鼠”等)的内花键相连接,花键的标准、尺寸和热处理要求根据与发动机的设计协调确定。动力传动轴外花键一般为平齿根,齿顶定心。为适应工作中的轴向和角向位置变化,动力传动轴外花键一般采用鼓形(对齿面进行鼓形修正)浮动花键设计,同时沿齿长方向对齿顶也进行鼓形修正,花键可渗碳、磨齿,并利用发动机的滑油对其润滑,见图 6.12。花键的强度校核见第 7 章 7.4.2 节“零部件结构设计和计算”。

4)选材设计

在轴体设计中,需要选择构件的材料,分析热处理状态对材料机械性能的影响。动力传动轴转速高,载荷大,轴体材料可为如下两种。

(1)钢,两端带法兰的轴体可采用调质钢或不锈钢,如 40CrNiMoA、4340 钢和15 - 5PH;带鼓形花键轴体的材料选用渗碳钢,如 9310 钢。

(2)钛合金,主要是 TC4,由于该合金的疲劳强度和焊接性能都很好,也可以用于与膜盘联轴器一体化的动力传动轴。

5)传动轴连接设计

轴管与法兰盘连接方式通常采用一体化结构,如整体式焊接或螺栓紧固连接。动力传动轴与发动机及主减速器之间的连接方式,根据接口要求选定,常见的有法兰盘螺栓连接和花键连接两种方式。

对于高速旋转动部件,设计时应考虑动平衡要求,在动平衡机上的安装状态应尽可能模拟实际工作状态,轴上应有动平衡支承面及去除材料处。

6)动态特性设计[5]

动力传动轴的设计应保证工作转速避开临界转速,以免产生共振,引起构件破坏。通常,传动轴的工作状态有两种情况:一种是在超临界转速状态下工作,另外一种是在亚临界转速状态下工作。超临界转速状态是指工作转速在一阶临界转速以上;亚临界转速状态是指工作转速在一阶临界转速以下。动力传动轴一般采用亚临界轴设计。

动力传动轴临界转速计算通常可采用常规方法和有限元方法,同时根据 GJB 2350—1995《直升机传动系统通用规范》的规定,传动轴设计时在各阶临界转速下应保证不小于 10%临界转速裕度。

7)强度设计

动力传动轴轴体主要传递扭矩,在设计上要考虑其在最大扭矩下的静强度和在疲劳载荷循环下的低周疲劳强度。轴体强度计算包括静强度计算和疲劳强度计算。

轴体的静强度和疲劳强度设计方法见第 7 章 7.4.2 节"零部件结构设计和计算"。

2. 联轴器设计及选用

联轴器安装于动力传动轴与发动机输出轴和主减速器输入轴之间,用于传递转速和扭矩,同时补偿发动机输出轴与主减速器输入轴线之间的不同轴度误差和轴向相对位移[6]。在传动系统中常用的联轴器类型主要有膜片联轴器和膜盘联轴器。

1)膜片联轴器选型设计

膜片联轴器属于靠大变形元件传递载荷和提供补偿能力的联轴器,由膜片组、衬套和连接螺栓组组成,见图 6.13。膜片组由薄不锈钢片叠合而成,是最常用的联轴器结构。一般情况作为成附件,由专业厂家承制,在传动轴设计中,进行膜片联轴器的选型设计,详细设计见本篇第 8 章"典型零部件设计"中的 8.5 节"联轴器"。

2)膜盘联轴器设计

膜盘联轴器[7]有单片、双片、多片等类型,膜盘与法兰盘之间、膜盘之间的组合可采用电子束焊接或螺栓连接。在直升机传动系统中,膜盘联轴器常与法兰盘、空心薄壁轴采用电子束焊接工

图 6.13　膜片联轴器结构示意图

艺进行一体化结构设计,具有结构简单、承载能力强,适用于转速高、偏斜角大的环境。膜盘联轴器一般焊接在动力传动轴上靠主减速器输入端(法兰盘)的一侧,典型结构见图 6.14。详细设计见本书第 8 章 8.5 节。

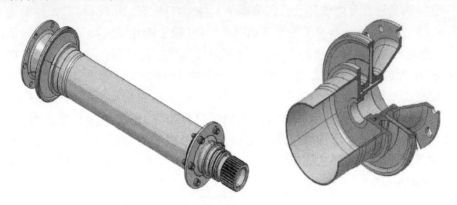

图 6.14　动力传动轴及其膜盘结构示意图

3. 轴套设计

根据轴套与主减速器、发动机的连接方式,轴套结构分为带万向节的轴套、弹性轴套和带球铰的轴套三种典型形式。

1)带万向节的轴套

这类轴套由前轴套、后轴套、万向节环及万向节销轴组成。通常在轴套及万向节环上设有万向节销轴安装与配合用的衬套,前、后轴套与万向节环通过销轴连接,构成十字接头。轴套一端通过万向节环与主减速器相连,另一端通过沿后轴套法兰边圆周布置的螺栓固定在发动机承力机匣上,为发动机提供前支点,前轴套也可以是主减速器的一个部件。轴套组件结构示意图见图 6.15,万向节环结构示意图见图 6.16,其衬套有两种结构:

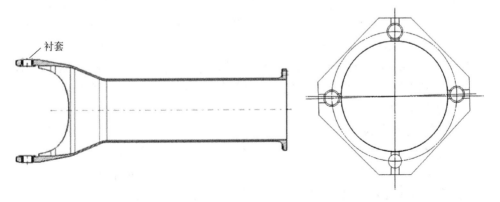

图 6.15　轴套组件结构示意图　　　**图 6.16　万向节环结构示意图**

（1）刚性衬套,材质有青铜衬套、轴承钢(440C)衬套;

（2）弹性衬套,钢套与橡胶组合结构。

2）弹性轴套

这类轴套没有万向节环及万向节销轴,主要由后轴套(图6.17)和弹性前轴套(图6.18)组成。轴套自身带有层压的弹性元件(橡胶钢片层压),可起到万向节的作用,适应发动机轴线位置的变化。后轴套一端通过沿圆周布置的螺栓固定在发动机承力机匣上,另一端通过沿圆周布置的螺栓与弹性前轴套连接,为发动机提供前支点。后轴套上设计有维护检查窗口,以便于动力传动轴在机上维护和拆卸,同时减轻重量。弹性前轴套为橡胶金属复合构件,由法兰盘和锥套组成,法兰盘和锥套之间由二层橡胶层硫化黏结,通过橡胶层的变形适应发动机输出轴线与主减速器输入轴线之间的偏斜,此外法兰盘与锥套之间还有间隔衬套,通过螺栓、螺母连接。

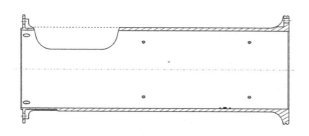

图6.17　后轴套结构示意图　　　　图6.18　弹性前轴套结构示意图

弹性前轴套的吸振效果较好,可以降低动载荷,但是容易出现胶层的裂纹、表面微裂纹、老化等缺陷。

3）带球铰的轴套

这类轴套自身带有个球铰(关节轴承),可起到万向节的作用,适应发动机轴线位置的变化。轴套一端通过螺栓与发动机承力机匣相连,另一端通过螺栓与主减速器连接,为发动机提供前支撑。主减速器上装有关节轴承,对发动机和主减速器的偏心起一定的调节、补偿作用。轴套上设计有维护检查窗口,以便于动力传动轴在机上维护和拆卸,同时减轻重量,结构示意图见图6.19,球铰(关节轴承)结构示意图见图6.20。

4）典型结构件设计

为了满足发动机、主减速器的安装和维护需要,一般来说,前、后轴套的组合连接部位应靠近主减速器输入端,轴套为发动机主支承,承受飞行中来自发动机的惯性载荷并适应发动机位置的偏斜。同时,组合连接部位(万向节)靠近主减速器,也可以减小工作中作用在主减速器机匣上的弯矩。

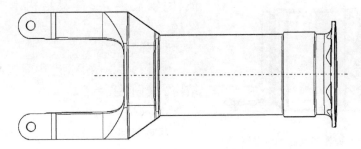

图 6.19　轴套结构示意图

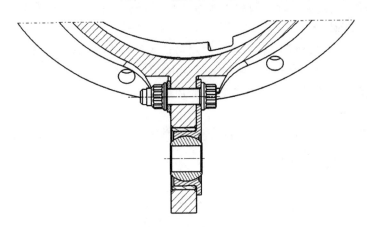

图 6.20　球铰(关节轴承)结构示意图

a) 前轴套

根据与主减速器输入机匣的接口要求,前轴套可设计为圆筒形或喇叭形。前轴套与万向节环配装的典型结构见图 6.21;采用多层金属件与橡胶件层压的弹性前轴套结构见图 6.18;采用装关节轴承的前轴套结构见图 6.20。前轴套与主减速器连接处均为法兰边,或作为主减速器输入端的一个零件通过法兰边及定位圆柱面安装在主减速器上。

图 6.21　带凸耳前轴套结构示意图

b) 后轴套

后轴套一般为长圆筒形,与万向节环相连接处为径向相对的凸耳及沿圆周的加强边,与发动机输出机匣配合处为法兰安装边,典型结构示意图见图 6.15、图 6.17、图 6.19。

c) 万向节环

万向节环一般为圆形或方形环,沿十字交叉方向设置四个螺栓孔,分别与

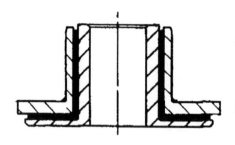

图6.22　弹性衬套结构示意图

前、后轴套连接,典型结构示意图见图6.16。

d) 弹性衬套

弹性衬套由两层钢套中间压橡胶构成,结构示意图见图6.22。

5) 选材

万向节轴套在工作中承受交变载荷,选材时应考虑其疲劳强度。刚性万向节中的前轴套、后轴套、万向节环的材料可视情选用钛合金或铝合金,也有的万向节环采用高强度合金钢。

弹性万向节中的前轴套、后轴套材料可选用钛合金或铝合金,橡胶材料可选用丁腈橡胶。考虑到橡胶材料在使用中受到内、外因素的影响会发生老化失效,通常在表面涂覆防护涂层,以提高橡胶的耐介质性能。

6) 强度设计

按主机提供的载荷谱,采用有限元软件进行线弹性和非线性有限元计算,校核轴套的静强度和疲劳强度。

6.5　设 计 实 例

本节简单介绍动力传动轴组件的设计内容及流程,具体设计过程如下。

6.5.1　设计要求

1. 扭矩

最大瞬态传输扭矩为620 N·m;

最大稳态传输扭矩为590 N·m。

2. 转速及转向

工作转速为6 000 r/min;

转向为顺时针(顺航向看)。

3. 联轴器处的最大角向偏斜

稳态为40′;

瞬态为1.0°。

4. 环境适应性

飞行高度为≤7 000 m;

环境温度为 $-40\ ℃ \leqslant T \leqslant +60\ ℃$;

最低停放温度为$-55\ ℃$;

最高停放温度为+70 ℃；

防湿热、盐雾和霉菌。

5. 质量

动力传动轴组件为≮1.5kg×2。

6. 寿命

不低于 4 000 h，膜片联轴节视情维护。

7. 外形尺寸限制要求

安装尺寸、外形尺寸和相关接口要求见传动系统接口控制文件。

6.5.2　设计内容

1. 动力传动轴构型设计

根据与直升机总体的协调，无须为发动机提供支撑，因此，该动力传动轴组件构型中无轴套。因动力传动轴和主减速器、发动机直接相连，传动系统设计部门与发动机、直升机总体设计部门协调，确定发动机输出轴线相对于主减速器输入轴线之间的同轴度要求，动力传动轴与主减速器、发动机的连接形式，即两端采用法兰盘连接的方式。

根据发动机输出轴线与主减速器输入轴线之间的同轴度要求，结合需传递的转速、扭矩，考虑膜片联轴器结构简单、没有速度波动、不需要润滑、便于维护且具有破损安全能力的特点，且本型动力传动轴不存在高工作转速的工况，综合比较，选用膜片联轴器连接动力传动轴和主减速器、发动机。如选用膜盘联轴器，需与轴体一起采用电子束焊组成一体化结构，提高了动力传动轴的加工难度和制造成本。

根据上述设计，本型动力传动轴采用前述的典型构型一，即动力传动轴为两端带法兰盘的结构，并通过膜片联轴器与主减速器、发动机相连，结构示意图见图6.23。

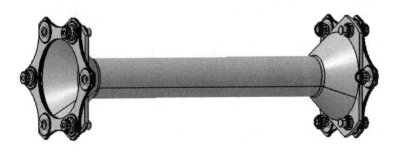

图 6.23　动力传动轴构型

2. 动力传动轴设计

综合考虑接口、载荷、转速、重量、强度等要求，借鉴类似机种经验，确定轴体的主要结构尺寸。

根据与主减速器、发动机协调确定的接口参数,如螺栓孔分度圆直径、数量及螺栓孔直径等,结合确定的轴体主要结构尺寸,法兰盘与轴体进行一体化设计,并在设计中考虑法兰盘与轴管相连的过渡段处的转接圆角大小,避免出现应力集中情况。结构示意图见图6.24。

图6.24　动力传动轴结构

3. 膜片联轴器选型设计

膜片联轴器由膜片组、衬套和连接螺栓组成,膜片组由一定数量的高强度不锈钢薄片叠合而成,结构示意图见图6.23。一般情况,膜片联轴器作为成附件,由专业厂家承制,在传动轴设计中,进行膜片联轴器的选用,主要包括如下内容:

(1)根据安装、维护要求及相关研制经验,选择带衬套固定的束腰形膜片联轴器;

(2)根据与相连法兰盘的尺寸,确定膜片联轴器六个螺栓安装孔中心线分度圆直径为Φ78 mm;

(3)根据动力传动轴尺寸链计算要求,确定膜片联轴器组件总厚度为8.2 mm;

(4)根据传递功率、偏角补偿要求,确定膜片联轴器组件螺栓安装孔径Φ8.0 mm;

(5)确定膜片联轴器组件的其他主要尺寸,如内、外圆直径(Φ57mm、Φ98 mm)等参数。

综合确定膜片联轴器的主要接口尺寸,如螺栓安装孔径、分度圆直径、厚度等主要参数,具体选型设计见第8章的8.5节"联轴器"。

4. 强度分析

动力传动轴轴体的静强度按最大扭矩状态计算,计算中采用有限元等方法,强度校核结果见表6.2。

表 6.2 动力传动轴结构强度校核结果

最大当量应力/MPa	屈服极限 $\sigma_{0.2}$/MPa	抗拉强度 σ_b/MPa
289.085	940	1 100

由强度计算结果,初步确定动力传动轴的结构参数,详见表 6.3,并对选取的结构参数进行变形量的计算,计算结果见表 6.4。

表 6.3 动力传动轴结构参数

长度/mm	外径/mm	壁厚/mm
391	45	1.5

表 6.4 动力传动轴刚度计算结果

材 料	最大周向位移	半 径	扭 转 刚 度
9310	3.86×10^{-3} mm	45 mm	1.42×10^4 N·m/rad
	最大周向位移	长度	弯曲刚度
	1.28×10^{-2} mm	391 mm	3.05×10^4 N·m/rad

5. 动力学特性分析

采用临界转速公式[式(6.1)],对初步设计的动力传动轴进行临界转速计算,其计算结果见表 6.5。

$$n = 946\lambda_k \sqrt{\frac{EI}{WL^3}} \tag{6.1}$$

表 6.5 动力传动轴临界转速计算结果

工作转速/(r/min)	临界转速/(r/min)	临界转速裕度
6 000	48 397.65	572.19%

通过上述计算可知,表 6.3 中的动力传动轴设计参数满足要求,合理可行。

--------- 参考文献 ---------

[1] 第三机械工业部第六零八研究所二室.减速器图册[M].北京:国防工业出版社,1983.

［2］ 文裕武,温清澄,等.现代直升机应用及发展［M］.北京：航空工业出版社,2000.

［3］ 倪先平.直升机手册［M］.北京：航空工业出版社, 2003.

［4］ 《航空发动机设计手册》总编委会.航空发动机设计手册第19册 转子动力学及整机振动［M］.北京：航空工业出版社,2002.

［5］ Phillips J. Flexibox metasttream. A technical review of flexibox products［R］. Flexibox,1985.

［6］ 王心丰,方鸿惠.挠性叠片联轴器强度计算和优化设计［D］.南京：南京航空航天大学,1993.

［7］ 西北工业大学机械原理及机械零件教研组,濮良贵.机械零件［M］.北京：人民教育出版社,1962.

第7章
尾传动轴组件设计

7.1 概　述

7.1.1 尾传动轴组件功能

单旋翼直升机尾传动轴组件一般由尾传动水平轴（以下简称尾水平轴）和尾传动斜轴（以下简称尾斜轴）两部分组成。尾水平轴连接主减速器与中间减速器，尾斜轴连接中间减速器与尾减速器。无中间减速器的单旋翼直升机只有尾水平轴，连接主减速器和尾减速器，如 SA-365"海豚"。对于 AS-350"松鼠"这类采用前、后输出发动机的直升机，其尾传动轴组件直接连接发动机后输出轴与尾减速器。

尾传动轴组件是直升机传动系统的关键动部件，主要功能是将主减速器的尾传输出转速和扭矩传输给中间减速器（如有）、尾减速器，同时补偿主减速器尾传输出轴线与中间减速器输入轴线、中间减速器输出轴线与尾减速器输入轴线之间由于制造安装误差、承载后的变形以及温度变化的影响等引起的不同轴度误差和轴向相对位移。

7.1.2 尾传动轴组件分类

根据尾水平轴动力学特性不同，可分为亚临界尾传动轴组件和超临界尾传动轴组件。

1. 亚临界尾传动轴组件

该类尾传动轴组件指的是尾水平轴和尾斜轴均为亚临界轴，其工作转速在一阶临界转速以下，其特点是每段轴长度较短、轴段数较多，零件数量相应增加，相对超临界尾传动轴而言，重量较重，维护效率低，典型结构见图 7.1。

2. 超临界尾传动轴组件

该类尾传动轴组件指的是尾水平轴为超临界轴，尾斜轴仍为亚临界轴，尾水平轴的工作转速在一阶临界转速以上，为了抑制尾水平轴过临界转速时的振

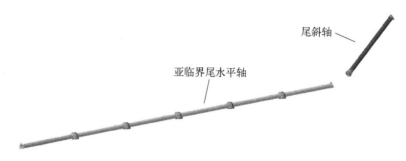

图7.1 亚临界尾传动轴组件结构示意图

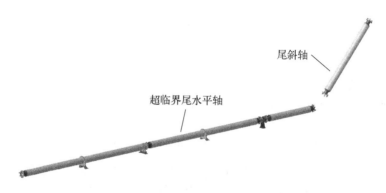

图7.2 超临界尾传动轴组件结构示意图

幅,需要在相应振幅最大的位置设置阻尼器,其特点是每段轴或部分轴段的长度较长、轴段数较少,零件数量相应减少,维护效率高,重量较轻[1,2],典型结构见图7.2。

同时,根据是否具有折叠功能,也可分为非折叠型尾传动轴组件和折叠型尾传动轴组件。折叠型尾传动轴组件与非折叠型尾传动轴组件的主要区别在于是否带有折叠机构,如某折叠型尾传动轴组件的尾斜轴上安装了折叠机构,尾斜梁折叠时,尾斜轴在中间减速器输出端分离,随尾斜梁折叠,并通过尾桨闭锁机构防止尾斜轴转动,结构示意图见图7.3。

7.1.3 尾传动轴组件主要技术指标

尾传动轴组件需在直升机总体给定的转速和转向、载荷与尺寸限制条件、抗弹击要求(如有)下,传递要求的扭矩,同时应基于国内材料、工艺水平,满足重量、强度、寿命、可靠性、成本等指标要求,其主要技术指标如下。

(1) 总体性能要求:扭矩、载荷、转速及转向、需要补偿的角向及轴向偏斜、抗弹击能力(如有)。

(2) 总体结构要求:节点坐标、与主减速器、中间减速器以及尾减速器的连接

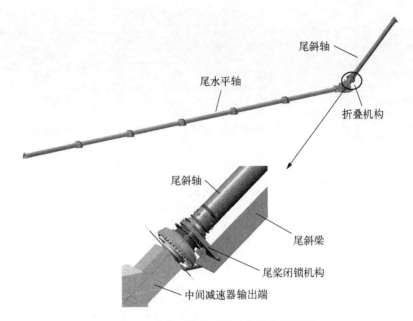

图 7.3　折叠型尾传动轴组件结构示意图

要求;在直升机上的安装要求等接口要求;强度、寿命、重量、外廓尺寸要求以及通
用质量特性要求。

7.1.4　尾传动轴组件的发展趋势

经过多年的发展,大量新技术、新材料、新工艺得以应用,在尾传动轴组件的重
量控制、使用成本控制、使用寿命和动力学特性等方面已取得长足进步。未来尾传
动轴组件将向着长寿命、复合材料、减振、减重、高生存力等方面不断发展[2],其技
术发展趋势如下:

(1) 超临界轴构型;

(2) 各种工况下轴系的动力学特性数字化仿真分析;

(3) 高性能新材料技术,如钛合金材料(TC4)、复合材料(碳纤维 T800)等;

(4) 抗弹击设计与验证;

(5) 高效的防腐镀层、涂层(如 IP9183、H61-1 有机硅铝粉等);

(6) 先进的寿命、可靠性设计技术,如面向任务的预防性维修任务分析
(MSG-3)确定成品检查间隔期及寿命,采用缺陷容限安全方法进行寿命设计与验
证[1]等;

(7) 实时监控(如振动等)和健康管理技术的系统设计[1]技术。

各代直升机尾传动轴组件典型技术参数见表 7.1。

表7.1 尾传动轴组件典型技术参数[2]

技术参数	第一代	第二代	第 三 代	第 四 代
直升机典型型号	米-4	超黄蜂	虎	科曼奇
转速/(r/min)	2 452	3 579.42	4 652	4 789
联轴器形式	膜片联轴器	膜片联轴器	柔性联轴器	膜盘联轴器
联轴器偏角补偿	30′	40′	1.5°	2.3°
轴的材料	钢制轴	铝合金轴	复合材料轴	复合材料轴
抗弹击能力	无	无	可抗12.7 mm的弹击	可抗12.7 mm或23 mm的弹击
总寿命/飞行小时	800	1 000	9 000	9 000

7.2 工作原理

由于非折叠构型尾传动轴组件与折叠构型尾传动轴组件在结构形式上的显著差别,其具有不同的工作特点,下面分开叙述。

7.2.1 非折叠构型尾传动轴组件工作原理

非折叠构型尾传动轴组件一般由尾水平轴和尾斜轴两部分组成。尾水平轴连接主减速器与中间减速器,一般采用多段轴连接,并采用一定数量的轴承座支撑在直升机尾梁上;尾斜轴连接中间减速器与尾减速器,一般只有一段轴;各段轴之间、轴与主、中、尾减速器之间通过联轴器及其紧固件连接。将主减速器的尾传输出转速和扭矩传递给中间减速器,并将中间减速器的输出转速和扭矩传递到尾减速器,进而驱动尾桨运转。同时,联轴器可以适应主减速器尾传输出轴线、中间减速器输入和输出轴线、尾减速器输入轴线之间的偏斜,工作示意图见图7.4。

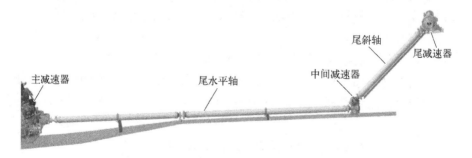

图7.4 非折叠构型尾传动轴组件工作示意图

7.2.2 折叠构型尾传动轴工作原理

舰载直升机一般都有尾梁折叠的要求,图
7.5 为直升机尾梁折叠后进入舰舱的情景。与
直升机尾梁折叠相适应,尾传动轴也应能在规定
的位置按规定的角度折叠。

尾传动轴的折叠有两种方式:

(1)尾水平轴折叠,如 EH101"灰背隼"[2];

(2)尾斜轴折叠,如 SA-321"超黄蜂"[2]。

折叠型尾水平轴或尾斜轴需要在常规结构
上增加折叠机构,用来实现随直升机进行折叠的
功能,其传递扭矩的工作原理与非折叠型尾传动
轴组件一致,折叠机构工作原理如下。

图 7.6 为一种典型的折叠机构工作示意图,
该机构由端齿离合器组件组成。直升机尾梁折

**图 7.5　舰载直升机尾梁
折叠后进入舰舱**

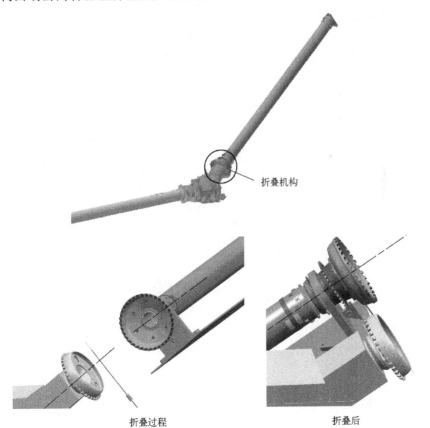

折叠过程　　　　　　　折叠后

图 7.6　折叠构型尾传动轴工作示意图

叠时,端齿离合器组件中的端齿盘与凸齿盘分离,端齿盘上闭锁套筒的锯齿槽与机身闭锁机构的凸块啮合,形成闭锁,以防止尾传动轴和尾桨转动。尾梁复位后,在端齿盘和折叠轴之间的压缩弹簧作用下,端齿离合器组件自动接合,尾传动轴实现传递扭矩的功能。

7.3　尾传动轴典型结构

7.3.1　尾水平轴典型结构

尾水平轴主要由传动轴段、联轴器、轴承支承座等零件组成,根据其动力学特性不同,可分为以下两种。

1. 亚临界尾水平轴

该类尾水平轴一般由5~6段传动轴、联轴器、轴承支承座等零件组成,通过轴承支承座安装在直升机尾梁平台上,其工作转速在一阶临界转速以下,维护效率较低,典型结构见图7.1。

2. 超临界尾水平轴

该类尾水平轴一般由2~3段传动轴、阻尼器、联轴器、轴承支承座等零件组成,通过轴承支承座安装在直升机尾梁平台上,其工作转速在一阶临界转速以上,维护效率较高,典型结构见图7.2。

7.3.2　尾斜轴典型结构

尾斜轴连接中间减速器与尾减速器,一般只有一个轴段,根据是否具有折叠功能,可分为以下两种。

1. 非折叠型尾斜轴

非折叠型尾斜轴由铝管两端胶铆接法兰盘组成,见图7.7。

图7.7　非折叠型尾斜轴

2. 折叠型尾斜轴

折叠型尾斜轴在尾斜轴上安装了折叠机构。图7.8为一种典型的折叠型尾斜

端齿盘　　　折叠轴
凸齿盘
闭锁套筒

图7.8　折叠型尾斜轴

轴,主要由凸齿盘、端齿盘、闭锁套筒、折叠轴等组成。

7.4　结构及零部件设计

7.4.1　结构布局

单旋翼直升机尾传动轴组件一般由尾传动水平轴(以下简称尾水平轴)和尾传动斜轴(以下简称尾斜轴)两部分组成。

尾水平轴和尾斜轴的总长根据直升机的节点数据及接口要求确定,尾水平轴是亚临界轴系还是超临界轴系,以及轴段的长度和段数,根据传动总体的动力学特性设计,按临界转速限值及直升机总体布局协调确定。

根据轴段数可以把尾水平轴分为如下几类:

(1) 多轴段型,此类尾水平轴由 4 段以上轴段组成,一般为亚临界轴系,多用于较大型的多用途直升机,如"超黄蜂"直升机;

(2) 2~3 轴段型,此类尾水平轴由 2 或 3 段轴段组成,一般多为超临界轴系,用于中、轻型直升机,如 AB139 直升机,超临界轴的每段轴中部各设置一个阻尼器,以限制轴过临界转速时的振幅。

此外,也有轻型直升机的尾水平轴只有一段,结构简单。尾斜轴一般只有一个轴段,结构简单,一般为亚临界轴。

同时,根据尾传动轴组件的折叠功能要求,决定是否带有折叠机构,折叠机构的安装位置根据直升机的折叠位置相对应确定。

7.4.2　零部件结构设计和计算

1. 轴体设计

轴体设计主要以接口要求、动力学特性及强度要求为依据。设计时根据类似机种经验,先综合考虑接口、载荷、转速、重量、强度、抗弹击要求(如有)选择结构尺寸和材料,然后保证动力学、强度、寿命等要求,主要包括如下内容。

1) 选材

直升机尾传动轴大多选用铝合金管[3],但考虑到发动机排气段的配置不同,有的尾水平轴前段处在相当高的环境温度下,为避免高温影响轴的性能,此时尾水平轴的前段采用合金钢。同时,随着复合材料制备技术的发展,目前也有一些机型的尾传动轴逐步开始采用复合材料。这种材料具有更高的强度和更轻的重量,其强度和动力学特性具有可设计性,在减轻重量的同时可以获得较好的动力学特性。预计不久的将来,复合材料在尾传动轴上的使用会更加普及。

2) 确定基本参数

根据节点间距离及动力学特性,按临界转速限值及直升机总体布局协调确定传动轴长度;按强度、抗弹击(如有)等相关要求确定外径及壁厚,并进行动力学计算,进而确定其他相关参数。

3)确定连接方式

轴管与法兰盘连接方式通常采用胶接/铆接或整体式焊接(对钢制轴)。轴段之间、轴与减速器之间的连接方式,根据接口要求选定,常见的有法兰盘螺栓连接和花键连接两种方式(详见7.4.2小节中"3.连接设计")。

尾传动轴设计时应考虑动平衡要求,在动平衡机上的安装状态应尽可能模拟实际工作状态,轴上应有动平衡支承面及去除材料处。

4)动态特性设计[4]

尾传动轴的设计应保证工作转速避开临界转速,以免产生共振,引起构件破坏。此外,轴较长,由于材料成型、加工、装配误差等会使轴的质心偏离其几何中心,导致工作时旋转中心与质心不重合(即存在动不平衡量),产生振动。因此,需要对尾传动轴进行平衡校正,通过加平衡块或去除金属材料等方法,将不平衡量控制在允许的范围内[5]。

尾传动轴临界转速计算通常可采用常规方法和有限元方法。根据GJB 2350—1995《直升机传动系统通用规范》和CCAR - 29 - R1《运输类旋翼航空器适航规定》,传动轴设计时在各阶临界转速下应保证足够余量的临界转速裕度。

5)强度设计

传动轴轴管强度计算包括静强度计算、疲劳强度计算。

a)静强度设计

在静强度设计中应保证尾轴管最薄弱截面上的最大扭转工作应力小于材料剪切强度极限。

b)疲劳强度设计

为保证尾传动轴工作的可靠性,必须进行寿命评估,以确定安全使用寿命。尾传动轴在工作中承受瞬态疲劳扭矩,考虑到扭矩的交变值都很小,低周疲劳计算已包括这些影响,因此按估算安全寿命法进行评估。尾传动轴的低周疲劳强度设计与评估详见第9章9.4节。

6)抗弹击设计

尾传动轴抗弹击能力的一般要求是:被一发12.7 mm口径枪弹击中后,仍能安全降落。

由于尾传动轴为空心薄壁结构,中弹后即进入超负荷传扭状态。中弹区域将出现应力集中并出现裂纹扩展,一旦尾传动轴不堪重负出现断轴情况,整个尾部传动系统的传动能力将完全丧失,整个直升机可能会有坠毁的风险。一般情况下,轴上的穿孔尺寸大小不仅与弹头入射角有关,而且与弹头速度有关。

同时,轴体承受的载荷主要是扭矩,弹击后轴体的载荷仍然是扭矩。在相同的质量下,管径越大,抗扭模量越大,传递扭矩的能力越强,一般采用大管径的轴体,因此,目前国外多用大直径轴体实现抗弹击。

尾传动轴可产生多种弹击损伤模式,在抗弹击分析时一般选取两种典型的情况进行分析。损伤模式 1 下,弹击的部位位于轴管圆周顶部;损伤模式 2 下,弹击的部位位于轴管圆周中部,如图 7.9 所示。

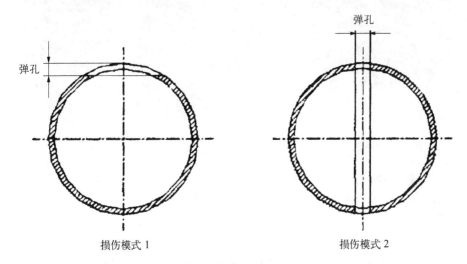

图 7.9　弹击损伤模式

尾传动轴体抗弹击能力可以采用有限元法进行初步分析,详见第 9 章 9.5 节,但是随着技术的进步,应考虑采用试验验证。

2. 法兰盘设计

尾传动轴的法兰盘有花键法兰盘和轴法兰盘两种结构。

轴法兰盘一般由与轴管配合铆接的圆柱段、法兰盘及中间圆锥-圆柱面颈缩连接段组成,如图 7.10 所示。花键法兰盘在轴法兰盘的基础上,增加了与花键接头相配的内花键,如图 7.11 所示。

法兰圆柱段的内孔或外圆与轴管配合,通过铆接和胶接结合在一起。法兰盘的形状根据相配的联轴器确定,通过螺栓与联轴器连接、紧固。

结构设计中,需明确与法兰盘相关的接口参数和设计载荷,接口参数包括与联轴器连接部分的螺栓孔分布直径、螺栓孔数量及螺栓孔直径;轴径结构,法兰盘与轴径、轴承的配合尺寸、花键参数等;设计载荷包括需要传递的扭矩等。

法兰盘的结构尺寸根据相关接口要求及强度计算结果确定,材料选用铝合金、钛合金或不锈钢。

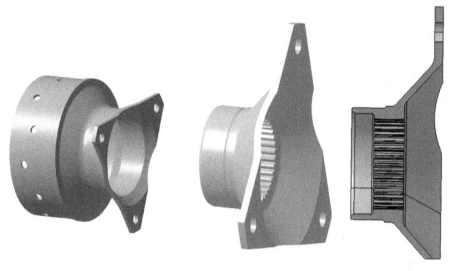

图 7.10　轴法兰盘　　　　　　图 7.11　花键法兰盘

3. 连接设计

在尾传动轴设计中,法兰盘螺栓连接、法兰盘与轴管的胶铆接、花键传扭连接是常见连接形式。

1) 螺栓连接设计[5]

在尾传动轴设计中,轴段之间的紧固通过螺栓连接,典型结构见图 7.12。

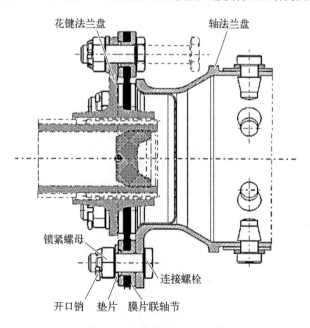

图 7.12　螺栓连接典型结构

尾传动轴联轴器螺栓是承受交变载荷的重要疲劳构件,其构型与一般精密螺栓相同,由螺栓头、螺牙部分及光杆部分组成,一般采用 MJ 螺纹,结构尺寸根据联轴器的结构参照以往经验设计,并应校核其静强度和疲劳强度。

螺栓材料采用调质钢、高强度耐热钢或钛合金。螺栓强度校核包括螺纹连接强度校核,按照《机械设计手册》(第六版)第 2 卷第 6 篇第 1 章"螺纹及螺纹连接"。

2)铆钉胶铆接设计

在尾传动轴设计中,铝合金(及钢制)轴管与法兰盘或花键接头一般采用圆柱面配合,均采用胶接+铆接结构形式(图 7.13、图 7.14),铆钉数量根据强度计算结果确定。一般情况下,轴径越大,铆钉直径越小,则需要的每排铆钉数越多。选择铆钉时应注意铆钉与轴管、法兰盘、花键接头间不应出现电化学腐蚀。

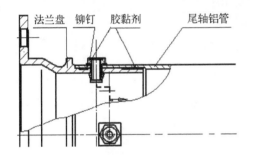

图 7.13 法兰盘胶接/铆接示意图

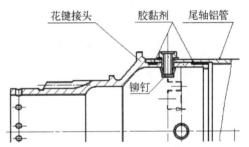

图 7.14 花键接头胶接/铆接示意图

轴管与法兰盘或花键接头的配合有如下两种情况:

(1)法兰盘在内,轴在外,轴管内孔与法兰盘外圆配合,如 SA - 321"超黄蜂";

(2)法兰盘在外,轴在内,轴管外径与法兰盘内孔配合,如 AS - 350"松鼠"。

铆接部位强度计算有常规方法和有限元方法两种。初步设计时可以先用常规方法估算铆接部位尺寸,详细设计时再用有限元方法详细分析。

为了控制尾传动轴不平衡量的要求,动平衡时,需在铝管表面胶接平衡块或在适当的位置去除材料,如图 7.15 所示。

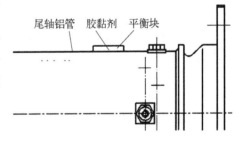

图 7.15 尾传动轴平衡块胶接示意图

3)花键连接设计

a)结构设计

根据连接方式的不同,在尾传动轴中有固定花键和浮动花键两种花键传扭方式。有的尾传动轴或轴段一端采用浮动花键,可以轴向窜动。也有的尾传动轴两端采用法兰及固定花键传扭,花键不允许有轴向窜动(压紧螺母紧固),轴向位置变动主要通过联轴器的变形调节,见图7.16。

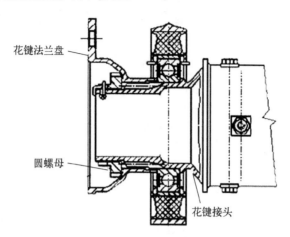

图 7.16　尾传动轴花键连接的固定端

b) 花键强度计算

花键设计应保证其静强度、疲劳强度满足设计要求,应按相关要求进行花键副挤压强度、剪切强度校核。

4. 支撑结构设计

尾传动轴的轴段之间相互通过联轴器及连接紧固件连接,有轴承支承。此时,尾梁上设有安装尾轴支撑的支座。

轴承支座的设计与尾传动轴的动力学特性有关,其典型结构有以下几种:

1) 带橡胶隔振件的轴承支座

橡胶减振支座将尾传动轴支撑在直升机上,为了避免刚性连接产生较大的振动,在轴承座和轴承之间安装橡胶垫,起到缓冲、减振的效果,一般亚临界轴系采用该种结构的支撑。结构示意见图7.17。

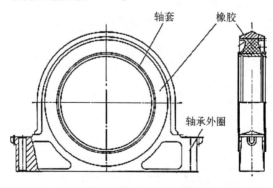

图 7.17　带橡胶隔振件的轴承支座组件结构示意图

2）可随动的轴承支撑

可随动的轴承支座由球面外圈球轴承、关节轴承、轴承座组件、支撑座组件以及连接紧固件等零部件组成,见图7.18。球轴承的球面外圈可以适应承受安装及工作变形引起的角向偏斜、降低工作时的振动;通过支撑座组件上关节轴承,可以适应更大的角向或轴向偏斜。在超临界轴系中一般采用该类支撑,以适应轴系在过临界时产生的角向偏斜和轴向位移。

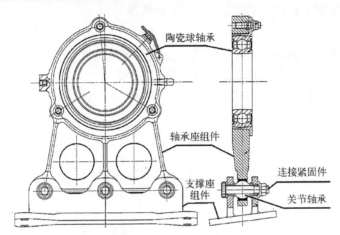

图7.18 可随动的轴承支座组件结构示意图

3）带黏性阻尼器的轴承支撑

黏性阻尼器支撑由黏性阻尼器、轴承和轴承支座组成,轴承支座与直升机尾梁上的支座相连,将尾传动轴组件支撑在直升机上,黏性阻尼器为带钢制衬套和中空橡胶件的阻尼零件,中空橡胶件内充满对温度变化不敏感的液体,轴承外环支承于黏性阻尼器的钢制衬套内,可有效抑制传动轴振幅增长并减振、缓冲,在超临界轴系也可采用该类轴承支撑结构,见图7.19。

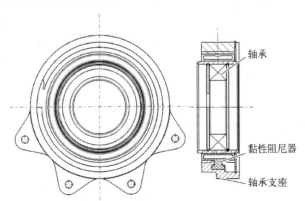

图7.19 黏性阻尼支座结构示意图

5. 联轴器设计及选用

在传动系统中常用联轴器类型主要有膜片联轴器、膜盘联轴器。由于膜盘与尾传动轴轴管不能采用电子束焊,且膜盘联轴器没有破损安全能力,一旦断裂将迅速破坏,而尾传动轴为单一传动链,转速比动力传动轴低,其高转速工作的特点不明显;因此,一般尾传动轴设计中常采用膜片联轴器。膜片联轴器一般作为成附件,在尾传动轴设计中,进行膜片联轴器的选用。联轴器的详细设计及选用的方法见第8章"典型零部件设计"中的8.5节"联轴器"。

6. 折叠机构设计

折叠型尾传动轴除在正常飞行状态下按要求的转速、转向传递扭矩并满足强度、寿命要求外,还应具有要求的折叠功能。

如前所述,典型的折叠机构由下述部分组成(图7.20):

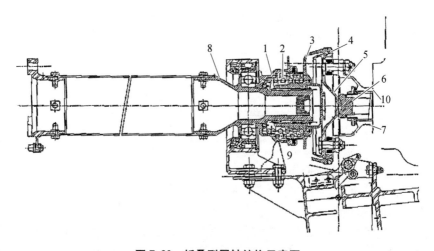

图7.20　折叠型尾轴结构示意图

1. 锁紧盘;2. 弹簧;3. 端齿盘;4. 凸齿盘;5. 支撑帽;6. 堵头;7. 中间减速器法兰盘;
8. 花键接头;9. 闭锁机构;10. 中间减速器

(1) 与一端相连的支撑帽(一般为圆头锥形)及与另一端相连的球窝形堵头;

(2) 端齿离合器(或称端齿联轴器,一般为圆弧端齿联轴器,两齿盘分别位于折叠机构两端);

(3) 闭锁机构。

下面以某直升机传动系统尾传动轴折叠机构为例,介绍折叠结构的设计,该结构主要由轴承支座和一个端齿离合器组成,通过端齿离合器实现尾传动轴的折叠功能。

端齿离合器主要由锁紧盘、弹簧、端齿盘、凸齿盘、支撑帽、堵头组成。正常工作时,通过端齿盘与凸齿盘的啮合,实现转速和扭矩的传递;为保证尾梁折叠复位时端齿离合器能自动接合及工作时连接可靠,在端齿盘和锁紧盘之间设置了一个压缩弹簧;为平衡弹簧的弹力,凸齿盘内的支撑帽与中间减速器法兰盘内的堵头形成球面接合,将弹簧弹力传递到中间减速器。

直升机停放不工作时,尾传动轴折叠,使端齿盘与凸齿盘脱开,从而尾传动轴与中间减速器分离。在尾传动轴折叠期间,锁紧盘上的锯齿圆盘通过与机身闭锁机构的凸块啮合来锁住尾传动轴,以防止尾传动轴和尾桨转动。

1) 设计要求

(1) 满足设计技术指标及总体尺寸、接口尺寸要求;

(2) 满足结构强度及振动特性等要求;

(3) 严格控制重量;

(4) 满足折叠次数要求。

2) 强度校核

a) 结构强度校核

结构强度校核包括静强度和疲劳强度。由于通过弹簧弹力实现接合,校核时需考虑弹簧弹力因素。

b) 端、凸齿强度校核

端、凸齿的强度校核主要包括凸齿的强度计算、端齿弯曲强度计算。

① 凸齿的强度计算

挤压应力计算公式如下:

$$p = \frac{2T}{\varphi ZhlD_{\mathrm{m}}} \tag{7.1}$$

式中,T 为传递扭矩;φ 为各齿载荷不均匀系数;Z 为齿数;l 为齿的配合长度;

② 端齿的弯曲强度计算

弯曲强度计算公式如下:

$$最大弯曲正应力: \sigma_{\max} = K_\sigma M_{\max 1}/W \tag{7.2}$$

式中,K_σ 为应力集中系数;$M_{\max 1}$ 为各齿上的最大弯矩(齿根处);W 为抗弯截面系数。

7.5　设计实例

本节以某型直升机尾传动轴组件设计为例,介绍尾传动轴组件的设计内容及流程,具体设计过程如下。

注:该型直升机无中间减速器,尾传动轴组件直接连接主减速器和尾减速器,因此,尾传动轴组件由尾水平轴组成,无尾斜轴。

7.5.1　设计要求

1. 功率、扭矩

尾传动轴传递的最大功率为 185 kW；

尾传动轴最大瞬态扭矩为 461 N·m。

2. 转速及转向

1）转速

额定转速为 4 789.4 r/min

最大转速（无动力）为 5 747.28 r/min

2）转向

顺航向，顺时针。

3. 联轴器工作时允许的最大偏斜角

稳态为 30′；

瞬态为 1°。

4. 环境适应性

飞行高度为 ≤7 000 m；

环境温度为 -40 ℃ ≤T≤ +60 ℃；

最低停放温度为 -55 ℃；

最高停放温度为 +70 ℃；

防湿热、盐雾和霉菌。

5. 质量

不大于 12 kg。

6. 寿命

≥6 000 飞行小时，膜片联轴器视情维护。

7. 生存力

尾传动轴（水平轴和斜轴）被一发 12.7 mm 口径的枪弹击中后，仍能安全降落。

8. 外形尺寸限制要求

安装尺寸、外形尺寸和相关接口见相关接口控制文件要求。

7.5.2　设计内容

1. 尾传动轴构型设计

传动系统设计部门与直升机总体设计部门协调，根据直升机的节点数据、接口要求及动力学特性，按临界转速限制以及直升机总体布局，开展了尾传动轴组件的构型论证和初步方案设计，通过选材，开展强度、寿命校核，动力学特性分析，重量评估，并综合考虑技术成熟度和主机提出的高可靠性、高安全性及高经济性等方面，开展方案对比，确定该项目尾传动轴组件为亚临界轴，由尾传前轴、尾传中轴、尾传后轴、膜片联轴器、深沟球轴承及连接紧固件组成。其中,尾传前轴一端通过花键接头与主减速器尾传输出端连接,另一端通过三角法兰盘和膜片联轴器与尾传中轴法兰盘连接;尾传后轴两端通过花键分别与尾传中轴、尾减速器输入端相连,结构示意图见图 7.21。

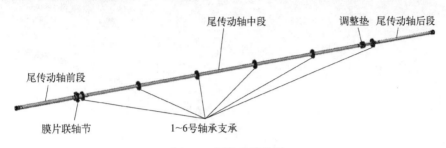

图 7.21　尾传动轴构型

2. 尾传动轴设计

1) 尾传前轴

尾传前轴的设计主要以接口要求、动力学特性、强度以及抗弹击要求为依据,借鉴相似机型经验,确定了轴段长度、外径和壁厚,轴管的动力学计算、强度校核采用常规计算方法。

尾传前轴主要包括花键接头、铝管和三角法兰盘,花键接头和三角法兰盘分别通过胶铆与轴管连接,结构示意图见图 7.22。

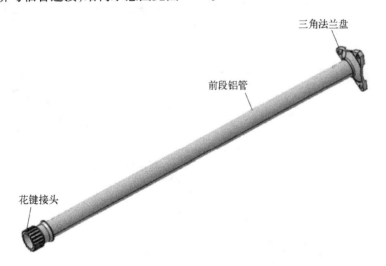

图 7.22　尾传前轴结构示意图

2) 尾传中轴

尾传中轴的设计方法与尾传前轴一致。尾传中轴主要包括圆形法兰盘、铝管、圆螺母、三角法兰盘等零件,考虑到该轴跨距较长,在轴组件上设计了5个轴承座组件。在轴承和轴承支架之间安装橡胶保护套,起减振作用,同时在轴承与铝合金管之间安装橡胶垫,以保护铝合金管表面不被磨损并起减振作用,结构示意见图7.23。轴承通过轴肩和卡簧轴向定位在轴承座中,然后将轴承支架固定在直升机的尾梁上。

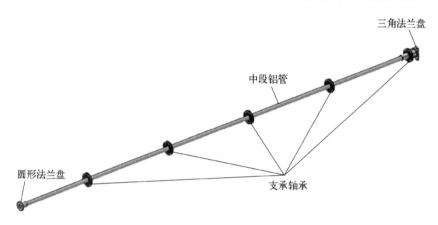

图 7.23 尾传中轴结构示意图

3) 尾传后轴

尾传后轴的设计方法与尾传前轴一致,尾传后轴主要包括圆形法兰盘、铝管和花键接头等零件,在该轴组件上设计有一个轴承座组件。该轴两端分别通过圆形法兰盘、花键接头与尾传中轴和尾减速器输入连接,其中圆形法兰盘、花键接头通过胶铆接与轴管连接,结构示意见图7.24。

图 7.24 尾传后轴结构示意图

3. 膜片联轴器选型设计[6,7]

膜片联轴器由膜片组、衬套和连接螺栓组成,膜片组由薄的、一定数量的高强度不锈钢片叠合而成,结构示意图见图 7.25。一般情况,膜片联轴器作为成附件,由专业厂家承制,在传动轴设计中,进行膜片联轴器的选用,主要包括如下内容:

（1）根据安装、维护要求及相关研制经验,选择带衬套固定的束腰形膜片联轴器;

图 7.25　膜片联轴器结构示意图

（2）根据与相连法兰盘的尺寸,确定膜片联轴器六个螺栓安装孔中心分度圆直径为 $\Phi 92$ mm;

（3）根据尾传动轴尺寸链计算要求,确定膜片联轴器组件总厚度为 8.2 mm;

（4）根据传递功率、偏角补偿要求,确定膜片联轴器螺栓安装孔径为 $\Phi 8.0$ mm;

（5）确定膜片联轴器组件的其他主要尺寸,如内、外圆直径（$\Phi 70$ mm、$\Phi 113$ mm）等参数。

综合确定膜片联轴器的主要接口尺寸,如螺栓安装孔径、分度圆直径、厚度等主要参数,具体选型设计见第 8 章 8.5 节。

4. 强度分析

尾传动轴的主要结构件包括轴管、法兰盘、花键接头等,设计时其静强度的安全裕度须大于零。

花键接头、法兰盘以及铆接区域的强度采用有限元方法计算,轴管采用常规方法。

静强度按最大扭矩状态计算,强度校核结果见表 7.2。

表 7.2　尾传动轴静强度校核结果

名　　称	最大当量应力/MPa	屈服极限 $\sigma_{0.2}$/MPa	抗拉强度 σ_b/MPa
前段轴管	279.081	290	441
中段轴管	299.075	290	441
后段轴管	272.085	290	441

由强度计算结果,初步确定尾传动轴的结构参数,详见表 7.3,并对选取的结构参数进行变形量的计算,计算结果见表 7.4。

表 7.3 尾传动轴基本结构参数

名　　称	轴组件长度/mm	外径/mm	壁厚/mm
尾传前轴	728	49	2.5
尾传中轴	4 109	49	2.5
尾传后轴	869	49	2.5

表 7.4 尾传动轴刚度计算结果

名　　称	半径/mm	最大周向位移/mm	扭转刚度/(N·m/rad)
前　轴	24.5	2.44	4.64×10^3
中　轴	24.5	8.75	1.29×10^3
后　轴	24.5	1.37	8.22×10^3

5. 动力学特性分析

采用临界转速公式(7.3),对初步设计的尾传动轴进行临界转速计算,其计算结果见表 7.5。

$$n = 946\lambda_k \sqrt{\frac{EI}{WL^3}} \tag{7.3}$$

表 7.5 尾传动轴临界转速计算结果

工作转速/(r/min)	临界转速/(r/min)	临界转速裕度
4 789.4	11 168	94.3%

通过上述计算可知,表 7.5 中的尾传动轴设计参数满足要求,合理可行。

参考文献

[1] 文裕武,温清澄,等.现代直升机应用及发展[M].北京:航空工业出版社,2000.

[2] 倪先平.直升机手册[M].北京:航空工业出版社,2003.

[3] 《中国航空材料手册》编辑委员会.中国航空材料手册第3卷 铝合金镁合金[M].北京:中国标准出版社,2002.

[4] 《航空发动机设计手册》总编委会.航空发动机设计手册第19册 转子动力学及整机振动[M].北京:航空工业出版社,2002.

[5]　西北工业大学机械原理及机械零件教研组,濮良贵.机械零件[M].北京:人民教育出版社,1962.

[6]　Phillips J. Flexibox metasttream. A technical review of flexibox products[R]. Flexibox, 1985.

[7]　王心丰,方鸿惠.挠性叠片联轴器强度计算和优化设计[D].南京:南京航空航天大学,1993.

第8章
典型零部件设计

8.1 齿轮与花键设计

8.1.1 国内常用齿轮材料

由于在工作过程中传递的载荷较大,直升机传动系统上的齿轮承受很大的齿根弯曲应力和齿面接触应力,同时齿轮转速较高,因此齿轮通常选用电渣重熔、真空感应、真空自耗、双真空冶炼等工艺冶炼的优质合金钢并进行表面硬化热处理,以获得较高的弯曲强度和接触疲劳强度,以及较强的抗胶合能力。

目前,直升机传动系统齿轮大多选用渗碳钢和氮化钢。渗碳钢可以通过渗碳热处理工艺改变轮齿表层化学成分和组织,获得高的硬度,而芯部保持高的韧性。目前,常用的渗碳齿轮钢材料有 9310、18CrNi4A/E。9310 合金钢是一种优良的合金渗碳钢,具有良好的淬透性、高的抗拉强度和高的韧、塑性,经渗碳淬火后,表面硬度高,芯部的强度、韧性和塑性配合良好,且有好的锻造和切削加工性能,适宜制造转速高、载荷大,结构紧凑的齿轮、轴类零件。18CrNi4A/E 钢也是一种优良的渗碳钢,具有高淬透性和较好的渗碳、切削及磨削性能,该钢经淬火及低温回火后具有较高的抗拉强度及良好的综合力学性能,具备高疲劳强度及低缺口敏感性。

氮化钢在直升机传动系统齿轮上也有选用。氮化钢一般含有 Cr、Mo、Al 以及 V 等合金元素,经氮化处理后,在获得高的表面硬度的同时,芯部具有良好的强度与韧性。常用的氮化齿轮钢为 32Cr3MoVA/E,32Cr3MoVA/E 是一种具有优良综合性能的中碳低合金渗氮钢,具有高的淬透性,良好的渗氮性能和力学性能,渗氮后可获得高的表面硬度、耐磨性和疲劳强度,芯部有良好的强度和韧性的结合。

除用于旋翼轴等轴类零件外,超高强度钢 35Ni4Cr2MoA/E 在固定齿圈以及附件传动齿轮中也有所应用,视应用条件及强度要求采用先调质后渗氮或者淬火后中、低温回火的热处理工艺。35Ni4Cr2MoA/E 钢是优良的中碳、低合金、高韧性、高强度或超高强度钢,含有较高的 Ni、Cr、Mo 合金元素,使钢的过冷奥氏体相当稳定,钢的淬透性很高,空淬后即可得到马氏体和贝氏体组织。淬火加高温回火或低温回火,可以获得高强度和超高强度两个级别,可在大截面上获得均匀的高强度和高韧塑性,具有低冷脆转变温度和高疲劳强度。

8.1.2　渐开线圆柱齿轮

圆柱齿轮用于平行轴间传动。按轮齿与齿轮轴线的相对关系,圆柱齿轮可分为直齿轮、斜齿轮、人字齿轮等类型,按啮合形式可分为外啮合齿轮和内啮合齿轮。按齿形可分为渐开线圆柱齿轮、圆弧圆柱齿轮、摆线圆柱齿轮等,而渐开线圆柱齿轮又可细分为普通渐开线圆柱齿轮、非对称渐开线圆柱齿轮、变齿厚渐开线圆柱齿轮等。在没有特别声明的条件下,本节"圆柱齿轮"一词指普通渐开线圆柱齿轮。

1. 主要几何参数选择与几何尺寸计算

圆柱齿轮传动的设计输入主要包括传递的功率或扭矩及其载荷特性、转速、传动比、预定的寿命、结构要求及外形尺寸限制等。设计时根据设计输入初步选择或估计主要参数(齿数、模数、压力角、螺旋角、齿宽等)并计算主要几何尺寸,再进行承载能力计算分析。必要时可修改主要参数,再重复前述计算分析过程,直到承载能力满足标准或规范要求。具体设计圆柱齿轮时应综合考虑齿轮承载能力、重量、结构约束及工艺性等。

直升机传动系统圆柱齿轮模数可以采用标准值和非标准值;压力角多在 $20° \sim 28°$ 之间选择;斜齿圆柱齿轮螺旋角一般在 $8° \sim 20°$,人字齿轮可以取更大螺旋角;齿宽需要根据轮齿承载能力要求及支撑刚性合理确定,不宜超过小轮分度圆直径。主要参数选择除了保证承载能力以外,还需要考虑以下约束:

(1) 端面重合度应不小于 1.2;

(2) 不发生齿根过渡曲线干涉;

(3) 加工不根切。

圆柱齿轮传动几何尺寸计算的具体步骤与公式见相关文献。

2. 精度、侧隙与齿面粗糙度选择

齿轮精度等级的选择取决于对齿轮使用性能的要求,制造质量必须达到设计图样规定的精度等级。直升机传动系统圆柱齿轮精度主要根据经验按 HB 0 - 91—1988 确定,也可参照 GB/T 10095. 1—2008、ANSI/AGMA 2015 - 1 - A06 等标准选择精度等级。

齿轮副法向侧隙的确定与齿轮直径、精度、干运转要求等有关,设计时可查阅有关技术标准(如 HB 0 - 91—1988)初定侧隙,在此基础上考虑干运转需要,适当增大侧隙。也可以通过类比的方法确定,还可以通过同时考虑工作时机匣与齿轮的膨胀以及保证正常润滑而必须考虑的齿轮副侧隙来计算确定。

直升机传动系统圆柱齿轮齿面粗糙度 Ra 的最大允许值一般不超过 $0.4\ \mu m$,

齿根粗糙度 Ra 的最大允许值一般不超过 0.8 μm。

3. 承载能力计算分析

圆柱齿轮承载能力分析主要包括齿根弯曲疲劳强度、齿面接触疲劳强度、胶合承载能力三个方面，具体计算分析方法可见 HB/Z 84.1—1984～HB/Z 84.4—1984、AGMA 2101 - D04 等标准。在实际设计中，上述承载能力计算方法已经用程序实现。为进行更加精细的优化设计，轮齿弯曲强度、接触强度计算分析也开始采用有限元分析方法。

在要求的寿命期内，齿轮工作的可靠性要求应根据其重要性、工作要求和维修难易程度等因素综合考虑确定，一般按 0.1% 或 1% 的失效概率计算直升机传动系统齿轮的承载能力。

4. 齿面修形

由于受制造误差、安装误差、弹性变形和热变形等因素影响，在啮合过程中齿轮不可避免地产生偏载、冲击和振动，从而导致齿轮早期失效的概率增大。圆柱齿轮齿面修形对改善运转性能、提高承载能力、延长使用寿命有着明显的效果。

圆柱齿轮齿面修形一般包括齿廓修形和齿向修形。齿廓修形有沿全齿廓修形的中凸齿修形和在齿顶、齿根部分修形两大类。齿向修形主要有鼓形齿修正、螺旋线修形、齿端修形三类。多数情况下可以采用沿齿长的纵向曲率为等半径圆弧的鼓形齿修正，其鼓形中心位于齿长的中间。当啮合歪斜度比较大时，对轻载齿轮可采用单纯的螺旋线修形，但对动力传动齿轮，一般应采用带鼓形的螺旋线修形。鼓形中心偏于齿宽一端的非对称鼓形齿也可以看作带鼓形的螺旋线修形。齿端修形用于齿轮副的啮合歪斜度较小的情形，以避免边缘的载荷集中。齿端修形有直线齿端修形和圆弧齿端修形两种形式。

修形形式和修形量可根据经验或者标准（如 HB 0 - 91—1988）或根据专业分析软件进行仿真分析初步确定，然后进行运转试验。根据试验结果调整修形类别、形式和修形量，直到获得满意效果。

5. 结构设计

若工艺上可行，应尽可能把齿轮与轴设计成整体，以减少结合面之间微动磨损的影响，减轻重量，提高可靠性，并便于维护。当不能将齿轮与轴设计为一体时，可以设计轮毂，采用圆柱面径向定位、端面轴向定位，结合平键、花键传扭等方式将齿轮安装到轴上。齿轮直径不大时，可以采用等厚度直线形薄壁轮毂，齿轮直径大时，为提高轮毂的轴向刚度，可采用锥形轮毂，轮毂从周边向中心加厚，尽可能接近等强度。

为了保证齿轮的强度、刚度、稳定性及合理使用材料，大直径齿轮轮辐往往设计成变截面圆锥形，轮缘和轮辐转接处应有较大曲率半径。

齿轮的轮缘应有足够的强度和刚度，当无轮辐轮毂时，轮缘的厚度不小于全齿高,当有轮辐轮毂时,轮缘的厚度不应小于 0.8 倍全齿高。在一般情况下圆柱齿轮的轮缘厚度可以初步取为 1.2 倍全齿高。

对于重要齿轮,可通过有限元法对齿轮轮体结构进行强度校核及动态特性分析,保证强度和刚度,避免发生过大的振动。

8.1.3　锥齿轮

锥齿轮用于传递相交轴之间的运动和动力,有直齿锥齿轮、斜齿锥齿轮和螺旋锥齿轮(弧齿锥齿轮)等几种类型,其中以螺旋锥齿轮的应用最广泛,而斜齿锥齿轮则很少应用[1]。螺旋锥齿轮齿制分为收缩齿和等高齿,直升机传动系统主要采用收缩齿的螺旋锥齿轮。

1. 主要几何参数选择与几何尺寸计算

螺旋锥齿轮传动的设计是先根据传动工作条件(传递扭矩、功率谱、转速与转向、传动比、轴夹角、预定的寿命、结构要求及外形尺寸限制等)初步选择或估计主要参数(齿数、模数、压力角、螺旋角、齿宽、变位系数、刀盘半径、旋向、侧隙、齿根圆角半径等)并计算主要几何尺寸,再进行承载能力计算分析和寿命计算。必要时修改主要参数,再重复前述计算分析过程,直到承载能力和寿命满足要求。主要参数和几何尺寸都已经选定之后,再进行齿轮的结构设计,并绘制零件工作图。

直升机传动系统锥齿轮主要参数选择除了应保证承载能力以外,还需要考虑以下约束。

(1) 应使主动齿轮和从动齿轮的轴向力沿其轴线趋向于分离的方向,当不能实现主、从动齿轮的轴向力同时沿轴线趋于分离时,应使小轮承受一个趋于分离的轴向力。可根据大小轮的旋转方向确定弧齿锥齿轮的螺旋方向,图 8.1 表示转动方向一定时,弧齿锥齿轮应有的螺旋方向。

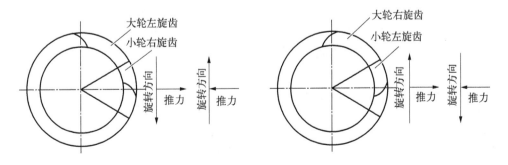

图 8.1　弧齿锥齿轮应有的螺旋弧齿方向

(2) 端面重合度应不小于 1,齿面重合度应不小于 1.75,总重合度应不小于 2[2]。

(3) 轴夹角可以取 4°～170°[2]。

（4）齿宽一般不得大于外锥距的三分之一[2]；齿宽设计同时应考虑齿宽对齿轮小端的齿底槽宽、过渡曲面的曲率半径和齿轮强度的影响；对于高速级弧齿锥齿轮，应避免小端轮齿过薄。

（5）根据格里森标准，侧隙的选取与模数有关。为满足环境及干运转的工作要求，还可以通过同时考虑工作时箱体与齿轮的膨胀以及保证正常润滑而必须考虑的齿轮副侧隙来计算确定。

（6）刀盘半径可根据大轮分度圆直径大小选定。

（7）承载能力计算时，宜采用大、小轮齿根弯曲应力等强度设计，但要保证小轮与大轮的中点法向齿顶宽比值范围不超过 1~1.5。

（8）为提高承载能力，齿根圆角半径应等于允许达到的最大齿根圆角半径。

锥齿轮传动几何尺寸计算的具体步骤与公式见相关文献。

2. 精度与齿面粗糙度选择

锥齿轮精度等级的选择取决于对齿轮使用性能的要求，制造质量必须达到设计图样规定的精度等级。中点法向模数 m_n 为 1~16 mm，中点分度圆直径小于 800 mm 的弧齿锥齿轮精度按 HB 0‑92—98 规定；中点分度圆直径大于 800 mm 的弧齿锥齿轮精度可按照 GB/T 11365—1989 规定，重要传动弧齿锥齿轮精度宜采用 4~5 级，转速较高时可选 3~4 级，一般的锥齿轮宜采用 5~6 级。锥齿轮精度也可按美国标准 ANSI/AGMA 2005‑C96 规定，对于重要传动弧齿锥齿轮精度宜采用 11~12 级，对于较高转速的可选 12~13 级，一般的锥齿轮宜采用 10~11 级。

直升机传动系统锥齿轮齿面粗糙度 Ra 的最大允许值一般不超过 0.4 μm，齿根粗糙度 Ra 的最大允许值一般不超过 0.8 μm。

3. 渗层深度设计

渗层深度可参照美国的 AGMA 标准 ANSI/AGMA 2001‑B88 进行设计，我国 HB/Z 89.2—1985《航空锥齿轮齿面接触疲劳强度计算》附录 A 齿面渗层深度就是引用了 AGMA 标准。

锥齿轮齿面合适的有效渗碳层深度可按式（8.1）近似确定：

$$h_{eff} = 2.27 \times 10^{-5} \frac{\sigma_H d_{m1} \sin \alpha_n}{\cos^2 \beta_{vb}} \frac{u}{u+1} \tag{8.1}$$

式中，h_{eff} 为齿高中部有效渗碳层深度，单位为 mm；σ_H 为计算接触应力，单位为 MPa；d_{m1} 为小轮中点分度圆直径，单位为 mm；u 为齿数比；α_n 为法向分度圆压力角；β_{vb} 为当量圆柱齿轮基圆螺旋角，$\beta_{vb} = \arcsin(\sin\beta_m \times \cos\alpha_n)$，其中 β_m 为中点分度圆螺旋角。

有效渗碳层深度规定为：由表面至芯部洛氏硬度下降到 HRC50 的深度。为防止齿顶脆性,有效渗碳层深度应小于式(8.2)推荐的最大值：

$$h_{\text{eff max}} = 0.4\, m_{\text{mn}} \tag{8.2}$$

式中,m_{mn} 为中点法向模数。

锥齿轮齿面合适的氮化层总深度可按式(8.3)近似确定：

$$h_{\text{c}} = 0.877 \times 10^5 \frac{U_{\text{C}} \sigma_{\text{H}} d_{\text{m1}} \sin \alpha_{\text{n}}}{\cos^2 \beta_{\text{vb}}} \frac{u}{u+1} \tag{8.3}$$

式中,h_{c} 为氮化层总深度,单位为 mm;U_{C} 为芯部硬度系数。

4. 承载能力计算分析和寿命计算

锥齿轮承载能力分析主要包括齿根弯曲疲劳强度、齿面接触疲劳强度、齿面胶合承载能力分析三个方面,具体计算分析方法有格里森、AGMA(AGMA 2003 - B97)、航标(HB/Z 89.1—1985 ~ HB/Z 89.4—1985)或其他可靠的方法。对于承受较大瞬态载荷的齿轮,还应按 GB/T 10062—1988 或其他可靠的方法校核齿轮的静强度。目前,为进行更加精细的优化设计,也开始采用有限元分析方法进行轮齿弯曲疲劳强度、齿面接触疲劳强度计算分析。

在承载能力方面,直升机传动系统锥齿轮可按无限寿命设计和有限寿命设计。无限寿命设计要求在最大功率条件下,疲劳强度均要低于许用值;而有限寿命设计允许一些状态的疲劳强度高于许用值,但要采用 Miner 累计损伤原则,计算出齿轮的安全寿命,保证计算寿命高于设计寿命。关于锥齿轮承载能力许用值,不同材料、不同表面硬度的许用弯曲应力值、许用接触应力值和许用齿面温升有一定的差异,需要通过大量的试验得到;格里森公司有不同硬度齿面、不同表面处理、不同应用场合下的承载能力许用值。

直升机传动系统锥齿轮的承载能力和疲劳寿命验证需通过台架试验完成。试验完成后,根据试验功率及试验时数,通过齿轮材料的 $S - N$ 曲线,对照功率谱采用 Miner 累计损伤原则,计算出齿轮寿命。

累计损伤计算公式：

$$L = \frac{1}{\sum\limits_{i=1}^{K} \dfrac{60 n P_i}{N_i}} \tag{8.4}$$

式中,N_i 为功率谱 i 状态载荷下按 $S - N$ 曲线得到的相应疲劳寿命;n 为齿轮转速;P_i 为功率谱 i 状态所占百分数;L 为齿轮寿命,单位为 h。

5. 齿面设计

在螺旋锥齿轮副传动过程中,两个相互啮合传动的齿面接触印痕的位置、大小、形状的优劣对于齿轮传动的质量及效率、承载能力、动态性能等,有着极其明显的影响。传动系统的零部件都采用轻质薄壁结构设计,因此在实际加载工况下,航空减速器要比地面减速器更易产生变形,并考虑减速器中的箱体、轴承、轴系和齿轮的制造误差、安装误差以及随机误差的存在,加之温度、振动等因素的影响,齿面印痕将偏离理论设计位置,在这种情况下获得良好的齿面印痕更为困难。因此,在齿面设计之前,需完成系统分析,计算出实际工况条件下的当量安装错位(以下简称安装错位),并将安装错位量计算结果预先用于齿面设计;通过静态接触分析、加载接触分析,最终得到合理的齿轮加工参数及齿轮数字标准齿面,使得接触印痕在预设的接触区内。齿面设计时要平衡齿面接触应力和安装敏感性、边缘接触敏感性之间的关系,齿面接触应力与大、小轮齿面偏离量(详见图8.2)有关,偏离量越小,接触应力越小。

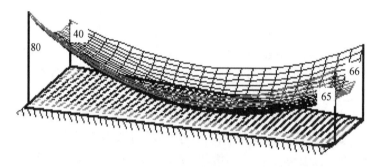

图8.2　锥齿轮副大、小轮齿面偏离量(单位: μm)

　　鉴于航空锥齿轮副在工作载荷下变形量大造成加载后齿面印痕将偏离理论设计位置,因此齿面设计过程要与印痕发展试验结合进行。在印痕发展过程中:首先根据齿轮几何参数计算螺旋锥齿轮的磨齿参数和齿面各点坐标,按齿加工出齿轮;然后根据实际工况各载荷级下螺旋锥齿轮接触印痕的发展情况,视情调整磨齿参数,对螺旋锥齿轮齿面进行修正,最终形成螺旋锥齿轮齿面坐标及对应的磨齿参数。一般认为[3],理想的工作齿面接触区应如图8.3所示即轻载时理想的工作齿面接触区应集中在齿轮中部偏小头处,呈椭圆形或矩形,接触区长度约占齿面全长

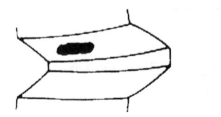
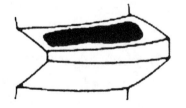

图8.3　理想的工作齿面接触区

的二分之一,并且接触区的中心位于离小端三分之一齿宽处;在全载时,理想的工作齿面接触区将逐渐向四周伸展,基本上布满整个齿面,但不允许发生边缘接触。每对重要的齿轮副均应提出齿面坐标检查要求,编制具体的齿面接触印痕检验说明书,规定接触印痕的要求及检验方法。产品验收时,同时进行与标准齿轮的印痕检查和齿面坐标检查。

6. 结构设计

在结构允许前提下,齿轮与齿轮轴宜采用整体式结构,以减少结合面之间微动磨损的影响,减轻重量,提高可靠性和便于维护。当不能将齿轮与轴设计为一体时,齿轮需安装在轴上,常用渐开线花键传扭,且花键的位置宜接近齿轮的轮齿工作区域,齿轮与轴宜采用位于花键两侧的圆柱面径向定位;齿轮与轴还可以通过法兰和螺栓、螺钉连接,通过螺钉连接时,应采用细牙螺纹,螺纹孔底与齿根间的最小厚度应不小于大端齿高的三分之一。

为了保证齿轮的强度、刚度、稳定性及合理使用材料:齿轮直径较小而无辐板时,其轮缘厚度应不小于全齿高;齿轮直径较大时,宜采用锥形等强度辐板,其轮缘厚度应不小于大端齿高的80%;设计齿轮轮毂的筋或辐板时,应考虑强度、受力方向及动态特性,宜使轮毂的筋或辐板的方向与齿轮的受力方向一致;与轴承配合的空心齿轮轴的轴颈壁厚值应不小于轴承内圈的厚度。

为了保证锥齿轮轮齿加工工艺性:齿轮轴端外径不能与齿根延长线相交,以免与刀具轨迹线干涉;若齿轮轴端外径与齿根延长线相交时,齿轮轴端外径与轮齿可采用焊接使其成为整体式结构;齿轮轴两端宜具有中心孔或外螺纹;齿轮的设计基准宜与其安装基准、加工及检验基准一致;当分度圆直径为轮毂直径 2 倍以上时,宜增设辅助支承面,以增加切齿时的刚度;齿轮应有足够的刚性,以利于提高制造精度和加工效率,齿轮轴不宜采用小安装孔。

对重要齿轮,可用有限元法对齿轮轮体结构进行强度校核及动态特性分析,保证强度和刚度,避免发生过大的振动。

8.1.4　行星轮系

行星轮系是只有一个自由度的周转轮系,一般用于大功率、大传动比或同轴传动,是直升机传动系统主减速器低速输出级的主要传动结构。按结构形式,行星轮系可分为简单行星轮系、复合行星轮系、耦合行星轮系等;按齿轮啮合方式,可分为 NGW 型、NW 型、NN 型、WW 型、NGWN 型等;根据基本构件的组成,行星轮系可分为 2K - H、3K、K - H - V。行星轮系通常采用渐开线圆柱齿轮,包括普通渐开线圆柱齿轮、高重合度渐开线圆柱齿轮、非对称渐开线圆柱齿轮等。

1. 行星轮系特点及功能

行星轮系一般由太阳轮、行星轮、行星架、内齿圈组成,典型的简单行星轮系传

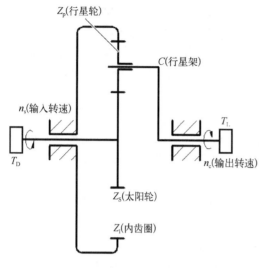

图 8.4 简单行星轮系示意图

动简图见图 8.4。行星轮系由于采用多个行星轮分担载荷,实现功率分流,充分利用了齿轮内啮合传动,且齿轮上的滚动与滑动速度小,使行星轮系具有传递功率大、结构紧凑、重量轻、效率高和工作平稳等一系列优点。行星轮系的主要缺点是结构较复杂,制造与安装精度要求较高、容纳润滑油的空间较小。

直升机主减速器采用的行星轮系主要包括简单行星轮系(如 AS - 365 "海豚"直升机主减速器),复合行星轮系(如 S - 92 直升机主减速器[5])、双级(或多级)行星轮系(如"超黄蜂"主

减速器[5])、差动行星轮系(如米-8 主减速器)。随着传动系统寿命、可靠性的提高及设计技术的进步,当代先进的主减速器最末级趋向于采用简单行星轮系,如"阿帕奇"主减速器、EH101 主减速器等。

2. 行星轮系传动比计算

行星轮系传动比计算可采用机构转化法、等效杠杆法。以常用的机构转化法为例,对整个行星轮系施加一个与行星架转速相同的反向转速,使行星架的相对转速为 0,则行星轮系转化为定轴轮系,可以借助该转化机构按定轴轮系的传动比公式,求解行星轮系各构件转速和传动比,见表 8.1。

表 8.1 行星轮系转化为定轴轮系的转速

构 件	行星轮系中的转速	定轴轮系中的转速
太阳轮	n_s	$n_s - n_H$
行星轮	n_p	$n_p - n_H$
内齿圈	n_r	$n_r - n_H$
行星架	n_H	0

传动比计算时,还应确定行星轮系输入构件与输出构件的回转方向。直升机传动系统行星轮系一般采用负号机构,以提高传动效率。

3. 装配要求和配齿方法

行星轮系中各行星轮一般要求等分度布置,以平衡中心轮各啮合点的径向载

荷和行星轮公转时的离心力。行星轮系配齿除了按一般齿轮选择轮齿参数外,还应考虑选择行星齿轮的个数,满足传动比要求、邻接条件、装配条件和同心条件。在满足强度要求的前提下,齿轮齿数越多,重合度越高,越有利于系统平稳运转。另外,由于内齿圈当量曲率半径较大,弯曲强度和接触强度裕度都较高,可以进行角度变位,适当增大外啮合角、降低内啮合角,提高整体啮合承载能力。角度变位可与内齿轮节点外啮合设计一起进行,进一步提升行星轮系的综合性能。行星轮系装配要求和配齿方法可参照 GB/T 33923—2017《行星齿轮传动设计方法》或机械设计手册中的相关章节。

4. 轮齿几何尺寸计算

目前,直升机传动系统行星轮系通常为渐开线圆柱直齿轮,根据传递功率或扭矩、输入及输出载荷特性、转速、预定的寿命、结构要求及外形尺寸限制等开展设计。轮齿几何尺寸计算参照 8.1.2 节"渐开线圆柱齿轮"或机械设计手册中相关章节进行,初步选择或估计主要参数(各齿轮的齿数、模数、压力角、齿宽、行星轮个数等)并计算主要几何尺寸,再进行承载能力计算分析[6]。

5. 精度、侧隙与齿面粗糙度选择

齿轮精度等级根据经验按 HB 0‐91—1988、GB/T 10095.1—2008 或参照 AGMA 标准选择,一般应不低于 5 级精度。

齿轮副的法向侧隙与齿轮直径、精度、干运转要求等有关,行星齿轮系齿轮侧隙应稍大于一般的定轴齿轮传动,设计时参照 8.1.2 节"渐开线圆柱齿轮"或机械设计手册中相关章节进行。如满足干运转要求,需考虑行星轮系构件热变形、润滑散热情况等因素,可根据经验适当增大侧隙。

齿面粗糙度一般不低于 $Ra\ 0.4$,齿根粗糙度一般不低于 $Ra\ 0.8$。

6. 轮齿强度分析

圆柱齿轮轮齿强度分析包括弯曲强度、接触强度、胶合承载能力分析,可采用 HB/Z 84.1—1984~HB/Z 84.4—1984、AGMA 2101‐D04 等标准的计算方法,参照 8.1.2 节"渐开线圆柱齿轮"或机械设计手册中的相关章节。

7. 强度分析

行星轮系中太阳齿轮和固定齿圈结构复杂,如太阳齿轮常与上一级的齿轮(轴)集成一体,固定齿圈有薄壁辐板、法兰式安装边等结构。工作时会传递扭矩、弯矩、径向力等交变载荷,可采用有限元方法对齿轮进行静强度和疲劳强度分析。

8. 均载设计

行星轮系包含多个行星齿轮,由于不可避免的制造、安装误差,会引起各行星轮传递扭矩不同,即产生不均载现象。行星轮系各行星轮之间传递扭矩的不均匀程度可用均载系数 $K\gamma$ 来表示,其定义为最大分支的扭矩与每支路平均的扭矩之比。为降低各行星齿轮间载荷的差异,行星轮系需进行均载设计。常用的均载设

计方法包括：

（1）一个或多个构件径向浮动，如太阳轮浮动或太阳轮与固定齿圈浮动等；

（2）提高制造精度，包括齿轮精度、行星架轴承孔（销轴）位置度、行星轮齿厚公差等；

（3）利用元件弹性变形，如采用柔性齿圈、弹性销轴行星架等。

航空减速器行星轮系均载系数应尽量根据试验结果或以往均载测试数据类比确定。缺乏测量值或没有均载数据可用时，可根据行星轮系的结构设计、精度等级及载荷水平，参照 GB/T 33923—2017《行星齿轮传动设计方法》选择，见表 8.2。例如，设计某型主减速器柔性固定齿圈、4 级精度行星轮的行星轮系时，按均载等级 3~4 级选取。为提高航空减速器行星轮系的均载性能，可同时采用多种均载措施，包括太阳齿轮浮动、高精度圆柱齿轮、行星齿轮齿厚一套差控制、调心滚子轴承等。

表 8.2　重载简单行星齿轮传动的均载系数 $K\gamma$

行星轮个数 N_{cp}	2	3	4	5	6	7	8	9	GB 10095.1 —2008 精度等级	柔性支承
均载等级	\multicolumn{8}{c}{均载系数 $K\gamma$}									
1	1.16	1.23	1.32	1.35	1.44	1.47	1.52	—	7 级或更低	无
2	1.00	1.05	1.25	1.35	1.38	1.47	1.52	1.61	5~6 级	无
3	1.00	1.00	1.15	1.19	1.23	1.27	1.30	1.33	4 级或更高	无
4	1.00	1.00	1.08	1.12	1.16	1.20	1.23	1.26	4 级或更高	有

均载等级为 2 或更高时要求至少有一个浮动元件；
均载等级为 3 或更高时要求采用柔性内齿圈；
对于浮动件的重量相对于浮动速度和加速所需径向力明显偏大时的应用场合，表中的数值可能并不保守

注 1：均载等级分为 4 级：
　　1 级一般为低速齿轮、低精度的传动装置；
　　2 级为中等质量齿轮，如民用商船、风力发电用传动装置等；
　　3 级及 4 级为高精度齿轮，如高速、燃气轮机/发电机、军舰。
注 2：行星轮柔性支承指柔性轴或柔性销轴，柔性行星联轴器或柔性内齿圈等，以提高均载水平。

9. 轮齿变位及修形

选择合适的变位系数可调整中心距、降低轮齿应力、平衡齿面滑动率等。航空减速器行星轮系常采用齿轮变位设计，如为提高太阳齿轮弯曲疲劳强度采用正变位、为调整中心距和平衡齿面滑动率采用角度变位等。为减轻重量、改善齿轮磨损和降低噪声，意大利 AGUSTA 公司在 EH101 主减速器行星轮系中采用齿轮变位的节点外啮合设计。轮齿变位设计可参照机械设计手册中相关章节进行，亦可参

考现有型号传动系统的行星轮系。

　　轮齿修形可降低制造、安装误差及机构变形的影响,降低振动和噪声、提高承载能力、延长使用寿命。轮齿修形包括齿廓修形和齿向修形,修形形式和修形量可参照 8.1.2 小节"渐开线圆柱齿轮"或机械设计手册中相关章节进行,亦可参考现有型号传动系统的行星轮系,使用专业分析软件分析确定。

8.1.5　面齿轮

1. 面齿轮传动特点

　　面齿轮传动用于传递非平行轴之间的功率,面齿轮的齿面由与其啮合的小轮(或者与小轮具有相同齿形但齿数不同的插齿刀)的齿面在啮合过程中包络形成。

面齿轮　　　　　　　　　　　　　　　　　　　　小齿轮或
　　　　　　　　　　　　　　　　　　　　　　　插齿刀

图 8.5　面齿轮和小齿轮或插齿刀啮合

　　在直升机传动系统中,面齿轮传动是一种较新型的齿轮传动形式,可实现两相交轴或交错轴之间的传动,当小轮和面齿轮的回转轴相交且垂直时,面齿轮传动为正交面齿轮传动;否则,面齿轮传动为非正交面齿轮传动。面齿轮传动有以下几方面的特点:

　　(1)对标准的面齿轮而言,与之啮合的是渐开线圆柱齿轮,圆柱齿轮的轴向移动误差不会影响传动性能;

　　(2)面齿轮传动具有较大的重合度,有利于提高承载能力及传动平稳性,降低振动噪声;

　　(3)面齿轮传动适合用于分扭传动设计,单级同时进行分扭、换向和并车,且面齿轮同轴布置,径向尺寸小;

　　(4)对于含齿廓修形的面齿轮传动,安装误差(轴夹角误差、轴相错误差、轴向位移误差)对接触轨迹位置的影响小,即修形面齿轮传动对安装误差的适应性强;

　　(5)面齿轮单级传动比可达 10 以上,可减少传动级数,减轻传动系统重量。

2. 正交面齿轮传动几何参数计算

在几何参数计算前,必须确定正交面齿轮传动的齿数比以及压力角。

确定正交面齿轮传动的齿数比后,根据面齿轮插齿加工时刀具齿数比圆柱齿轮齿数多1~3齿的原则,确定面齿轮插齿加工的刀具齿数。

根据正交面齿轮传递的功率和圆柱齿轮输入的转速,预先给定正交面齿轮传动的模数,根据模数和刀具齿角圆弧的设计规律,确定刀具齿角圆弧半径。

根据正交面齿轮传动接触点计算方法,确定该参数下正交面齿轮传动的接触

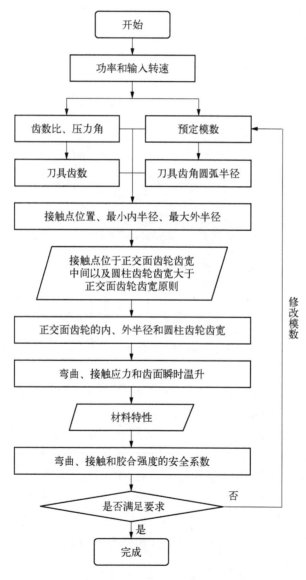

图8.6 正交面齿轮传动几何参数计算流程图

点位置;同时计算该参数下正交面齿轮的最小内半径和最大外半径;按照接触点处于齿宽中间的设计原则,确定该参数下正交面齿轮的内、外半径值;根据圆柱齿轮齿宽比正交面齿轮齿宽宽 5~10 mm 的原则,确定圆柱齿轮的齿宽。

根据正交面齿轮传动的弯曲应力、接触应力和瞬时温升计算方法,计算该参数下正交面齿轮传动的弯曲、接触应力和齿面瞬时温升,利用正交面齿轮材料的许用值,计算弯曲、接触和胶合强度的安全系数。

分析弯曲、接触和胶合强度的安全系数,如果不满足要求,则改变模数反复计算,直至满足要求,即可得到正交面齿轮传动的几何参数。正交面齿轮传动几何计算的流程图,如图 8.6 所示。

3. 应用情况

与锥齿轮传动相比,面齿轮传动具有许多优点,如小齿轮轴向自由、小轮无轴向力(直齿情况)、安装方便及结构紧凑等。经过国内外二十余年的研究发展,大量实践已经证明面齿轮传动在航空领域能够展现出优异特性。

为了提升现代直升机的飞行速度以及结构减重降噪,美国及欧洲多国从 20 世纪 90 年代开始先后分别启动了多项直升机传动系统研究计划,使得面齿轮在直升机主减速器的分扭传动结构中展现了巨大的优势。1992 年由美国军方与 NASA 联合进行的 ART 计划中,使用面齿轮传动作为分流传动结构,如图 8.7 所示[7]。利用小轮浮动安装,能够自定心消除轴向力,保证了对安装误差的低敏感性。使得动力分流更加均匀(误差仅±1%),使结构重量减轻 40%,承载能力提高 35%,大大延长了平均检修时间(超过了 5 000 h)。1998 年,美国提出了技术再投资计划(Technology Reinvestment Program,TRP),研制了更加先进的面齿轮力矩分流传动,该装置如图 8.8 所示[8]。两个输入动力的圆柱齿轮与两个惰轮(idler spur gear)分别对称布置,动力由主动圆柱齿轮分流给上下两个面齿轮,惰轮把下部面齿轮分流的动力合并传输给上部的面齿轮。与 ART 计划相比,重量又减轻 22%,动力传输密度提高了 35%。

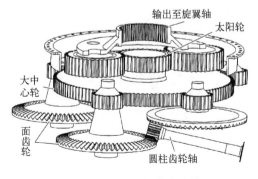

图 8.7　ART 计划传动系统

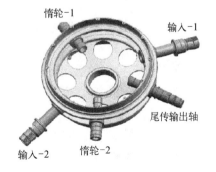

图 8.8　TRP 传动系统

另外,美国在 2001 年启动了 RDS - 21 计划,RDS - 21 计划将着力解决传动系统的重量、生产成本、使用与维护成本、噪声等问题,展开设计、制造装配、试验等方面的研究,为美国陆军现有直升机群的改进、新一代的有人驾驶/无人驾驶直升机和未来大型运输直升机研发一种高性能、低成本的传动系统。如图 8.9 所示[9],RDS - 21 计划仅采用两级大传动比的面齿轮副进行力矩分流和汇流传动,两路发动机输出功率分别由 1 个小齿轮分给两个面齿轮,每个面齿轮再通过平行轴圆柱齿轮将力矩继续分流,最终形成 8 个圆柱齿轮和具有双面的中央面齿轮同时啮合。5100HP 的实验验证机研究已展示了这种全新构型在提高直升机功重比方面的优点。美国军方发起的增强型旋翼机传动系统(Enhanced Rotorcraft Drive System,ERDS)计划的目标是功重比增加 40%,传动系统产生的噪声减少 15 dB,驱动系统的运行维护成本减少 30% 等。波音公司及 Northstar 公司合力为其开发螺旋面齿轮传动装置的力矩分扭系统进行验证,如图 8.10 所示[10]。另外,欧洲五国联合实施的“面向航空航天传动系统应用的面齿轮传动发展(FACET)计划”[11]中,也试图用面齿轮传动代替弧齿锥齿轮。目前,含面齿轮的新传动形式已在多种武装直升机,如“阿帕奇”AH - 64 等主减速器中应用并相继服役,性能表现优异。国外的先进实践经验证明了面齿轮的巨大潜力。

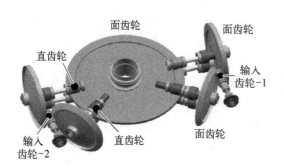

图 8.9　RDS - 21 计划中 5100HP 面齿轮传动

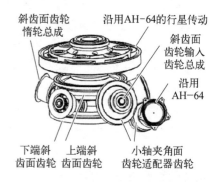

图 8.10　ERDS 计划中的面齿轮传动

8.1.6　高重合度齿轮传动

1. 传动特点

圆柱齿轮传动的端面重合度通常为 1.3~1.8,压力角 25°以上的齿轮重合度一般仅为 1.3 左右。高重合度齿轮通过增大齿顶高系数、减小压力角等措施,将端面重合度提高到 2 以上,在运转过程有两对或三对轮齿同时啮合,每对齿分担的载荷较轻,可以有效减小轮齿的动载荷和噪声,提高传动系统的功重比。

2. 应用情况

20 世纪 70 年代,在贝尔 222 直升机传动系统上首次采用了高重合度齿轮;美国陆军与 NASA 联合开展了 ART 计划,贝尔直升机公司对高重合度齿轮进行了较为系统的研究,结果表明:相对普通重合度行星齿轮传动,高重合度行星齿轮传动具有重量轻、噪声较低、寿命长等优点;意大利研制的 A109 直升机主减速器改进后采用高重合度齿轮,开展了齿廓直线与抛物线修形对比研究,经 2 000 h 的 1.2 倍功率持久试验,齿轮齿面未见点蚀、剥落、擦伤、胶合、断裂等故障,齿根与齿顶无边缘接触痕迹,同时噪声较普通重合度齿轮降低了 7~11 dB;法国国营航宇工业公司研制的直升机 SA-365N“海豚”主减速器行星传动采用高重合度齿轮,其中太阳轮与行星轮、行星轮与固定齿圈的啮合重合度分别为 2.17、2.18,提高了行星轮系的承载能力,同时降低了噪声与振动。西科斯基公司根据动力学分析的结果对高重合度齿轮齿面进行了修形研究,区域为从齿顶高 90% 处开始至齿顶的二次曲线,对高重合度齿轮和普通重合度齿轮进行了对比分析和试验,试验结果表明高重合度齿轮在 10% 失效率下的疲劳寿命为普通重合度齿轮的两倍,胶合承载能力略高于标准齿轮。

3. 实现方法

重合度表明同时参与啮合的轮齿对数,可表示为

$$\varepsilon_a = \frac{B_1 B_2}{P_b} = \frac{1}{2\pi} \left[Z_1 (\tan \alpha_{a1} - \tan \alpha') \pm Z_2 (\tan \alpha_{a2} - \tan \alpha') \right] \qquad (8.5)$$

式中,α_{a1}、α_{a2} 分别为齿轮 Z_1、Z_2 的齿顶圆压力角;Z_1、Z_2 为齿数;α' 为齿轮实际啮合角;外啮合采用“+”,内啮合采用“−”;$B_1 B_2$ 为实际啮合线的长度;P_b 为基圆齿距。

通过对上式进行分析可知,增大齿数、增加齿顶高系数、减小压力角、变位等方法均可增大传动重合度,从而实现高重合度。设计时应根据实际情况,综合考虑以上方法。

4. 轮齿强度计算

目前尚无公开的计算标准及方法。AGMA 齿轮计算标准中明确说明,标准不适用于端面重合度大于 2 的直齿轮及斜齿轮;ISO 齿轮计算标准虽然考虑重合度大于 2 的情况,但并未对载荷在多对啮合轮齿间的分配进行计算,因此也不能用于精确计算高重合度齿轮强度。

不同于普通重合度齿轮,高重合度齿轮传动载荷在 2 对或 3 对轮齿间分配,计算高重合度齿轮强度首先需解决齿间载荷分配问题。高重合度齿轮的齿间载荷分配及接触、弯曲应力的计算方法如下。

1) 刚度与齿间载荷分配

采用材料力学法,将单个轮齿简化为非均匀悬臂梁模型,对单个轮齿的刚度进行计算,轮齿刚度模型如图 8.11 所示,轮齿模型沿着通过齿顶中心和齿轮圆心的

直线对称分布,轮齿的有效接触部分沿对称轴线被分为一系列长方形微单元采用 i 表示。计算微单元 i 的变形,法向载荷作用下轮齿变形、基体变形采用相关文献中给出的变形公式,轮齿的变形总量为

$$\delta_{\sum j} = \delta_\mathrm{b} + \delta_\mathrm{G} + \delta_\mathrm{h} \tag{8.6}$$

式中,δ_b 为轮齿部分变形,包括 F_y 和 M 作用下的弯曲变形、F_y 作用下的剪切变形、F_x 作用下的压缩变形;δ_G 为与齿连接的过渡圆角处的基体变形;δ_h 为接触应力引起的齿面接触变形。

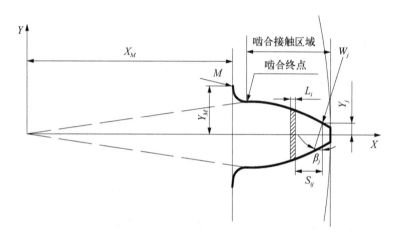

图 8.11　轮齿刚度计算模型

某齿轮参数下,当齿顶高系数分别取 $h_\mathrm{a}^* = 1.3$(高重合度)和 $h_\mathrm{a}^* = 1.0$(普通重合度)时,单对轮齿的啮合刚度、综合啮合刚度和单齿刚度变化情况分别如图 8.12、图 8.13 和图 8.14 所示。

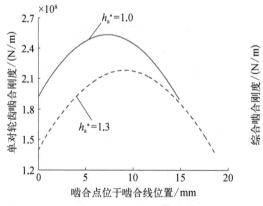

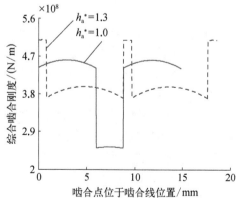

图 8.12　齿顶高系数对单对轮齿啮合刚度的影响　图 8.13　齿顶高系数对综合啮合刚度的影响

经计算,高重合度齿轮与普通重合度齿轮相比,单对轮齿的啮合刚度降低了14%~28%,单齿的平均刚度降低 18%左右,综合啮合刚度提高 10%~42%,单个轮齿的刚度降低有利于齿轮减缓啮合过程的冲击和振动,综合啮合刚度的提高有利于提高齿轮的承载能力。

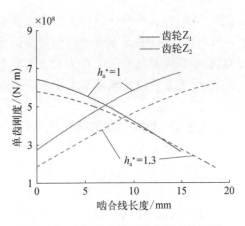

图 8.14　齿顶高系数对单齿刚度的影响

定义载荷分配系数 q_L 为同时啮合的轮齿之间的分担载荷最大值与总的载荷的比值。

由齿轮的弹性变形,定义传动误差 T_D 为齿轮实际传动位置与理论传动位置的差值。假设 a_i 为各个啮合位置的修形量,γ_i 为齿轮的基节偏差 Δf_{pb}、齿形误差 Δf_f、齿向误差 Δf_β 的等效误差,i 为啮合齿轮的轮齿对的标号。

$$T_D = \frac{F_i}{K_i} + a_i \pm \gamma_i \tag{8.7}$$

式中,F_i 为第 i 对轮齿承受的载荷;K_i 为第 i 对轮齿的刚度。

针对每一对齿轮采用变形协调公式,即齿轮在啮合接触区域的范围内的每一对齿轮的总的变形相等,可得高重合度齿轮处于三齿啮合区的协调公式为

$$\frac{F_{AD1}}{K_{AD1}} + a_{AD} \pm \gamma_{AD} = \frac{F_{BE1}}{K_{BE1}} + a_{BE} \pm \gamma_{BE} = \frac{F_{CF1}}{K_{CF1}} + a_{CF} \pm \gamma_{CF} \tag{8.8}$$

高重合度齿轮处于双齿啮合区的协调公式为

$$\frac{F_{AD2}}{K_{AD}} + a_{AD} \pm \gamma_{AD} = \frac{F_{BE2}}{K_{BE}} + a_{BE} \pm \gamma_{BE} \tag{8.9}$$

可以求得各对轮齿在不同的啮合区域承受的载荷,采用载荷分配率的定义,获得高重合度齿轮的齿间载荷分配系数 q_L。

2)接触应力与弯曲应力计算

高重合度齿轮接触应力和弯曲应力可在 ISO、AGMA 等标准的基础上引入载荷分配系数 q_L 进行计算。普通重合度齿轮接触和弯曲强度计算时,GB 及 ISO 标准中齿间载荷分配系数 $K_{H\alpha}$ 和 $K_{F\alpha}$ 的引入是因为引入了重合度系数,应当与重合度系数相对应。对于高重合度齿轮,ISO 6336 给出了 $K_{H\alpha}$ 和 $K_{F\alpha}$ 的计算公式,但从计算公式的建立过程来看,它是在普通重合度的条件下建立起来后推广的,因此只能认为是近似计算。引入载荷分配系数 q_L 可以提高高重合度齿轮接触应力和弯曲应力的计算精度。

对于高重合度齿轮接触应力和弯曲应力的计算点,可逐一计算啮合线上各点

的应力值,以其中最大值作为应力计算结果。

有研究表明,高重合度齿轮弯曲强度最危险的工作点位于双齿啮合区的上界点,接触强度最危险的工作点位于双齿啮合区的下界点[12]。对多个实例计算,结果表明,高重合度齿轮的最大接触应力点通常在双齿与三齿啮合区界点处。

8.1.7 非对称渐开线齿轮传动

1. 传动特点

与普通圆柱齿轮相比,非对称渐开线齿轮在齿形上有如下特点:两侧齿面的压力角不相等,齿顶圆弧齿厚较小,两侧重合度不同。非对称渐开线齿轮副在正、反方向工作时啮合角是不同的。非对称齿轮的压力角选择区间比标准齿轮大,当实际参数的选择受齿轮齿顶变尖限制时,这种传动能有效地减弱齿顶变尖带来的不利影响;此外,工作齿面采用大压力角时,可以增大齿廓渐开线曲率半径,降低齿面接触应力;非工作齿面采用大压力角时,可以增加轮齿齿根厚度,降低齿根弯曲应力。

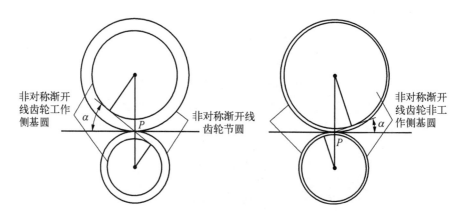

图 8.15 非对称齿轮压力角和基圆

2. 成型原理

普通渐开线直齿轮的基本齿廓是齿形角等于标准压力角的梯形齿廓,非对称渐开线直齿轮的基本齿廓保持原先在分度线上的齿厚,改变工作齿侧压力角和平行于分度线的任一线上的齿厚。用齿条型刀具加工齿轮,相当于齿条与齿轮的啮合,被加工齿轮齿廓的渐开线部分由刀具的直线部分切出,过渡曲线部分由刀具的圆角部分切出。加工过程中,刀具的加工节线与齿轮的加工节圆相切纯滚动,刀具圆角将加工出延伸渐开线,齿根的过渡曲线是延伸渐开线的等距曲线。用齿轮型刀具加工齿轮,相当于一对齿轮的啮合,被加工齿轮齿廓的渐开线部分由刀具的渐开线部分切出,过渡曲线部分由刀具的圆角部分切出。加工过程中,刀具的加工节线与齿轮的加工节圆相切纯滚动。刀具圆角将加工出延伸外摆线,齿根的过渡曲线是延伸外摆线的等距曲线。

由于非对称齿轮工作齿侧与非工作齿侧的齿顶高相同,非工作齿面与工作齿面基圆直径之比 k 称为非对称系数,即

$$k = \frac{d_{bc}}{d_{bd}} = \frac{\cos \alpha_c}{\cos \alpha_d} \tag{8.10}$$

式中,d_{bc}、d_{bd} 分别为非对称齿轮非工作齿侧与工作齿侧基圆直径,单位为 mm。

3. 齿面方程推导

非对称渐开线直齿轮齿面是其基本齿条齿面在相对运动中的包络生成的,首先需要设计对应的齿条刀具,然后进行坐标变化,得出对应的齿轮齿面方程。

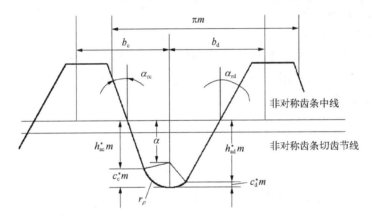

图 8.16　非对称齿条刀具的端面齿廓

非对称齿条刀具的端面齿廓如图 8.16 所示,图中,α_{rc}、α_{rd} 为非对称齿条非工作齿侧与工作齿侧齿形角,单位为°;h_{ac}^*、h_{ad}^* 为非对称齿轮非工作齿侧与工作齿侧的齿顶高系数;c_c^*、c_d^* 为非对称齿轮非工作齿侧与工作齿侧的径向间隙系数;r_ρ 为刀顶圆角半径,mm。

非对称渐开线齿廓是由不同直径的基圆展成的渐开线所组成的,非对称渐开线齿轮副连续传动的条件为重合度大于 1,其啮合条件为[13]

$$m_1 \cos \alpha_{1d} = m_2 \cos \alpha_{2d}, \quad m_1 \cos \alpha_{1c} = m_2 \cos \alpha_{2c} \tag{8.11}$$

该条件与正常的渐开线齿轮传动相似,若是采用标准数值,那么,齿轮的工作侧和非工作侧出现了双模数和双压力角相等的情况,这与单齿面的双模数和双压力角齿轮具有较大的差异。

4. 轮齿强度计算

1) 齿面接触疲劳强度

非对称渐开线齿轮两侧齿形不对称,在运用解析法进行分析时,无法直接运用

传统的 Hertz 公式对非对称渐开线齿面接触应力进行计算,采用的公式为 Hertz 公式的变形公式,非对称渐开线齿轮齿面接触应力的计算公式:

$$\sigma_H = \sqrt{\frac{F_n}{\pi L \rho_{red}} \cdot \frac{1}{\dfrac{1-v_1^2}{E_1} + \dfrac{1-v_2^2}{E_2}}} \qquad (8.12)$$

式中,F_n 为工作齿侧基圆圆周上的计算法向力,单位为 N;L 为齿宽,单位为 mm;ρ_{red} 为工作齿侧齿面综合曲率半径,单位为 mm;v_1、v_2 为齿轮副材料泊松比;E_1、E_2 为齿轮副材料弹性模量,单位为 GPa。根据上述公式可以求得非对称渐开线齿轮的接触应力,然后根据齿轮的许用应力计算其接触强度,许用应力的计算参照 ISO 6336 计算,在此不再赘述。

2) 弯曲强度计算

计算渐开线形非对称齿轮齿根弯曲应力以单齿啮合的界点作为计算的加载点,图 8.17 表示非对称渐开线直齿轮的一个轮齿,法向载荷 F_n 作用于非对称渐开线单对齿啮合区上界点。

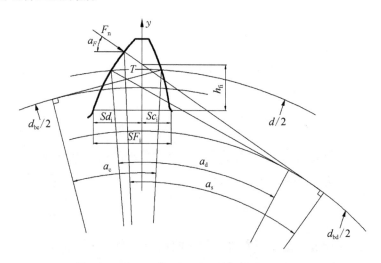

图 8.17　作用于非对称齿轮单齿啮合区上界点

3) 胶合承载能力

齿面胶合承载能力的计算方法有两大类,一类是以接触齿面间形成的润滑油膜来计算抗胶合承载能力,这类方法有油膜厚度法和油膜强度法;另一类是以齿面间所产生的摩擦功来计算齿面抗胶合承载能力,这类方法有 PV 值法、PVT 值法和表面温度法。但这些方法中含有大量的经验公式和修正系数,而且很多经验公式和系数是只针对标准对称齿轮的,无法用来准确求解双压力角非对称渐开线齿轮的抗胶合承载能力,有待进一步解决。

8.1.8　圆弧齿轮

1. 传动特点

圆弧齿轮传动是指齿廓为圆弧形的点啮合齿轮传动,具有承载能力强、使用寿命长等优点,主要有单圆弧齿轮和双圆弧齿轮。单圆弧齿轮的工作齿廓为一段圆弧,一个齿轮上的轮齿做成凸齿,另一个齿轮上的轮齿做成凹齿,图 8.18 为单圆弧齿轮齿廓形状。双圆弧齿轮的工作齿廓为两段圆弧,一个齿轮上的节圆外为凸形齿廓,节圆内为凹形齿廓,图 8.19 为双圆弧齿轮齿廓形状。

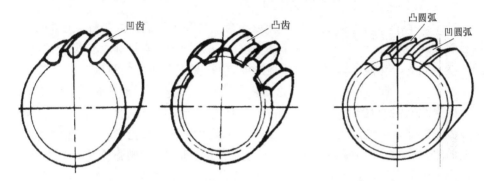

图 8.18　单圆弧齿轮齿廓形状　　　　　图 8.19　双圆弧齿轮齿廓形状

20 世纪 70 年代初由英国韦斯特兰公司和法国国营航宇工业公司合作研制的"山猫"直升机,其主减速器采用了圆弧齿轮并车减速,传动比达 7.0。从 20 世纪 60 年代初开始圆弧齿轮传动在国内研究应用,由于圆弧齿轮的承载能力比渐开线齿轮高,在国内得到迅速发展。从 1975 年起国内开始研究应用双圆弧齿轮,现已在冶金、矿山、石油、化工等领域得到应用。如图 8.20 所示,双圆弧齿轮传动为凸

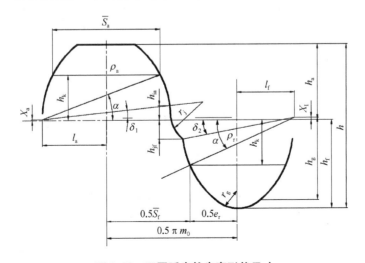

图 8.20　双圆弧齿轮齿廓形状尺寸

凹齿面接触,齿面的综合曲率半径比渐开线齿轮大许多倍,所以接触强度有很大提高;同时,双圆弧齿轮的齿形参数可以灵活设计,齿腰和齿根的厚度可按强度要求调节,加之齿根用一段大圆弧连接,这就非常有利于轮齿弯曲强度的提高。双圆弧齿轮啮合传动时,因其运动特性,接触区以很高的滚动速度沿齿宽方向移动。

2. 成型原理

圆弧齿轮是点啮合制传动齿轮,不同于渐开线齿轮的线啮合制。它的齿面是点接触共轭齿面,形成这种点啮合齿面的方法,最常用的是接触线法和包络法。

1) 接触共轭齿面接触线形成原理

如图 8.21 所示,接触线法是以理论啮合点在和齿轮固连的坐标系中的轨迹-接触螺旋线为基础,形成点接触共轭齿面的方法。因为在点接触共轭齿轮传动中,同一端截面内一对齿廓可以"任意"地选取,前提是保证对应的齿廓在啮合传动中不发生干涉。因此,选取一条过理论啮合点的曲线,令该曲线沿接触线做螺旋运动而形成螺旋曲面,即齿面。一般情况下,选取圆弧曲线作为齿廓曲线,若齿轮齿面是以齿轮的端面圆弧曲线做螺旋运动形成的,则为端面圆弧齿轮;若齿轮齿面是以齿轮的法面截形——圆弧曲线做螺旋运动形成的,则为法面圆弧齿轮。理论上,还可形成其他形式的圆弧齿轮,如准端面圆弧齿轮。然而接触线法这一理论建立之初就存在许多弊端,概念模糊和理论上的不严谨导致了许多错误的结论,在实际应用方面引起不少混乱[14],因此,有了包络法的出现。

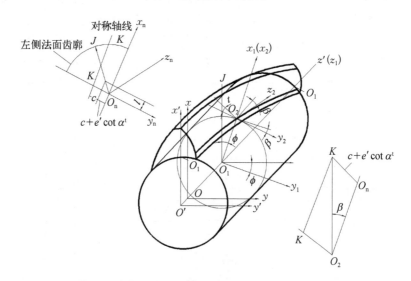

图 8.21 接触线法形成法面圆弧齿轮齿面的原理图

2) 圆弧齿轮共轭齿面包络法形成原理

如图 8.22 所示,构件 1 的齿面 $\sum_1$ 由产形面 P 包络形成,而构件 2 的齿面

$\sum_2$ 由产形面 Q 包络形成。P 和 Q 是沿某曲线 JJ 彼此相切并刚性地连接在一起的两个不同的曲面，$\sum_1$ 和 $\sum_2$ 就是一对点接触共轭齿面。若用 C_{11} 表示 P 和 $\sum_2$ 在包络形成过程中某一瞬时接触线，而用 C_{12} 表示 Q 和 $\sum_2$ 在同一时刻的接触线，当 C_{11} 和 C_{12} 是两条相交的曲线时，它们的交点是 $\sum_1$ 和 $\sum_2$ 在某一时刻的共轭点。这时，$\sum_1$ 和 $\sum_2$ 称为点接触共轭齿面，$\sum_1$ 和 $\sum_2$ 共轭点的集合正是 P 和 Q 的相切曲线 JJ。产形面

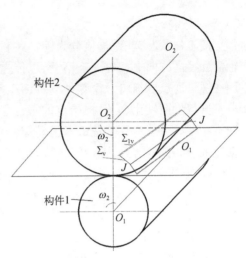

图 8.22　点接触共轭齿面包络过程

P、Q 是一对彼此沿直线 JJ 相切的柱面，JJ 直线平行于基本齿条(以产形面为齿面的齿条称为被加工齿轮的基本齿条)的节平面，与被加工齿轮的轴线之间的夹角为 β。显然，由倾斜角为 β 的基本斜齿条包络形成的齿轮齿面，其节圆螺旋角必然为 β，且柱面产形面和 Q 彼此内切。曲率半径较小的柱面的内侧表面，在相对运动中包络形成构成之一的凸齿齿面 $\sum_a$，曲率半径较大的另一柱面产形面的外侧表面在相对运动中则包络形成另一构件的凹齿齿面 $\sum_f$，$\sum_a$ 和 $\sum_f$ 构成了一对凸齿对凹齿的点接触共轭齿面。法面圆弧齿轮的产形面 P、Q 是圆柱面，其法向截面分别是半径为 ρ_a 和 ρ_f 的圆弧曲线(也就是圆弧齿轮基准齿形中的凸齿齿廓圆弧半径和凹齿齿廓圆弧半径)。

3. 轮齿强度计算

双圆弧齿轮承载能力计算方法在 GB/T 13799—1992《双圆弧圆柱齿轮承载能力计算方法》中已经详细介绍，本书不再赘述。

8.1.9　花键

花键连接具有接触面积大、承载能力高、定心性能和导向性能好，键槽浅，应力集中小，对轴、齿轮和法兰盘的强度削弱小，同时结构紧凑等优点，常应用于传递较大的扭矩和定心精度要求高的静连接和动连接[15]，是传动系统最常用的传扭方式。

1. 定义与分类

花键连接由内花键和外花键组成。按花键齿的形状可分为渐开线花键、矩形花键和三角形花键，在传动系统上最为常用的是渐开线花键，一般采用齿侧定心的

30°渐开线花键。

按工作状况,花键连接分为固定式和活动式两种。固定式连接的两个零件在轴向和径向方向上相对固定不动,以传递扭矩;零件靠圆柱面配合定心,并采用专用的螺母通过压板将一个零件的端面压紧到另一零件的台肩上;固定花键表面可以不进行齿面硬化,但磨损严重的固定花键则需进行齿面硬化。传动系统中的活动式花键又可分为浮动花键和滑动花键。若为浮动花键,如行星传动太阳轮的浮动花键、动力轴花键及弹性轴花键,此时采用齿侧定心,花键连接应具有一定的齿侧间隙,常采用齿向鼓形修形;若为滑动花键,如主减速器尾传输出法兰,靠圆柱面配合定心,但轴向位置不作限制。活动花键要进行齿面硬化处理且应保证润滑,以减小花键磨损。活动式花键的许用挤压应力小于固定式花键。

2. 花键材料的选用原则

在直升机传动系统设计时,花键的材料依据传动系统的使用要求和环境条件选择。除尺寸较小的一般零件外,重要的传动零件应采用锻件,遵从如下原则。

(1)满足强度、寿命与重量要求、环境使用条件;

(2)具有良好的工艺性与经济性;

(3)尽量选用国内已通过鉴定,并已成功应用的材料。

3. 设计准则

渐开线花键应满足零件的使用要求,保证直升机在全飞行包线内安全工作。渐开线花键设计时应遵循下列准则:

(1)方案优选、参数优化原则:

应通过花键结构与参数的比较优选,确定优化方案,满足渐开线花键设计技术指标及安装要求。

(2)维修性、安全性设计原则:

应进行互换性、防差错(如设计花键多齿或少齿)等设计。

(3)经济性原则:

在满足使用要求的情况下,尽量降低尺寸精度、形位公差等级。

(4)强度寿命设计原则:

挤压强度和剪切强度应有足够的储备系数。

(5)其他:

(a)根据功能需求与安装形式,选择合适的花键类型(固定花键、浮动花键或滑动花键);

(b)对外露的花键,应考虑提高其防腐蚀能力;

(c)对受载较复杂的花键,应减少其偏载,可采取提高其配合精度、锁紧装置的防松能力等措施;

(d)对花键副,需考虑两者的材料及硬度匹配;

（e）选择合适的润滑方式。

4. 花键几何参数设计

设计渐开线花键时需确定下列参数：

（1）模数、分度圆直径及花键工作长度，根据选择的模数和轴的直径确定齿数；

（2）大、小径、齿厚或齿槽宽；

（3）选择配合及精度，确定相应的制造公差。

在进行直升机传动系统花键设计时，通常先根据连接结构特点确定花键轴的直径，花键分度圆直径应与轴的直径相协调。再根据 GB/T 3478.1—2008[15] 可进一步设计花键具体参数，基本原则如下：

1）齿根类型

渐开线花键的齿根类型有两种：平齿根和圆齿根，可根据工况进行选择。

2）压力角 α

按 GB/T 3478.1—2008，渐开线花键的压力角有三种：30°、37.5°和45°。根据传递载荷的大小及轴径尺寸，初步选定压力角。

3）齿数 Z

渐开线花键的齿数应根据轴径尺寸要求，与模数一起确定。当直径一定，齿数少则模数较大，齿深较深，加工（去除材料）较多；如果齿数太多，加工测量、不方便。应综合考虑，选择合适的齿数。

4）模数 m

按 GB/T 3478.1—2008，渐开线花键的模数分成两个系列，共 15 种，见表 8.3，优先采用第 1 系列。根据轴径尺寸要求确定模数与齿数。

表 8.3　花键模数推荐表

推 荐 值	模数 m	备 注
第 1 系列	0.25、0.5、1.0、1.5、2.0、2.5、3.0、5.0、10.0	共 9 种
第 2 系列	0.75、1.25、1.75、4.0、6.0、8.0	共 6 种

5）花键长度

花键长度需满足结构空间要求，通过强度计算最终确定。在保证连接工作能力的条件下，花键长度尽可能地取最小值，花键长度过长易因齿向误差导致载荷沿齿长方向的分布不均匀程度增大。

为降低活动式连接花键的齿面挤压应力，常沿齿向修形。其中，最常用的是鼓形齿修正，修形量综合花键传递载荷及齿面应力分布确定。

5. 花键强度校核

渐开线花键的强度计算主要包括剪切强度、挤压强度计算[16]。

1）剪切强度计算

在计算花键的剪切强度时,花键的剪切应力的计算如下:

$$f_s = \frac{F_t}{A} \tag{8.13}$$

式中,f_s 为剪切应力,单位为 MPa;F_t 为切向载荷,单位为 N;A 为剪切面积,单位为 mm^2。

2）挤压应力计算

在计算花键副的挤压强度时,花键副的挤压应力的计算如下:

$$f_{br} = \frac{F_{tf}}{A_c} \tag{8.14}$$

式中,f_{br} 为挤压应力,单位为 MPa;F_{tf} 为切向载荷,单位为 N;A_c 为承载面积,单位为 mm^2。

通过计算,需确保花键剪切应力及挤压应力均不超过花键材料的许用值,方可满足花键使用强度要求。

8.2 机 匣

8.2.1 功能与分类

机匣是传动系统减速器的重要承力部件,为减速器内部的齿轮、轴承等零件提供支撑,使它们之间保持正确的相互位置;承受旋翼系统、操纵系统和发动机载荷并将其传递到机身平台上;为润滑冷却系统元件、连接件、密封件、成附件等提供安装接口,并为润滑冷却系统提供内部油路和存油空间等。

根据在减速器所处位置、部件,直升机传动系统减速器的机匣一般分为输入机匣、上机匣、主机匣、下机匣、附件机匣等,减速器中常见的机匣布局和结构如图 8.23 和图 8.24 所示。

根据毛坯加工方式,机匣可分为锻造机匣和铸造机匣,根据材料可分为镁合金机匣、铝合金机匣和复合材料机匣等,典型的锻、铸造铝、镁合金机匣如图 8.25～图 8.28 所示,相同成型工艺铝、镁机匣的构型形式基本相同。

机匣类零件结构形式虽然多种多样,但有共同的特点,即受载大(部分机匣承受较大交变载荷)、形状复杂、多内置油路、薄壁且壁厚不均匀,其内部呈腔形,加工难度大,精度要求高,有时采用组合加工保证装配精度要求。

上机匣

主机匣

图 8.23　"阿帕奇"主减速器机匣布置图

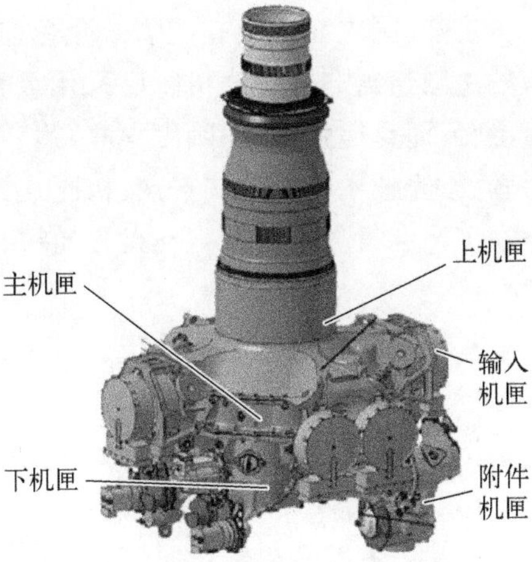

主机匣

上机匣

输入机匣

下机匣

附件机匣

图 8.24　SB 高速直升机主减速器机匣布局图

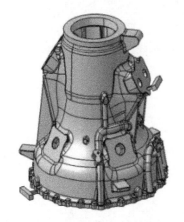

图 8.25　主减速器上机匣(铸铝)

图 8.26　主减速器主机匣(铸镁)

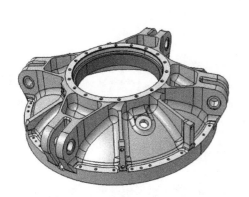

图 8.27　主减速器上机匣(锻镁)

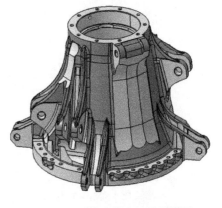

图 8.28　主减速器上机匣(锻铝)

目前,国内在役及在研型号减速器通常采用锻造/铸造铝、镁合金材料。国外有的主减速器非主承力机匣已采用复合材料,与传统的铝、镁合金材料相比,其重量更轻,而且比强度、比刚度更高,疲劳寿命更长、更耐腐蚀。近十几年,随着材料科学、激光技术的发展和普及,机匣快速成型制造技术已成为研究与应用的热点,但在工艺和材料方面还存在很多问题有待解决。

8.2.2　机匣的结构设计

1. 轴承安装部位的结构

从轴承是否带安装边的角度出发,轴承安装结构分为如下两种情况。

1)使用带安装边轴承时

在使用带安装边轴承时,通常采用图 8.29 中(a)、(b)两种典型结构。结构(a)轴承外环不直接安装在镁铝合金机匣上,采用薄壁衬套通过过盈配合安装到机匣中以提高轴承支撑刚度,同时使用定位销限制衬套位移。该结构衬套一般选用的材料为 30Ni4CrMoA、35Ni4Cr2MoA 等,主要用于承受较大载荷的位置,如旋翼轴、尾桨轴支撑轴承部位;有时在一些部位也使用铝合金材料衬套(如 SA-365"海豚")。结构(b)不用轴承衬套,轴承直接安装在镁铝合金机匣上。

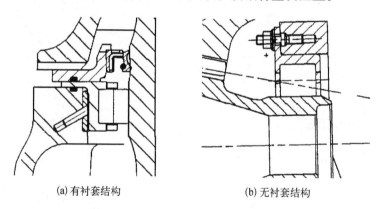

(a) 有衬套结构　　　　　　　　　　　(b) 无衬套结构

图 8.29　带安装边轴承机匣典型结构

2)使用不带安装边的轴承时

在使用不带安装边轴承时,通常采用图 8.30 所示的典型结构,轴承外环不直接安装在镁铝合金机匣上,采用薄壁衬套通过过盈配合安装到机匣中以提高轴承支撑刚度,衬套需带挡边,用来限制轴承轴向位移,有时使用定位销固定衬套。为了减小衬套工作磨损,增大减速器的翻修间隔期,可以采用钢制衬套并渗碳淬火,选用材料为 9310、20Cr2Ni4A 等。

在机匣上使用衬套作为轴承支承时,应恰当选择衬套与机匣孔的配合性质,保证在最高的工作温度下,衬套与机匣间不松动。为了保证各轴承配合表面的相互位置精度,机匣衬套孔需组合加工。设计时,应考虑机匣上各配合表面的镗孔工序能在加工中心上一次装卡完成。

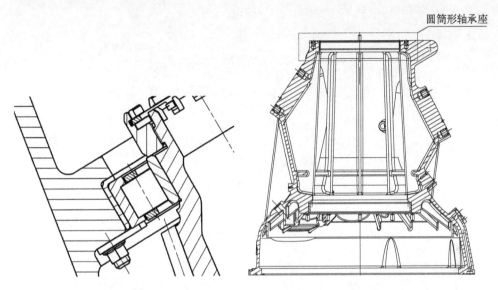

图 8.30 不带安装边的轴承机匣典型结构   **图 8.31 主减速器上机匣轴承座**

从轴承安装边结构形式出发,分为以下三种情况:

1) 圆筒形轴承座

处于机匣外部,从机匣本体上伸出,典型的圆筒形轴承座如图 8.31 所示。

2) 封闭圆环形轴承座

周边与机匣或端盖本体用隔板或其他结构相连,基本呈封闭支承结构,典型的封闭圆环形轴承座结构如图 8.32 所示。

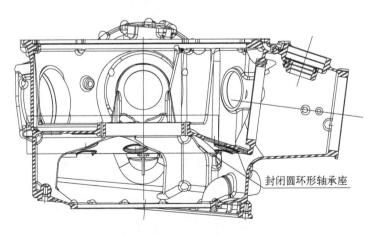

图 8.32 主减速器主机匣并车齿轮下轴承座及其支承结构

3）不完全封闭圆环形轴承座

周边与机匣或端盖本体通过支架或其他不完全封闭的结构相连和支撑,典型的不完全封闭圆环形轴承座如图 8.33 所示。

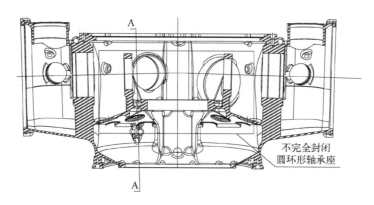

图 8.33　主减速器主机匣二级小轮轴承座

2. 机匣接合面

主承力机匣安装边根据受载情况可分为主承力安装边和非主承力安装边,两类安装边根据结构形式均可分为整体型安装边和鼓包型螺柱安装凸台安装边,根据密封形式分为轴向密封安装边和端面密封安装边。安装边结构类型如表 8.4 和图 8.34 所示。

表 8.4　安装边结构类型划分

类　型	按结构类型	按密封方式	示　例
主承力安装边	整体型	端面密封	图 8.34(a)
		轴向密封	图 8.34(b)
	鼓包型	端面密封	图 8.34(c)
		轴向密封	图 8.34(d)
非主承力安装边	整体型	轴向密封	图 8.34(e)
	鼓包型	端面密封	图 8.34(f)
		轴向密封	图 8.34(g)

机匣的接合面应设计成法兰边结构,通常使用双头螺柱、螺套、螺栓及自锁螺母等紧固件进行连接,并设计圆柱段和定位销进行定位,通常采用图 8.35 中(a)、(b)、(c)三种典型结构。为了在轻合金的机匣中安装双头螺柱、螺套,一般配套使用带锁紧环的结构。在机匣上布置连接螺栓等紧固件时需留出拧紧紧固件需要的扳手空间,同时采用非对称布置等措施进行机匣安装的防错设计。

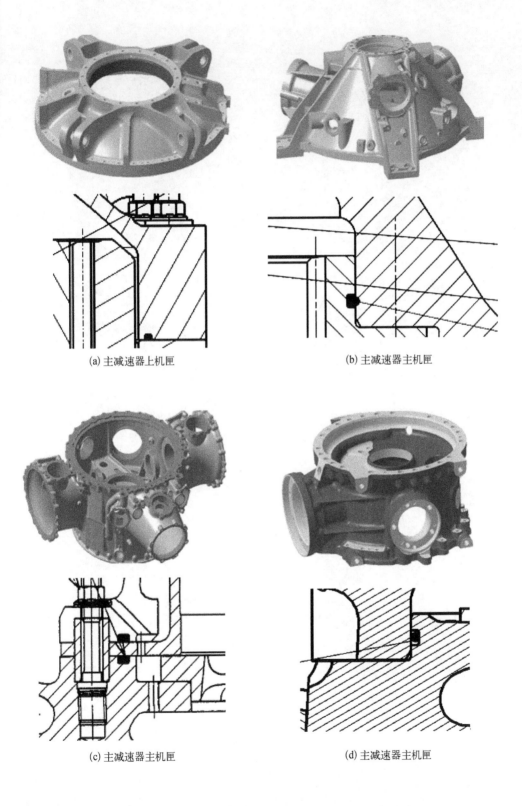

(a) 主减速器上机匣

(b) 主减速器主机匣

(c) 主减速器主机匣

(d) 主减速器主机匣

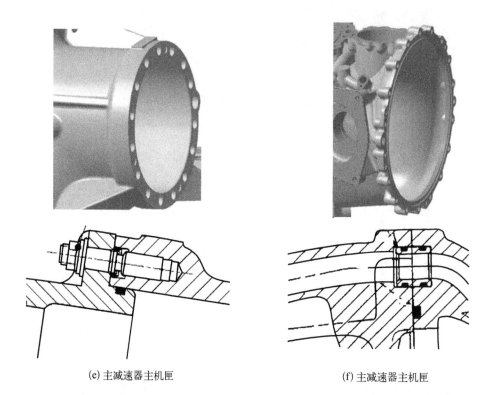

(e) 主减速器主机匣　　　　　　　　　　　(f) 主减速器主机匣

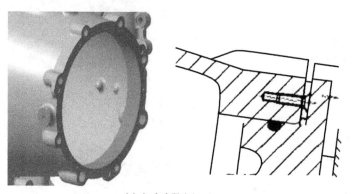

(g) 主减速器主机匣

图 8.34　安装边结构类型

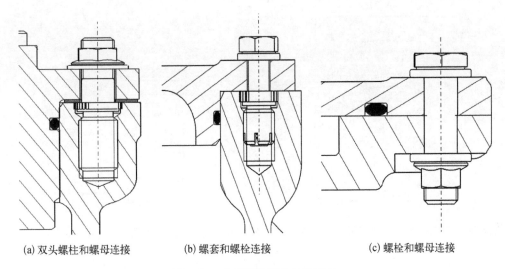

(a) 双头螺柱和螺母连接　　　　(b) 螺套和螺栓连接　　　　(c) 螺栓和螺母连接

图 8.35　机匣接合面应连接结构

为安装时定位准确,各机匣零件之间一般在结构允许的位置采用圆柱定位表面或用专用定位销,两个零件上的销钉孔有时采用组合加工。

为了便于分解减速器,在机匣的安装接合面上应设计有顶丝孔,将拆卸工装螺杆拧入即可将机匣分解下来。

在有密封要求的接合面间通常采用 O 形橡胶密封圈进行密封。

3. 机匣的加强

在保证强度和刚度的前提下,减轻机匣重量最有效的方法是合理配置肋条、筋板或隔板,控制壁厚。

一般应根据机匣承受的作用力的方向和力的传递形式,在机匣内设置肋板和隔板。承力肋板和隔板应设计成向其根部逐渐加厚的形状,以便承受弯曲力矩。应尽量避免平的肋板,平的肋板不利于承受弯曲力矩,且受压时不稳定。除了按一定的方向和间隔配置肋板外,还应严格按照作用在肋板加强部位上载荷的合力方向配置单独的肋条。滑油油路不能设计在结构受到严格限制的肋板上。

承受较大径向载荷的轴承座不应超过承力肋板或机匣隔板的范围而呈悬臂状。该肋板、隔板最好通过轴承支承面中心。承受反向力的承力件应尽可能相互靠近,并在构件间以最短路线连接起来。典型的机匣加强筋设计结构见图 8.36~图 8.39。

4. 内部油路

机匣油路主要是满足减速器润滑系统供油的功能,机匣油路一般布置在机匣内壁或外壁(建议机匣油路以内置油路为主),避免了远程布置的润滑部件及与其相应的外部管路与接头,提高了润滑系统的可靠性和安全性。油路设计有以下几个方面的原则:

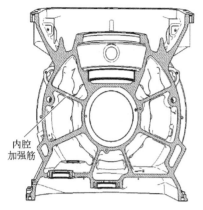

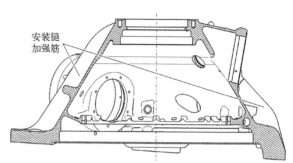

图 8.36 主减速器主机匣内部筋板的布置　　图 8.37 主减速器主机匣前安装腿加强筋

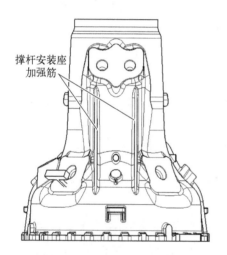

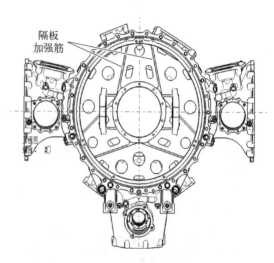

图 8.38 上机匣撑杆安装座加强筋　　图 8.39 主减速器主机匣内腔加强筋

（1）需根据主减速器润滑系统原理确定机匣油路布局方式和布置位置；

（2）应避免在关键的传力部位和传力路径上布置油路；

（3）应尽量避免机匣内部盲孔油路相互交叉。

为了满足润滑系统要求，机匣内部常设计压力油路和回油油路，为铸造或机加生成。

1）铸造油路

传动系统机匣铸造油路的成形一般采用树脂砂砂芯，也可以采用航空发动机上用的埋管成形（一般为空心钢管）等方法。

铸造油路的油路壁厚通常不小于 4 mm，铸造油路的最小直径通常不小于 $\Phi 6$ mm。砂芯铸造油路的弯曲半径在空间许可的情况下尽量大；埋管成形铸造油路的弯曲半径需满足管子的最小弯曲半径要求。对于较长的铸造油路需在中间增加工艺孔,以方便油路定位和抽芯。典型的机匣铸造油路见图 8.40 和图 8.41。

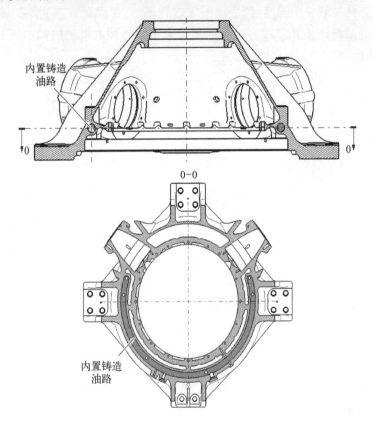

图 8.40　主减速器主机匣内置油路

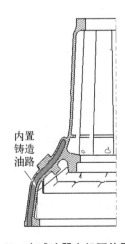

图 8.41　主减速器上机匣外置油路

2）机加油路

机加油路一般为钻孔加工,设计时需考虑钻头和设备的加工空间;机匣内部油路上的工艺孔一般使用螺堵、膨胀堵头等进行密封;考虑到铸造油路的偏心,机加油路与铸造油路连接处应留有足够的加工余量。典型的机匣机加油路如图 8.42和图 8.43 所示。

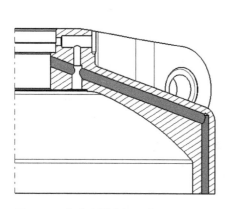 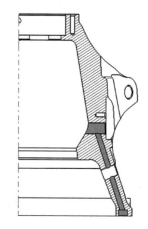

图 8.42　主减速器上机匣内置机加油路　　　　图 8.43　主减速器上机匣内置机加油路

8.2.3　选材设计

1. 选材一般要求

（1）机匣的材料应满足传动系统的使用要求和环境条件,如重量、静强度、疲劳强度、可靠性、环境条件的影响;

（2）应尽量采用国产化材料,减少新研材料及进口材料;对于必须研制的新材料,应按规定进行新材料技术指标的论证,通过试制、试验、评审和鉴定;在新机定型前,新材料必须达标;

（3）应考虑生产工艺能力和设计经验。

2. 优先选用材料

一般优先选用密度低、锻铸造性能好、易于加工、防腐性好的铝镁合金材料,目前国内传动系统机匣主要材料有:

（1）ZM2 铸造镁合金,技术标准见 GB/T 1177—1996;

（2）ZM6 铸造镁合金,技术标准见 GB/T 1177—1996;

（3）ZL114A 铸造铝合金,技术标准见 GB/T 1173—1995;

（4）MB15 锻造镁合金,技术标准见 GB 5155—1985;

（5）7075 锻造铝合金,技术标准见 Q/S 855—2008。

镁合金比铝合金密度小,比强度高,但抗腐蚀能力差,铸造难度也较大,在维修和更换部件时资金投入大。但是,只要采用好的结构设计,认真清洗,采取阳极化膜、表面密封或浸渍、涂漆、定期预防维护等措施,镁合金腐蚀问题能成功地避免。

常用的铝镁合金材料及性能见表8.5。

表 8.5　常用的铝镁合金材料及性能

牌　号	$\sigma_b/$ MPa	$\sigma_{0.2}/$ MPa	δ_4 或 δ_5	σ_F(疲劳极限)/ MPa	使用温度/ ℃	备　　注
ZM2	200	135	≥2%	62	≤200	疲劳性能来自《中国航空材料手册》
ZM5	260	118	≥1%	69	≤170	疲劳性能来自《中国航空材料手册》
ZM6	204	135	≥2%	80	≤250	疲劳性能来自《中国航空材料手册》
ZL114A	310	241	≥3%	85	—	疲劳性能来自《中国航空材料手册》
7075	455	385	≥6	152	≤125	疲劳性能来自《中国航空材料手册》
7050	515	455	≥10%	—	≤125	疲劳性能来自《中国航空材料手册》
7085	582	530	≥13%	—	—	疲劳性能来自《中国航空材料手册》
MB15	274	207	≥12%	167	≤125	疲劳性能来自《中国航空材料手册》

注:δ_4、δ_5 均表示断面延伸率。

8.2.4　强度、刚度分析

完成机匣数模设计后,一般通过有限元方法进行机匣强度、刚度及寿命分析。机匣的静强度和疲劳强度、寿命的计算见本书第9章。

8.2.5　其他要求

(1)机匣的设计要符合铸造工艺要求,例如,铸造斜度要从金属重量集中的地方逐渐向较薄的截面过渡;两壁面的夹角不宜过小,应留有足够的连接半径;铸件的形状要适应分型面的选择,保证起模方便;铸造圆角尽可能大,半径不应小于3 mm。

(2)应根据受力情况及铸造工艺性决定机匣的厚度,铸件壁厚应力求均匀,并保证铸件的顺序结晶或均匀冷却,防止产生缩孔、疏松及热裂等缺陷。

(3)铸件的壁厚不宜过薄,以免产生冷隔,浇注不足等缺陷,同时也不宜过厚,通常采用提高铸造质量来保证强度。对于面积较大的薄壁部分,应设计孔或筋,有利于液态合金在薄壁内的填充和凝固,从而使壁厚达到最小。

（4）机匣外表面设计应避免凹陷以防积水，在无法避免的情况下应设计漏水孔、排水道。

（5）机匣设计应考虑回油，应可容纳合适的滑油量，应有相关零部件的装卸空间。

（6）机匣上滑油泵的吸油口和减速器的放油口应设计在油池的最低位置处，同时吸油口的设计需考虑不同飞行姿态的影响。

（7）有些机匣上设计散热片结构，提高减速器的散热能力。

（8）镁合金、铝合金铸件/锻件应热处理。通过热处理能够改善材料的内部组织，消除内应力；提高力学性能；改善材料的加工性能；增强耐腐蚀性能等。

（9）镁铝合金机匣一般进行阳极化处理，在机匣表面形成氧化膜，提高机匣表面耐腐蚀性能。同时采用清漆、底漆和面漆的组合涂漆方法进行表面防护，一般在机匣非加工内表面涂环氧清漆，在非加工外表面涂环氧清漆、环氧底漆和环氧面漆。

8.3　滚　动　轴　承

8.3.1　滚动轴承定义与分类

滚动轴承一般由内套圈、外套圈、滚动体和保持架等组成，见图 8.44[17]。传动系统中的滚动轴承主要用于定位与支承轴、齿轮等旋转构件，减小摩擦，引导旋转

| 球轴承 | 外套圈 | 内套圈 | 滚动体-球 | 保持架 | 保持架 |

| 滚子轴承 | 外套圈 | 内套圈 | 滚动体-圆柱滚子 | 保持架 | 保持架 |

图 8.44　滚动轴承组成

构件精确转动,并将旋转构件产生的力和力矩传到机匣/轴承座上,同时亦可提供足够的支承刚性及承载能力。直升机传动系统滚动轴承类型主要有深沟球轴承、角接触球轴承、三点接触球轴承、四点接触球轴承、圆柱滚子轴承、滚针轴承、圆锥滚子轴承、双列调心滚子轴承、单列调心滚子轴承等,见图 8.45[18]。

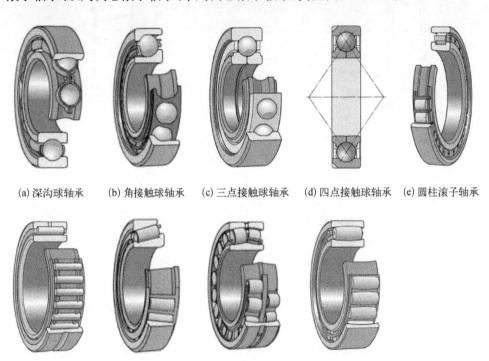

(a) 深沟球轴承　　(b) 角接触球轴承　　(c) 三点接触球轴承　　(d) 四点接触球轴承　　(e) 圆柱滚子轴承

(f) 滚针轴承　　(g) 圆锥滚子轴承　　(h) 双列调心滚子轴承　(i) 单列调心滚子轴承

图 8.45　滚动轴承类型

在实际使用中,也存在根据工况和结构需求,将多个滚动轴承进行配对设计或者将轴承与其相配零件进行一体化集成设计的组合轴承结构,如图 8.46 所示的球轴承、双列锥轴承和调心滚子轴承等。

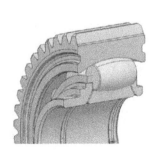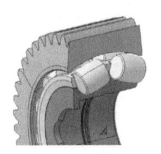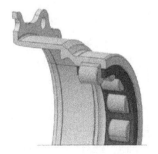

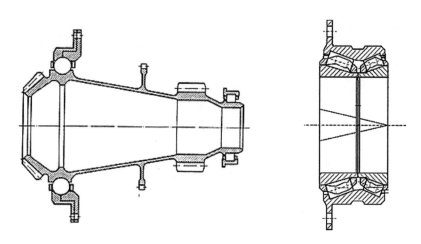

图 8.46   一体化设计组合轴承结构

8.3.2   滚动轴承应用设计与选型

1. 滚动轴承设计输入及要求

为了确定滚动轴承的使用工况,滚动轴承设计输入应包括以下方面内容:

(1) 滚动轴承相配件接口尺寸及材料牌号和材料性能参数;

(2) 滚动轴承工作温度、转速、转向和工作载荷;

(3) 滚动轴承润滑油牌号及性能参数、润滑方式、滑油温度及润滑系统过滤精度;

(4) 滚动轴承工作的环境温度、"三防"要求、振动要求等。

根据上述设计输入,可以开展滚动轴承的设计工作。但是,为了使滚动轴承达到预期的使用要求,还对滚动轴承提出了具体的要求,包括:

(1) 滚动轴承结构、尺寸要求;

(2) 滚动轴承干运转要求;

(3) 滚动轴承重量要求;

(4) 滚动轴承的寿命要求;

(5) 贮存期要求;

(6) 维护要求。

2. 滚动轴承选型

直升机传动系统滚动轴承主要有简单支承和悬臂支承(图 8.47 和图 8.48)两种支承形式。从受载情况和支承刚性考虑,设计时应尽可能选用简支结构,这种支承方式承载相对均布,对轴和机匣的刚度要求相对低一些。但有时受零件安装拆卸和结构空间限制,只能选用悬臂支承结构。选择支承形式时可以借鉴和参考以往的型号经验,尽量使结构紧凑、合理。

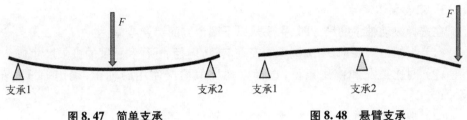

图 8.47　简单支承　　　　　　　　　图 8.48　悬臂支承

直升机传动系统滚动轴承配置[18,19]主要有固定端和浮动端轴承配置(图 8.49)、预紧轴承配置(两端固定)(图 8.50)、"浮动式"轴承配置(两端浮动)(图 8.51)三种类型,固定端和浮动端轴承配置主要应用于输入齿轮、并车齿轮等位置,预紧轴承配置主要用于悬臂支承中,"浮动式"轴承配置主要用于附件传动、人字齿传动中。

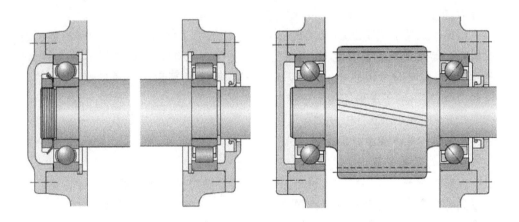

图 8.49　固定端和浮动端轴承配置　　　　图 8.50　预紧轴承配置(两端固定)

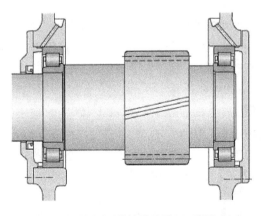

图 8.51　"浮动式"轴承配置(两端浮动)

3. 滚动轴承尺寸

在选择滚动轴承的尺寸时,主要从以下四个方面综合考虑:

(1) 根据结构要求,明确轴承的安装空间(内径、外径和宽度的极限尺寸);

(2) 对比工况和使用条件,选择以往类似情况使用的轴承,确定轴承初步尺寸;

(3) 根据选定的轴承尺寸,确定合适的轴承内部参数;

(4) 通过轴承计算软件对轴承的接触应力和 L_{10} 修正寿命进行校核。

在实际过程中,往往需要从这四个方面反复迭代,最终确定轴承接口尺寸及内部参数(滚动体直径、长度和数目、接触角、游隙等)。

4. 滚动轴承材料

根据结构要求,分析轴承所处的工作环境,如轴承与大气环境直接接触,轴承选材应考虑对"三防"(防霉菌、防湿热、防盐雾)以及沙尘、雨、雪等环境条件的适应能力,如高氮不锈钢 40Cr15Mo2VN 材料。

对处于减速器内部的轴承,轴承选材应考虑轴承工作时的温度、润滑和散热情况以及可能达到的极限温度,如极限工作温度低于 150℃,可以选择 GCr15 材料;超过 150℃应考虑采用如 8Cr4Mo4V、G13Cr4Mo4Ni4V 等耐高温的材料;当润滑条件相对较差时,可考虑采用陶瓷球滚动体 Si_3N_4。

8.3.3　滚动轴承计算分析

1. 承载计算分析

在对轴承寿命和接触应力进行分析前,首先需对轴承支承载荷进行计算。轴承受力分析通常会对轴承支点作简化计算,并对轴承和轴作以下假设:

(1) 将轴看成由刚性和无力矩作用的支点所支承的梁;

(2) 不考虑轴承、轴承座的弹性变形、轴挠曲导致的作用在轴承上的力矩。

随着轴承计算软件越来越完善,轴承的承载情况可以采用软件进行计算,根据齿轮啮合力、结构尺寸、轴承类型和支承位置建立计算模型,对轴承承载进行计算。有关计算模型如图 8.52 和图 8.53。

2. L_{10} 寿命、L_{10} 修正寿命计算

轴承 L_{10} 寿命是指轴承在理想工况条件下,90%的轴承可以达到的寿命,但是大量的试验证明轴承 L_{10} 寿命[20]计算方法比较保守。轴承的 L_{10} 修正寿命[20]计算是考虑了轴承加工、材料、润滑油量和清洁等因素的影响,通过引入润滑系数、材料系数等对轴承 L_{10} 寿命[20]进行修正,其计算结果更接近轴承的实际使用寿命。

随着计算软件越来越完善,轴承的寿命可以采用软件进行计算。

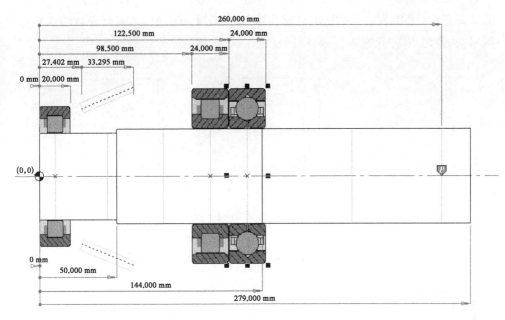

图 8.52 轴承计算模型

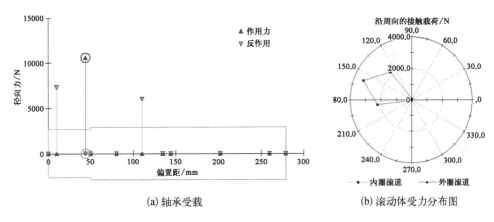

(a) 轴承受载   (b) 滚动体受力分布图

图 8.53 计算输出结果

3. 内、外圈滚道接触应力计算

大量试验数据表明,滚动轴承受载后会以表面疲劳的形式出现失效,当轴承滚道承受的应力水平不足以对轴承材料产生疲劳损伤时,理论上轴承具有无限寿命。因此控制轴承滚道表面的接触应力,对于保证轴承的工作性能、延长工作寿命具有重要意义。另外,可以采用软件进行接触应力计算。

4. 径向游隙计算分析

轴承的主要功能是支承旋转部件并引导旋转部件精确旋转,精确的游隙是引导旋转部件精确旋转的重要保障。轴承径向游隙决定了旋转轴的同心度、滚动体的载荷分布(图 8.54[21])和低温启动力矩等,因此十分重要,通常需要对轴承在低温启动、装配条件、正常工作和极限条件下的径向游隙进行计算分析。

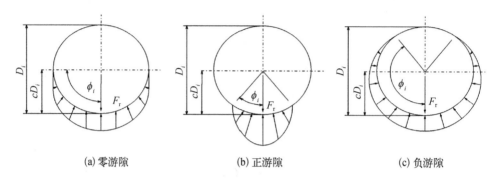

(a) 零游隙　　　　　　　　(b) 正游隙　　　　　　　　(c) 负游隙

图 8.54　不同游隙时滚动体载荷分布

F_r 表示径向载荷;ϕ_i 表示载荷分布角;D_i 表示滚道直径;cD_i 表示滚道半径

轴承径向游隙的计算分析依据为弹性变形理论,根据轴承配合、材料参数、温度梯度等条件进行计算分析。

5. 轴向游隙计算分析

轴承除了径向定位外,通常还具有轴向定位的功能,因此在进行轴承径向游隙分析时,对于有轴向限位要求的轴承还需要进行轴向游隙变化分析,以便判断游隙变化对支承轴、齿轮的影响。另外,轴承的轴向游隙不仅受轴向尺寸变化的影响,还与径向游隙关联,尤其是配对预紧的轴承,如背对背或面对面双列球轴承、背对背或面对面圆锥滚子轴承。

6. 配合应力计算

滚动轴承通常采用过盈配合安装在轴上或轴承座内,这种安装方式可以减缓由于轴承内径和轴外径之间或轴承外径和轴承座之间相对运动产生的微动磨损。但是,轴承内圈与轴的过盈配合、外圈与座孔的过盈配合,会使轴承产生沿圆周方向的拉应力或压应力,该应力称为圆周应力[5](hoopstress)。若轴承套圈圆周应力过大,当轴承滚道产生了凹坑或剥落时,容易导致轴承套圈发生断裂,因此在轴承设计时应根据轴承配合应力计算,并根据配合应力选择合适的套圈材料。

8.3.4　滚动轴承定位

为防止轴承套圈与配合面在载荷作用下发生相对转动,轴承套圈需要有合适的过盈量,以使轴承套圈整个圆周受到坚固、均匀的支承,但有时为了便于安装和拆卸或轴承用在浮动端(此时轴承需要具备轴向移动的功能),就不能采用过盈配合。另外,在某些采用间隙配合的情况下,也可以采用一些特殊的措施来减少蠕动导致的磨损,如止动槽、安装法兰等。因此,在进行轴承定位设计时,主要考虑的因素有如下几种：

　　（1）转动条件；

　　（2）负荷大小；

　　（3）轴承内部游隙；

　　（4）温度条件；

　　（5）旋转精度条件；

　　（6）轴和轴承座的设计和材料；

　　（7）安装和拆卸；

　　（8）浮动端轴承的轴向移动功能。

1. 径向定位

　　传动系统滚动轴承大多数为内圈转动、外圈固定，因此内圈一般采用过盈配合来防止轴承内圈与轴之间的相对转动，实现轴承径向定位，通常要求轴承在室温、最低工作温度和最高工作温度下，轴承内圈与轴仍有一定的过盈量。在确定轴承内圈与轴的配合时，可以参考轴承样本中的推荐配合，但更重要的是参考以往型号的配合公差选取经验。另外，轴承过盈配合应考虑最大的载荷状态下仍能避免轴承套圈与轴之间发生相对转动，以防止相对转动表面出现损伤。

　　轴承套圈相配轴颈和轴承座孔的公差范围可以从 ISO 公差系统中选取，如图 8.55[18] 所示。

　　当轴承套圈与轴或孔出现相对转动时，可以采用增大配合过盈量（必须进行相

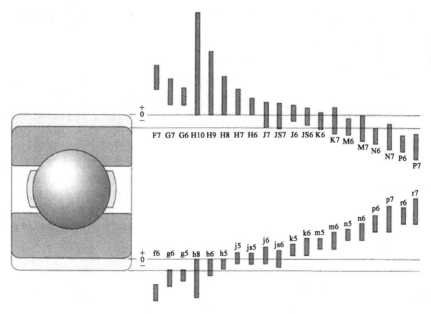

图 8.55　轴承配合公差

应的游隙分析)、增大轴承套圈轴向压紧力(必须在结构可承受范围内),或者在轴承套圈或相配件表面镀铜(或涂抹特殊材料),以减小或延缓表面损坏。如以上措施仍无法解决轴套圈与轴或孔的相对转动问题,还可以考虑增加止动销、将轴承设计为带安装法兰结构等措施来改善。

2. **轴向定位**

为保证轴承的工作性能,防止轴承工作过程中出现轴向窜动,须对固定端的轴承进行双向轴向固定,一般轴向定位方式有锁紧螺母、弹性挡圈、止动压板等,如图8.56(a)~(c)所示[18]。如要求轴承有轴向浮动,轴承轴向不能限位,以便轴承实现轴向浮动功能,如图8.56(d)所示。

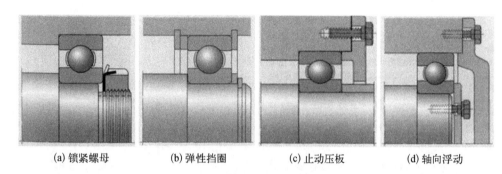

　(a) 锁紧螺母　　　　(b) 弹性挡圈　　　　(c) 止动压板　　　　(d) 轴向浮动

图 8.56　轴承轴向定位方式

与轴承相配的部件(轴肩、轴承座孔肩及间隔套等)的尺寸,必须对轴承套圈有足够的支承,因此设计时要避免轴承倒角与配合面(轴颈或座孔)、挡肩(轴肩或孔肩)转接圆角之间出现干涉。

3. **圆周定位**

轴承圆周定位一般采用过盈配合或止动板、定位销及安装法兰等止动结构来实现,防止轴承套圈在工作过程中出现周向转动。对于外圈带安装边结构的轴承,通常可采用无衬套结构;当外圈为无安装边轴承时,最好安装在经过硬化处理的钢制衬套内。

8.3.5　安装与拆卸

1. **安装**

安装轴承可以采用加热或冷冻方式,使轴承与相配轴或孔为间隙能直接安装。为了使轴承安装定位准确,在轴承装入轴或孔后,必须保持一定的压力,防止安装轴承移动;卸压后应用厚度不大于0.02 mm的塞尺检查轴承与挡肩端面是否贴合。

轴承加热方法有感应式加温(图8.57)、烘箱(图8.58)或油箱(图8.59)加温等,严禁使用火焰加温。

图 8.57　感应式加温

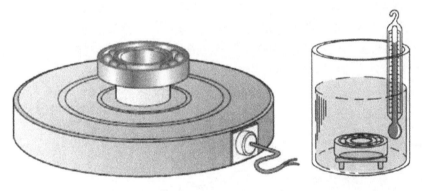

图 8.58　电热板加温　　　　　图 8.59　油槽加温

压安装方法是用管件或套筒将压力加在要求过盈配合的内圈或/和外圈上(图 8.60[21])来达到轴承的安装。施加压力的方法通过抗反弹锤敲击、液压式或机械

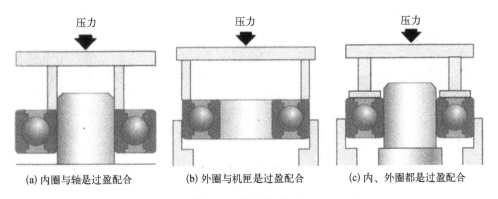

(a) 内圈与轴是过盈配合　　　(b) 外圈与机匣是过盈配合　　　(c) 内、外圈都是过盈配合

图 8.60　压安装方式

式压床来实现。使用压安装方式,不允许通过滚动体传力,不允许使用錾子直接敲击,见图 8.61[21]。

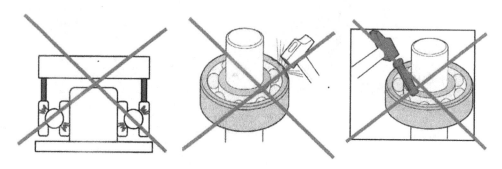

图 8.61 禁止安装方法

2. 拆卸

每种轴承拆卸都应按照规定的程序和工装进行。拆卸轴承时,不能通过轴承滚动体传力来拔卸轴承,应避免损伤轴承。通常拆卸轴承时,应使用一些拔取器或专用工装。有关轴承拆卸轴承方式如图 8.62[21] 所示。

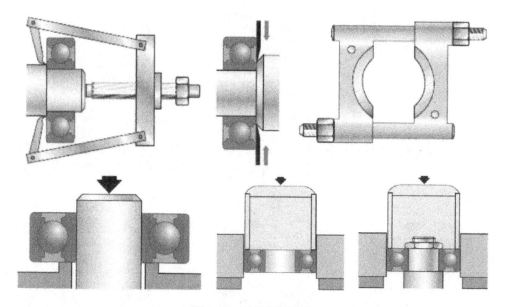

图 8.62 轴承拆卸方法

3. 清洗

对使用过的轴承进行清洗时,应去除轴承上所有的锈迹、水分、润滑剂、颗粒和其他污染物,轴承清洗后对轴承进行目视检查是否有损伤。如轴承不立即安装使用,应及时对轴承进行油封,防止腐蚀。

4. 油封

轴承检查完毕后,应立即进行全面的清洗、油封并装入包装袋密封,以便后续安装使用。拆卸后的轴承表面仍有少量润滑油,可在干燥、清洁的室温环境下暂时存放 4 h,在此期间轴承必须避免受潮以及外部污染;若存放超过 4 h,必须对轴承进行防锈油封。

8.3.6 试验项目

根据试验的载体不同,轴承试验项目可分为试验器试验、整机台架试验、飞行试验。其中,试验器试验又可分为性能试验、耐久性试验和滑油中断试验、环境试验;整机台架试验又可分为飞行前试验、持久试验、润滑试验和滑油中断试验。有关试验项目及试验目的如下。

(1)试验器性能试验:验证轴承结构和设计参数的合理性。

(2)试验器耐久性试验:验证轴承的使用寿命。

(3)试验器滑油中断试验:验证轴承在滑油中断状态下的工作性能。

(4)试验器环境试验:考核轴承耐湿热、霉菌、盐雾的能力,以及在有沙尘等环境下的性能。

(5)防尘、漏脂、温升性能试验:考核轴承在运转中防止灰尘侵入轴承内部和内腔润滑脂泄漏到轴承外部的能力及外圈表面最高温度高出环境温度的程度。

(6)整机台架飞行前试验:验证轴承在装机状态下使用性能和一定的寿命,为飞行试验提供依据。

(7)整机台架持久试验:考核轴承在装机状态下使用性能和使用寿命。

(8)整机台架润滑试验:考核轴承在装机状态下各油温、油压下的工作性能。

(9)整机台架滑油中断试验:考核轴承在装机、滑油中断状态下的工作性能。

(10)飞行试验:考核轴承在飞行状态下的使用性能。

(11)整机台架环境试验:考核轴承在整机规定的使用环境下的工作性能。

8.4 离合器

8.4.1 功能与分类

直升机传动系统中使用的离合器一般为摩擦式超越离合器(以下简称"离合器"),该类离合器接合平稳冲击小。离合器仅在一个方向上传递扭矩,靠主、从动部分的相对运动速度变化自动接合或脱开。当发动机不提供扭矩时(或双发直升机有一台发动机不工作时)离合器,将不提供扭矩的(或不工作的)发动机与传动系统脱开,保证直升机的主旋翼、尾桨和附件传动仍能持续运转。

除过渡状态外,离合器有三种工作模式:闭锁、差速超越(输入转速一般为输出转速的 50%~75%)和全速超越(输入转速为零,输出转速为 100%)。差速超越状态主要发生在旋翼自转而发动机处于地面慢车状态或者双发以及多发启动期间,全速超越状态主要发生在启动过程或者在飞行中一台发动机不工作期间。

传动系统用离合器按楔紧元件结构可分为滚柱离合器、斜撑离合器、弹簧离合器[22]。

8.4.2 应用设计与选型

离合器的设计要求如下[23]:

1. 结构及载荷

离合器应当设计成与结构需要相符合的尽可能小的组件。从减轻重量方面考虑,离合器应当设置在高速轴上。一般采用 2~3 倍最大额定扭矩作为极限载荷进行设计,在该载荷下不允许零件产生破坏或塑性变形。

2. 环境要求

离合器一般安装在减速器内部,通常不考虑腐蚀问题,影响离合器工作的环境主要是温度和振动。离合器固有频率至少应超出工作频率范围的 15%。

离合器的设计应考虑不同的材料间热胀冷缩的影响、极端低温的情况对润滑剂的影响。在离合器中应该提供通畅的回油路,以便在停车时,大部分滑油从离合器中流走,回到油池里。

3. 方向性

离合器的旋转方向(图 8.63)根据需要确定。滚柱离合器的凸轮平面以及弹簧-销机构在保持架凸耳上的配置应与其旋转方向相适应。斜撑离合器在两个方向中的任何一个方向均可工作,方向相反时只要把自由轮组件两端颠倒过来装配即可,应保证在工作状态下斜撑块的方向与超越和驱动方向相适应。弹簧离合器中弹簧缠绕方向应与超越和驱动方向相适应。

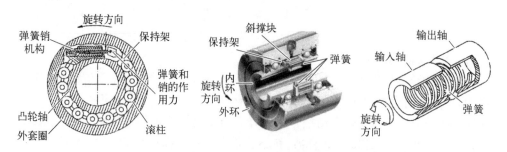

图 8.63 离合器的楔紧元件与旋转方向示意图

4. 平衡要求

对于工作转速为 6 000 r/min 以上的离合器,不平衡力可能加速离合器零件的磨损。由于输入和输出元件的角向关系在超越期间经常改变,一般对输入和输出部件分别进行动平衡。

8.4.3　离合器结构及主要设计内容

1. 滚柱离合器设计

滚柱离合器结构[24] 如图 8.64 所示,由凸轮轴、滚柱、外套圈、保持架和弹簧-销机构等主要零件组成。滚柱通过保持架在凸轮轴上定位,保持架通过弹簧-销机构周向定位。弹簧-销机构推动保持架使滚柱处于凸轮轴平面和外套圈之间。图8.64 中,在凸轮轴上施加扭矩时,滚柱楔紧凸轮轴平面和外套圈,传递扭矩,离合器处于闭锁状态。当从动元件试图比主动元件转动得快时,滚柱从楔住状态脱开,并在外套圈和凸轮轴的滑动面上滚动或滑动,此时凸轮轴与外套圈分离,离合器处于超越状态。

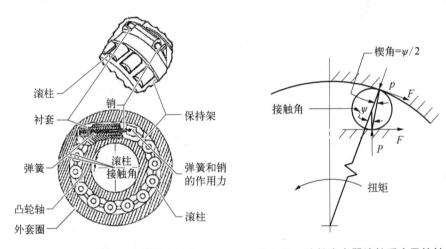

图 8.64　滚柱离合器基本结构　　　　图 8.65　滚柱离合器滚柱受力及接触角

实现滚柱离合器正常工作的关键是恰当地选择初始接触角 ψ,如图 8.65 所示。接触角 ψ 的一半 $\psi/2$ 称为楔角,楔角的正切值必须小于滚柱和凸轮轴平面间的摩擦系数。

有的滚柱离合器采用空心滚柱,空心滚柱减少了滚柱的离心负荷,增大了散热量,能获得较大的滚柱柔性,增加了滚柱与凸轮轴平面和外套圈的接触面积,降低了接触应力。

滚柱离合器设计的主要内容包括:组件总体设计、滚柱接触角分析、外套圈设计、凸轮轴设计、滚柱设计、保持架设计等。

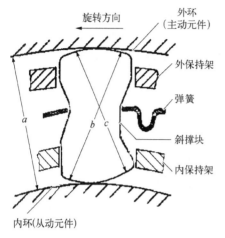

图 8.66   斜撑离合器结构示意图

2. 斜撑离合器设计

斜撑离合器基本结构[25]如图 8.66 所示,主要由外套圈(外环)、内轴(内环)、成组的斜撑块、内保持架、外保持架、弹簧以及轴承等组成。通常将外套圈作为主动元件,内轴作为从动元件。斜撑块与保持架、弹簧组成自由轮组件。

常用的斜撑离合器自由轮组件有全相位型(full-phasing type)和强制连续约束型[positive-continuous-engagement(PCE) type]两种类型,这两种基本类型的工作原理见图 8.67[25]。

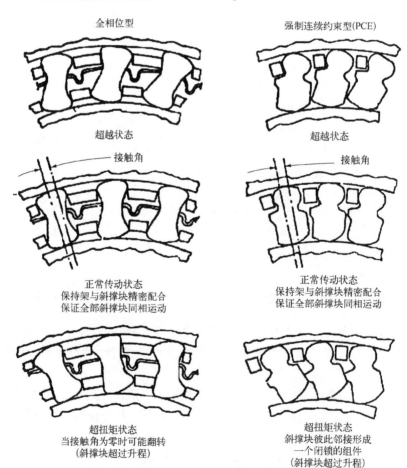

图 8.67   斜撑离合器工作原理

全相位型自由轮组件由双保持架和弹簧使全部斜撑块保持同样的相对角向位置。强制连续约束型自由轮组件一般采用单一保持架和弹簧,该弹簧确保每个斜撑块能进行与其邻近斜撑块无关的运动,这种类型离合器斜撑块的侧面有凸缘,过载时斜撑块互相邻接,形成一个不能"翻转"的"整体"结构。全相位型离合器斜撑块的"翻转"是过载时可能发生的破坏模式;强制连续约束型离合器当过载时将发生打滑,外套圈或内轴的擦伤是可能发生的破坏模式。

适当选择初始接触角或楔角是实现斜撑离合器正常工作的关键,斜撑离合器中有两个楔角,一个为斜撑块与外环接触点(切点 T)处的楔角 W,另一个为斜撑块与内环接触点(切点 Q)处的楔角 V,见图 8.68[25]。

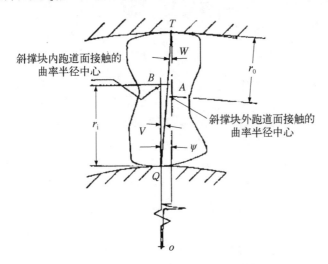

图 8.68　斜撑离合器楔角定义示意图

斜撑离合器设计的主要内容包括组件总体设计、确定斜撑块规格、斜撑块设计(接触角分析、接触应力、离心力影响分析等)、内轴设计、外套圈设计、保持架设计等。

3. 弹簧离合器设计

弹簧离合器的基本结构如图 8.69 所示[26],主要由输入轴、弹簧、输出轴等组成。弹簧离合器的工作依靠矩形横截面螺旋弹簧的径向伸缩分别实现传动和超越。从输入端看,螺旋弹簧按与离合器旋转相同的方向缠绕,当输入元件试图比输出元件转动快时,在摩擦力作用下,弹簧上的切向力引起弹簧径向向外扩张,贴紧输入元件和输出元件,使输

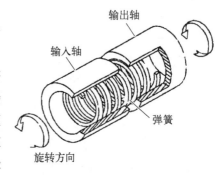

图 8.69　弹簧离合器结构示意图

入元件同输出元件联锁,离合器处于闭锁状态。当输出元件比输入元件旋转快时,在弹簧上的切向力引起弹簧径向向内收缩,弹簧作用在输入、输出轴上的法向载荷减少到依靠摩擦不能传递负载,弹簧打滑,离合器处于超越状态。在超越状态应对两端打滑的弹簧进行润滑,一般由弹簧中心通过离心力供油。

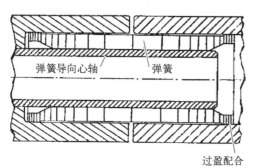

弹簧导向心轴　　弹簧

过盈配合

图 8.70　典型弹簧离合器组件纵剖面图

弹簧设计是弹簧离合器设计的关键。弹簧圈的宽度一般设计成按指数规律变化,即中间的弹簧圈宽、两端窄,可同时满足柔性和强度要求。用纵向剖面表示的典型弹簧离合器结构如图 8.70 所示。

弹簧两端与输入、输出轴的孔为过盈配合,当输入轴试图比输出轴旋转得快时,可以使离合器立刻接合;装配条件下中部弹簧圈外径与输入、输出轴的孔是分离的,以减少超越状态时弹簧与输入、输出轴的贴合长度,从而降低超越时的阻力矩。

弹簧在静止状态时与导向心轴为过盈配合,导向心轴使弹簧在超越状态可靠定心。在超越状态向接合状态过渡时,当输入转速达到输出转速时,且在离合器接合以前,考虑到离心力作用,弹簧应仍留在导向心轴上而不应该从导向心轴上脱开。

弹簧离合器设计的主要内容包括组件总体设计、弹簧设计(应力分析、离心力影响分析、几何形状设计等)、输入和输出轴设计、弹簧导向心轴设计等内容。

8.4.4　离合器试验项目

离合器研制中应进行性能试验、寿命试验、静扭试验,并随减速器进行整机台架试验、飞行试验等试验。其中,性能试验包括静态性能、动态性能、模拟工作状态下的性能等试验项目及装减速器验证试验,寿命试验包括滚动体与套圈的磨损寿命试验、疲劳试验。

(1)离合器静态性能试验;

(2)离合器动态性能试验;

(3)离合器模拟使用情况超越试验;

(4)低油压状态性能试验;

(5)离合器装机验证试验;

(6)离合器超越磨损试验;

(7)离合器疲劳试验;

（8）离合器静扭（过载）试验。

8.5　联　轴　器

8.5.1　功能与分类

联轴器可分为刚性联轴器和挠性联轴器两大类，目前直升机传动系统主要使用的是挠性联轴器。联轴器安装于主减速器的输入轴和尾传输出轴及其他功率输出轴端，用于连接主减速器的输入、输出轴与动力传动轴、尾传动轴等，也用于动力传动轴、尾传动轴内的各段轴间，传递运动和扭矩，同时，补偿相连接的两轴间由于制造误差、安装误差、承载后的变形以及温度变化的影响等引起的角向偏斜、轴向偏斜和径向偏斜。

目前，传动系统中常用的挠性联轴器类型主要有膜片联轴器、膜盘联轴器。膜片联轴器结构简单、没有速度波动、不需要润滑、便于维护且具有破损安全能力，是最常用的传动轴联轴器结构，动力传动轴、尾传动轴都适用。在直升机传动系统中，膜盘联轴器多采用电子束焊一体化结构，具有结构简单、承载能力大、可靠性高的特点。由于膜盘与尾传动轴管不能采用电子束焊，且膜盘联轴器没有破损安全能力，一旦断裂将迅速破坏，而且尾传动轴的转速比动力传动轴低，膜盘联轴器高转速工作的特点不明显，因此膜盘联轴器一般用于动力传动轴设计中。

8.5.2　联轴器设计要求

联轴器的设计要求是：

（1）传递运动要求，即保证主、从动传动元件的运动一致性，速度波动在允许的范围内；

（2）补偿能力要求，包括补偿形式和角向补偿、轴向补偿、径向补偿及综合补偿量的要求包括直升机工作时的尾梁变形对联轴器的影响；

（3）强度和寿命要求；

（4）动态特性要求，包括临界转速、模态，不平衡量引起的响应等；

（5）工艺性和成本要求。

简言之，当相连接的两轴以规定的最大不同轴度安装在直升机上时，联轴器在所有的工作状态下都应能正常工作，满足寿命要求。

联轴器的设计输入条件包括：

（1）应用场合，设计空间的要求和限制；

（2）传递的扭矩 T，工作转速 n，载荷波动情况；

（3）最大轴向位移量 O_x，最大角向偏斜量 D_a，对于采用两套联轴器的动力传动轴一般还要求径向补偿量 Δ_y。

8.5.3　膜片联轴器

1. 结构组成及工作原理

膜片联轴器属于靠大变形元件传递载荷和提供补偿能力的联轴器,主要由膜片组、衬套和连接螺栓组组成。膜片组由一组不锈钢薄片(0.2~0.3 mm)叠合而成,连接螺栓分为主、从动螺栓,和主、从动法兰盘相连接。

载荷经输入法兰通过主动螺栓组传递给膜片组,通过膜片组传递载荷给从动螺栓组,再传给从动法兰。在传递扭矩过程中,主动螺栓到从动螺栓间的膜片弧段受拉,从动螺栓到主动螺栓间的膜片弧段受压。存在角向偏斜时,旋转一周内同一弧段经历一次弯曲应力和变形的交变变化。一般膜片联轴器的轴向补偿为0.5 mm 以内,角向补偿 $\alpha \leqslant 1.5°$,速度越高,角向补偿量越低。径向补偿 Δ_y 需要靠两个联轴器和一段中间轴的角向补偿实现。

2. 主要设计内容

根据设计要求,膜片联轴器需按如下内容进行结构设计。

1) 螺栓孔数

膜片联轴器有 4、6、8、10 甚至 12 孔的,孔数的选择与传递的载荷、空间大小、补偿量要求有关。孔数越多,传力的路径越多,传递的扭矩越大,但补偿量越低,尤其是角向补偿能力差。孔越少,用的片数就越多。直升机传动系统一般只用 6 孔,这样由 3 路传力,有一定可靠性,直径尺寸也较合适。

2) 结构选用

膜片联轴器主要的结构形式有散片安装的束腰形膜片联轴器、带衬套固定的束腰形膜片联轴器、散片安装的圆形膜片联轴器。

散片安装的束腰形膜片联轴器的膜片构型见图 8.71,膜片联轴器散片安装,通过螺栓与法兰盘相连。采用这一设计,膜片联轴器的结构简单,但使用维护困难。

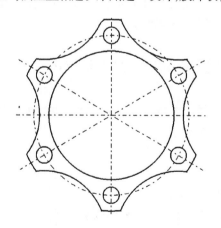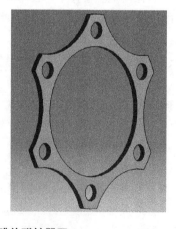

图 8.71　散片安装的束腰形膜片联轴器图

带衬套固定的束腰形膜片联轴器的膜片组和衬套构型见图 8.72,采用旋压的工艺,凸肩衬套和挡圈将膜片联轴器散片连成一个整体,再通过螺栓与法兰盘相连。采用这一设计,膜片联轴器的结构复杂,但提高了维修性。

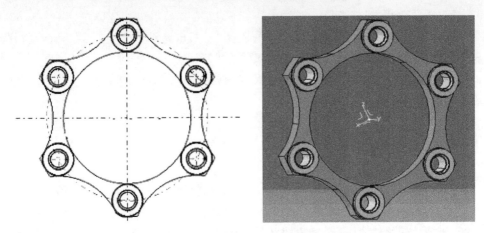

图 8.72 带衬套固定的束腰形膜片联轴器

散片安装的圆形膜片联轴器的膜片构型见图 8.73,膜片联轴器散片安装,通过螺栓与法兰盘相连。采用这一设计,膜片联轴器的结构简单,易于制造,但使用维护困难,同样角向偏斜下膜片的应力水平也略高。

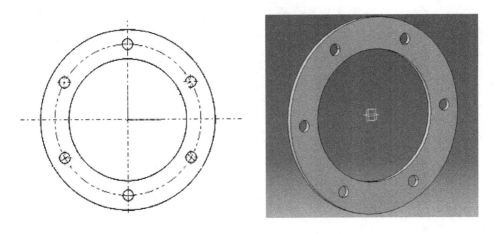

图 8.73 散片安装的圆形膜片联轴器

3)选材设计

膜片材料通常选用 1Cr17Ni7 不锈钢冷轧钢带或 301 不锈钢冷轧平直钢带。

4)膜片结构尺寸设计

膜片组的片数和膜片厚度、直径尺寸主要根据强度和刚度条件及补偿要求确定。膜片的厚度一般为 $0.2 \sim 0.3$ mm。膜片越厚、片数越多、总厚度越大,联轴器的传扭强度越大,但与此同时联轴器的弯曲刚度也越大,在同样偏斜角下弯曲交变应力越大,因此需要综合考虑,优化选择。

5)强度、刚度校核

膜片的刚度计算是选择膜片尺寸的依据之一,也是动力学分析的基础。膜片的轴向刚度和角向刚度可以通过有限元分析求得。

膜片工作时的载荷状态为非线性大变形状态,也可以应用有限元方法进行较精确的结构分析。

8.5.4 膜盘联轴器

1. 结构组成及工作原理

膜盘联轴器是全金属弹性联轴器,通过挠性膜盘传递主、从动机件的扭矩,并补偿主、从动轴线之间的轴向、径向和角向偏移。膜盘内、外径处有刚性的轮缘和轮毂,扭矩从轮缘输入,轮毂输出或从轮毂输入,轮缘输出,不受旋转方向的限制。相连接的两轴间有轴向偏移时,膜盘产生伞状挠曲变形;若存在角向偏移或径向平行偏移(多个膜盘),膜盘产生歪斜/屈曲弯曲变形。设计时必须适当选择膜盘挠性件三个方向的刚度,以满足工况要求。

相对于膜片等其他型式的联轴器,膜盘联轴器的结构简单、重量轻、可靠性高,且更适合于高转速环境中,它还具有无需维修保养和润滑、拆装方便、使用范围宽、补偿能力大、无噪声、零间隙、定速率、附加力和附加弯矩小等特点、可以保持不变的低不平衡量,能在恶劣环境(高温、腐蚀介质、大振动冲击)下工作。在传动系统上,膜盘联轴器多用于动力传动轴中。

膜盘联轴器有单片、双片、多片等类型,膜盘与法兰间、膜盘间的组合可采用电子束焊接或螺栓连接。直升机传动系统中多采用电子束焊接,膜盘往往双片或多片成对采用与轴的输入、输出端直接结合成一体,结构示意图见图 8.74。

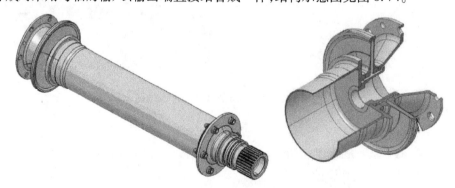

图 8.74 典型动力传动轴及其膜盘焊接结构示意图

2. 膜盘设计参数

膜盘联轴器的补偿能力取决于膜盘数和膜盘尺寸。因此,膜盘是膜盘联轴器设计的关键,膜盘的两个侧面为专门设计的型面,它不仅要承受扭矩,而且要有良好的三向位移补偿性能,其剖面图见图8.75。

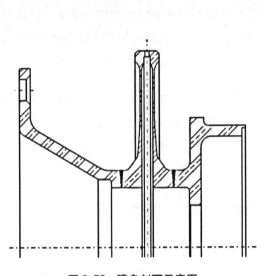

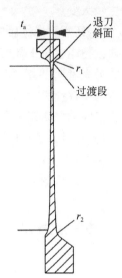

图 8.75 膜盘剖面示意图   图 8.76 膜盘型面结构示意图

单个膜盘由轮毂、轮缘及膜盘型面组成。膜盘型面一般由退刀斜面、转接圆弧 r_1、过渡段、型面段(未在图中标出)和转接圆弧 r_2 五部分组成,如图8.76所示。

单个膜盘的主要设计参数有型面最薄处厚度、直径和型面比。可根据经验选择型面最薄处厚度,并通过强度、刚度分析确定。

3. 膜盘选材设计

膜盘材料要有高的机械性能、高的疲劳强度、好的韧性;良好的工艺性、锻造性、可焊性;能适应工作环境的特定要求,耐高温、耐腐蚀、材料弹性模量低。18Ni - 250(c250)马氏体时效钢,可作为膜盘材料,其表面需采用耐温的防护涂层。Ti - 6Al4V 钛合金的弹性模量低,且有抗蚀品质,不用表面防蚀保护,可减小尺寸、减轻重量,也可用于膜盘材料。

4. 膜盘联轴器强度、振动特性及疲劳寿命计算

在进行膜盘联轴器设计时,一般对其进行强度、振动和疲劳寿命计算,使其满足要求。

1) 强度计算

在工作时,膜盘联轴器一般需要承受如下载荷:传递的工作扭矩;膜盘自身及相邻零件的离心载荷;补偿轴向偏移及角向、径向不对中产生的载荷等。由于载荷较为复杂,因此可优先采用有限元法对膜盘联轴器强度进行计算分析。

对于航空用膜盘联轴器,需要满足 GJB 242—1987《航空涡轮螺桨和涡轮轴发动机通用规范》3.1.2.5 节中定义"外部作用力"时的规定——发动机结构应能承受限制载荷(最大工作载荷)而无永久变形;在承受 1.5 倍限制载荷而无损坏,但允许产生永久变形。

同时,还需要考虑轴向偏移、角向和径向不对中对膜盘强度的影响: 联轴器在最大连续扭矩状态下能够补偿 125% 的稳态下的最大轴向偏移或瞬态轴向偏移(取其中的最大者),并能同时补偿 125% 的最大角向不对中和最大径向不对中。

2) 振动特性

膜盘联轴器多用于高速工况,由于转速跨度范围大,在工作转速范围内易发生共振,因此在设计工作中要对膜盘联轴器的固有频率进行计算、分析,以防止振动破坏。根据振动方向不同,膜盘联轴器振动可分为轴向振动和弯曲(横向)振动,其振动示意图见图 8.77。

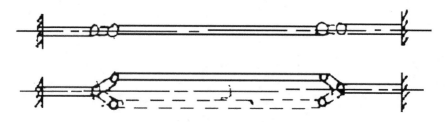

图 8.77 膜盘联轴器振动示意图

采用有限元软件对膜盘联轴器固有频率进行计算时,转子固有频率裕度要求不低于 20%。

3) 疲劳寿命

膜盘联轴器在稳定转速下工作时,对膜盘来说扭矩和离心载荷产生的内应力是稳定的,而角向相对位移引起的弯曲应力在轴每转半周就会改变一次方向,即为交变应力。根据实际运行经验表明,膜盘损坏的主要原因在于交变应力引起的疲劳问题。

关于疲劳强度的理论和计算方法比较多,此处以 Soderberg 法为例(图 8.78),对膜盘型面的疲劳强度计算方法进行说明。

图 8.78 中,$\sigma_{0.2}$ 为膜盘材料的屈服极限;σ_{-1} 为膜盘材料的疲劳极限;指数 k 是与零件疲劳试验件数量有关的疲劳

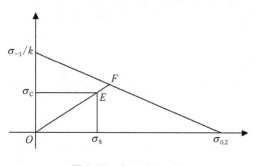

图 8.78 Soderberg 图

强度缩减系数;σ_s 为稳态应力。其中,稳态应力是由扭矩、离心载荷、轴向载荷和轴向偏移导致,交变应力由角向不对中导致,可以通过有限元计算得到上述应力值。

根据图 8.78,疲劳强度储备系数的计算公式为

$$MS_f = \overline{OF}/\overline{OE} - 1.0 > 0 \tag{8.15}$$

当疲劳强度安全系数大于 0 时,即膜盘型面疲劳寿命设计值为无限寿命。

8.6 密 封

8.6.1 机械密封

1. 概述

机械密封是一种端面动密封,具有性能可靠、泄漏量小、使用寿命长、无需经常维修的特点,能适应于高速、高温、高压工作环境,能适应一定的偏心和不同轴,在直升机传动系统上有广泛应用,一般应用于高速轴的轴端密封。而同为端面密封的磁性密封在直升机传动系统中的应用也越来越多,其原理与机械密封类似,只不过机械密封由弹簧加载,磁性密封由磁性吸引力加载。且磁性端面密封结构较简单,尺寸紧凑,安装方便,密封界面接触载荷变化不大,且分布均匀,其尺寸一般仅为机械密封的 25%~50%。

2. 密封原理

机械密封和磁性密封的主要结构元件为动环、静环和二次密封件(O 形圈)。动环装在轴上,静环装在机匣上(一般装在机匣上的密封座内)。动环与静环之一要能轴向移动,自动补偿密封面的磨损。轴向移动的密封由二次密封件(O 形圈)实现。

如图 8.79,该机械密封的动环为表面粗糙度很小的钢环,与轴间用 O 形圈密封。静环为石墨环,通过弹簧及动环向石墨环施加轴向力。石墨环与壳体间通过

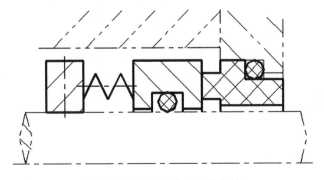

图 8.79 弹簧加载的机械密封

O 形圈(二次密封件)实现密封,并可沿轴向和角向浮动,自动补偿贴合面的磨损。

端面密封的弹簧类型取决于轴向位移要求,通常采用波形弹簧实现端面密封的轴向压紧,弹簧力的反力由二次密封件及防转结构约束。端面密封弹簧的力应足够大,以免由于二次密封件的摩擦及轴向(端面)跳动引起密封面分离,一般来说,弹簧产生的压强应为 0.068 9~0.207 MPa,但同时弹簧刚度又需要尽可能低,以容许由于装配或磨损原因造成的弹簧高度变化。

波形弹簧高度较小的变化就会引起弹簧力较大的变化,这就限制了波形弹簧的应用。如要求弹簧力变化小,可采用锥形弹簧、多头锥形弹簧或膜盘。国外弹簧材料一般选用 300 系列不锈钢。机械密封的弹簧常数可以根据允许的密封环轴向移动量选择。

端面密封的二次密封件提供密封静环与静止壳体间的密封。允许密封环的轴向移动,补偿轴的磨损和跳动。端面密封动环的材料,需具有较高的硬度、耐磨损和耐腐蚀能力和良好的热传导性能。国外通常采用 440C 不锈钢或结构钢表面涂覆碳化钨、氧化铬,表面粗糙度可取为 0.1 μm。

磁性端面密封的静环用永磁材料制成,动环用石墨环镶入软磁材料中制成,动环与轴之间通过二次密封件(O 形圈)实现密封,也可通过其轴向移动与浮动补偿磨损。与机械密封不同的是,磁性端面密封不需专门的传动件,可以用二次密封环的摩擦力起传动作用。

ASLE 标准建议的端面密封机匣孔径(包括密封座在内)、密封宽度和推荐的石墨环宽度见表 8.6。石墨环的露出高度通常取为 1~1.75 mm。在静环与密封座间应有防转结构,如一对锁舌与锁槽。

表 8.6　端面密封尺寸

轴径/mm	机匣孔径/mm	密封宽度/mm	石墨环宽度/mm
25.4	41.2	16.6	
31.8	47.6	16.6	
38.1	55.5	17.5	1.58
44.5	63.5	19.1	
50.8	70	19.1	
57.2	77.6	23.8	
63.5	85.7	24.6	1.58
70	92	24.6	

续 表

轴径/mm	机匣孔径/mm	密封宽度/mm	石墨环宽度/mm
76.3	100	27	
82.6	108	27	
89	114	27	1.98
95.3	122	27	
101.6	130	30.2	2.39

图 8.80 为 AS-350"松鼠"尾减速器输入轴磁性密封及其密封座。

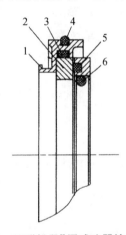

图 8.80 AS-350"松鼠"尾减速器输入轴磁性密封

1. 密封座;2. 永久磁铁;3. O 形密封圈;4. O 形密封圈;5. 密封环组件;6. O 形密封圈

3. 密封接触比压计算

端面密封摩擦界面上的接触比压 P_b(即平均接触压力)对密封性能、工作稳定性、功率损耗、可靠性和寿命有重大影响。在保证密封性和工作稳定性的前提下,应尽可能取较小的接触比压值,以满足工作的可靠性与寿命要求。

接触比压计算公式如下:

$$P_b = (B - B_m)(P_1 - P_2) + P_s \tag{8.16}$$

式中,P_b 为接触比压,单位为 N/mm²;B 为几何平衡系数;P_1、P_2 为密封腔内、外压力,单位为 N/mm²;P_s 为机械力比压,单位为 N/mm²。

在式(8.16)中,乘积 $(B - B_m)(P_1 - P_2)$ 的数值与 P_s 相比很小,因此为保证密封和工作稳定性,减小摩擦、磨损、发热量及热变形,在克服二次密封摩擦力和动环轴向跳动及角向摆动的惯性力的条件下,机械作用力 F_s 应尽可能选择较小的数值。但对于弹簧加载的石墨密封,由于弹簧制造误差、安装轴向压缩量误差,以及动环轴向窜动等因素影响,为保证密封,必须保证一定的机构作用力,不能很小,一般取 $P_s = 0.1 \sim 0.25$ N/mm^2。对于磁性端面密封,磁性吸引力受安装误差及轴向窜动影响很小,因此可以取得较小,一般取 $P_s = 0.05 \sim 0.07$ N/mm^2。

4. PV 值(接触比压与表面滑动平均速度之积)计算

PV 值即接触比压与表面滑动平均速度之积,其许用值 $P_b V$ 根据所用摩擦材料在规定的使用寿命内的允许磨损量确定,$P_b V$ 的极限值 $[P_b V]_{max}$ 为

$$[P_b V]_{max} = \frac{2\lambda \sigma_b}{fa\alpha E} \tag{8.17}$$

式中,λ 为密封环材料的导热系数(取两环中较小者);σ_b 为密封材料抗拉强度,单位为 N/mm^2;a 为密封环轴向厚度,单位为 mm;α 为密封材料热膨胀系数;f 为摩擦系数;E 为密封环材料弹性模量,单位为 N/mm^2。

令 $KT = \frac{\lambda \sigma_b}{\alpha E}$,则 $[P_b V]_{max} = \frac{2KT}{fa}$,其中,$KT$ 为材料耐热冲击系数,常用材料的推荐值见表 8.7。

表 8.7　常用材料的耐热冲击系数推荐值

材料	钢	不锈钢	WC	树脂浸渍石墨	斯太立合金	金属陶瓷
KT	42.34	6.75~7.35	36.14	34.7~76.9	2.7~5.9	8.47

5. 机械作用力 F_s 的选择

机械作用力(弹簧力或磁性吸引力)必须大于动环运动的惯性力,否则缝隙在工作中会开大,加大泄漏,还可能引起密封振动和不稳定工作。动环的惯性力为

$$F_a = 2\,000 \frac{\sum M}{D_2} \tag{8.18}$$

式中,M 为动环作简谐摆振的力矩,单位为 N·m,$M = J\varepsilon$,其中 J 为动环对密封端面的转动惯量,单位为 kg·m^2,ε 为动环角向摆动的角加速度,单位为 rad/s^2。

$$\varepsilon = \frac{\Delta \omega^2}{D_2} \tag{8.19}$$

式中,Δ 为动环的全跳动,单位为 mm;ω 为动环的旋转角速度,单位为 rad/s;D_2 为密封凸缘外径,单位为 mm。

应使

$$F_s = K_s \cdot F_a$$

式中,K_s 为大于 1 的系数,一般可取 $K_s = 2$。

为降低端面接触比压,必须减小动环惯性力,因此,需控制动环的端面跳动,减小动环质量,选择低密度材料。

6. 密封的动环设计

对磁性密封,动环是高速旋转件,必须有足够的强度和刚度。此外,动环还是磨损补偿环,与轴之间应有一定的间隙,并具有良好的浮动作用。为了使磁性吸引力传到石墨环上,可将石墨环嵌入软磁材料金属环中,这也弥补了石墨材料的强度不足。

石墨环与软磁材料金属环可以胶接,也可以采用过盈配合固定。当采用过盈配合固定时,配合过盈应足够,以保证在工作温度下具有一定的过盈值,以防止二者相互转动。工作温度下的过盈量推荐值为

$$\Delta \delta \geqslant 0.01 \sim 0.02 \text{ mm}$$

由此,常温下的过盈量为

$$\delta = \Delta \delta + D_F (\alpha_1 + \alpha_2) \Delta T \tag{8.20}$$

式中,D_F 为配合直径,单位为 mm;α_1 为软磁金属材料的热膨胀系数;α_2 为石墨材料的热膨胀系数;ΔT 为工作温度与常温之差。

确定过盈量时,应核算镶嵌应力是否超过材料的许用应力。

为了防止动环与轴间的 O 形圈工作时被挤出,O 形圈挤压面的动环内径与轴的配合可选用 C8/h6。为保证动环的浮动摆转补偿作用,配合段的长度应尽可能小,一般应不大于 1~2 mm。

与静环相比,石墨环(动环)宽度较窄,一般应较静环(硬环)端面宽度尺寸小 1~3 mm,具体尺寸视密封处的结构确定,可参照已有机种的参数。

动环软磁性材料可选用 Y3Cr13 或 3Cr13 不锈钢,石墨环材料可选用浸渍石墨 M202F、M106H。

7. 磁性密封的静环设计

磁性密封的静环基本是矩形截面,尺寸由产生必要的磁吸引力确定。静环的永磁材料应达到下述要求:

(1)磁性能好;

(2)满足摩擦学要求,如摩擦系数低,有一定自润滑性,耐磨损、导热性和耐热性好,热膨胀系数小,有足够的机械强度,工艺性好等。

某型磁性密封采用的静环材料为 LNG40 - GB4753 - 84。

8. 机械密封的动静环设计

机械密封的窄环(石墨环)宽度可按表 8.8 取值。

表 8.8　机械密封的窄环(石墨环)宽度

轴径 d/mm	16~28	30~40	45~60	65~70	>70
石墨环端面宽度/mm	3	4	5	5.5	6

一般说来,在保证强度、刚度的前提下,石墨环端面宽度应尽可能减小,过大会给冷却、润滑带来困难。但是,端面宽度也不宜过小,否则会使端面压强增大,温度升高,磨损加剧。石墨环的端面高度 h 可取 3 mm。硬环宽度应比石墨环大 1 ~ 3 mm。

机械密封的补偿环可以是随轴转动的动环,也可以是安装在密封座内不随轴转动的静环。补偿环为动环时称为旋转式密封,补偿环为静环时称为静止式密封。通常采用波形弹簧机械密封的轴向压紧。动环作为补偿环时,其与轴及二次密封件(O 形圈)之间的配合要求与磁性密封动环基本相同,但其与轴的配合面较长,角向浮动作用不大。一般来说,旋转式密封结构简单,但离心力对弹簧的作用会影响密封端面的压强。因此,高速轴的机械密封应采用静止式。

机械密封的动环应有专门的带转措施,随轴旋转。常用的结构有弹簧座凹槽传动、弹簧传动、凸耳、拨叉传动、螺钉、销钉传动等。在传动系统上,主要还是靠螺母拧紧后的压力将动环固定在轴上。

静环一般由安装座支承,支承方式应使静环密封可靠,尽量减小变形,可参照有关机种的结构。

9. 磁性密封中 O 形圈的配合

与机械密封不同,磁性密封只用旋转式,靠 O 形圈处的摩擦力带动动环。

因此,O 形圈与轴的配合过盈应足够,以防止动环与轴的相对转动。一般说,O 形圈的压缩量应控制在 13%~18%,O 形圈对轴的压缩力为

$$F_0 = 47 \times 10^8 d^{1.7} Y_b^{1.3} H^{4.5} L \tag{8.21}$$

式中,d 为 O 形圈截面直径,单位为 cm;Y_b 为 O 形圈压缩率;H 为 O 形圈材料邵氏硬度;L 为密封周长,单位为 mm。

压缩力 F_0 的摩擦力矩必须大于密封端面比压形成的摩擦力矩,才能使磁性密封的 O 形圈起到传动动环的作用。

8.6.2　圆周密封

1. 概述

圆周密封为一个封闭的组件,轴向尺寸紧凑,装卸方便,便于保管及外场使用,在回油通畅和冷却适当的情况下,圆周密封可在 76.2 m/s 下工作。但是,圆周密封存在下列问题:

(1) 适用的转速不如机械密封高(允许最大线速度取决于轴的跳动,见表 8.9);

(2) 耐受的压力低,只能在非常低的内腔压力下使用(约 0.006 89 MPa),压力稍高于外界大气压力时就可能出现泄漏;

(3) 对轴线不对准误差较为敏感。

因此,圆周密封一般用于转速高、唇形密封不适用,且存在轴向移动,超出了端面密封限制的部位。SA-321"超黄蜂"、SA-365"海豚"等机种采用此类密封。

针对其耐受压力低的问题,可采用离心式甩油圈、叶轮等装置减少进入密封部位的滑油量。

表 8.9　轴的径向跳动与圆周密封的相配轴的最大线速度

轴的径向跳动/mm	推荐的轴的最大线速度/(m/s)
0.025 4	76
0.127	61
0.254	40.667
0.381	30.5
0.508	20.333

2. 圆周密封典型结构

圆周密封由密封座、石墨环、圆周弹簧(圆柱拉伸弹簧)、挡圈、端面弹簧挡圈(波形弹簧)等组成。图 8.81 为 SA-321"超黄蜂"主减速器输入端的圆周密封。该密封的石墨环有内外两层。内层与挡圈接触,沿周向分为三个弧段,由安装座上的销子隔开。外层与安装座内端面接触,沿径向分为内外两层,每层各三个弧段,由安装座上的销子隔开。两层的弧段间缺口相互错开。石墨环由两组圆周弹簧径向箍紧,靠端面波形弹簧轴向压紧和限位。整个封严碗组合后在安装座口处锁边固定,或通过弹性挡圈及安装座内孔上的槽固定,构成一个整体。

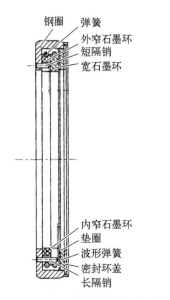

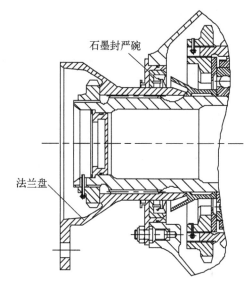

图 8.81　SA－321"超黄蜂"主减速器　　图 8.82　SA－321"超黄蜂"主减速器
输入端圆周密封　　　　　　　圆周密封安装部位

3. 接触比压和 PV 值计算

与端面密封不同,对圆周密封,介质的压力不通过补偿环作用于贴合面上。因此,圆周密封的接触比压可近似取为圆周弹簧机械力的比压 P_s 与摩擦力抵消部分之差,即

$$P_b = P_s - P_f \qquad (8.22)$$

式中,$P_s = \dfrac{2F_s}{b \cdot D}$,单位为 N/mm²,其中 F_s 为圆周弹簧在工作状态下的拉伸力,单位为 N,b 为石墨环轴向宽度,单位为 mm,D 为圆周弹簧轴线所在圆的直径,单位为 mm。

$$P_f = \frac{fF_{st}}{\pi bd} + \frac{f(P_1 - P_2)h}{b} \qquad (8.23)$$

式中,P_f 为摩擦力抵消的比压,单位为 N/mm²;f 为摩擦系数;F_{st} 为端面弹簧作用力,单位为 N;d 为轴径,单位为 mm;P_1、P_2 分别为密封腔内外压力,单位为 N/mm²;h 为石墨环径向高度(承压面全高),单位为 mm。

与端面密封相似,在克服摩擦力和石墨环径向跳动及摆动的条件下,弹簧作用力应尽可能选择较小的数值。一般可参照端面密封,取 $P_s = 0.1 \sim 0.25$ N/mm²。

圆周密封 PV 值的许用值可参照端面密封计算。

4. 圆周密封结构设计

1) 石墨环

石墨环的轴向厚度尽可能取较小值,以免因厚度过大造成冷却、润滑困难,但应保证接触比压不致过高。设计时可参照以往机种选取,表 8.10 为 SA - 321"超黄蜂"主减速器圆周密封的石墨环尺寸。如前所述,处于外层的窄环沿径向内外两组相错排列。一般来说,窄环的径向宽度可取为 2.5~3 mm,宽环的径向宽度为两窄环径向宽度之和。石墨环的材料可按机械密封选取。

表 8.10　SA - 321"超黄蜂"主减速器圆周密封石墨环尺寸

图　号	轴径/mm	石墨环内径/mm	窄环厚度/mm	宽环厚度/mm
风扇轴端	$\Phi41.275_0^{+0.025}$	$\Phi41.275_0^{+0.025}$	2.4 ± 0.02	2.4 ± 0.02
输入轴端	$\Phi69.85_0^{+0.025}$	$\Phi69.85_0^{+0.025}$	3.3 ± 0.02	3.3 ± 0.02
备用传动齿轮轴端	$\Phi44.475_{-0.025}^0$	$\Phi44.475_{\cdot0}^{+0.025}$	2.4 ± 0.02	2.4 ± 0.02
电机传动轴端	$\Phi34.95_{-0.025}^0$	$\Phi34.95_0^{+0.025}$	2.4 ± 0.02	2.4 ± 0.02

2)圆周弹簧与端面弹簧

圆周弹簧与端面波形弹簧的弹性大小必须合适。圆周弹簧的弹力影响对石墨环的压紧力及石墨环与轴的贴紧,端面波形弹簧的弹力影响石墨环端面的靠紧与密封效果。两组弹簧的弹力应相互协调,否则,端面波形弹簧的弹力过大则影响圆周弹簧的压紧;弹力不够则起不到轴向约束的作用。

圆周密封轴向弹簧的弹簧力可取为 70 N/m(按弹簧单位周长计算),径向弹簧的弹簧力为 17.5~35.0 N/m(按弹簧单位周长计算)。对 $\Phi35~50$ mm 的密封轴径,石墨环圆周弹簧的拉伸力可取为 3.2~4.2 N,端面波形弹簧的张力可取为 4~6 N。在研制中,应根据使用情况予以调整。

端面波形弹簧的材料可选用弹簧用冷轧不锈钢带,如 0Cr17Ni7Al - H - GB4231 - 84、GH4145 - Q/3B4198 或 1Cr18Ni9Ti。

3)安装座

卷边固定的密封环安装座(钢圈)设计中的一个重要问题是保证滚压卷边的质量。过紧则影响石墨环的径向移动和密封效果,过松则导致泄漏。

安装座材料可用热轧钢棒 1Cr13,采用标准为 GJB 2294—1995。

4)装配检验

装配后,石墨块应能自由活动,用比密封轴径小的芯棒检查,应无透光。

5)轴的外表面

为减小摩擦和保证密封效果,与石墨块接触的轴径表面应有足够高的表面形状精度及表面粗糙度、较低的径向跳动,轴的表面粗糙度 Ra 应不大于 0.203 μm,径向跳动不大于 5 μm。

转轴密封面上可设置衬套,衬套表面可喷涂二氧化铬、碳化钨或采用其他特种工艺处理。

8.6.3 唇形密封

1. 橡胶材料唇形密封

唇形密封属于动密封,其功用在于把油腔和外界隔开,对内封油,对外防尘,广泛应用于传动系统中,其密封腔压力不大于 0.05 MPa。

1)唇形密封的密封机理

唇形密封的密封机理有许多学派,有表面张力理论、吸引理论,还有边界润滑理论等。其中,比较有说服力、并经实验证实的是"泵汲"效应理论,该理论认为:被密封液体的表面张力有助于防止泄漏,可保证密封系统中接触区的油液膜处于混合润滑状态下工作,其密封是通过"泵汲"实现的。这种泵汲能力是由轴和唇部形成的径向力及轴向擦拭作用而产生的。换言之,是由轴上的唇形密封唇部在轴的运转过程中不断地将油液从大气侧泵汲到油侧。

2)唇形密封的结构与分类

唇形密封结构主要有 3 种:黏结结构、装配结构和全胶结构。唇形密封的分类有很多种,按有无骨架,可分为外骨架型、内骨架型、内外骨架型;按有无副唇可分为单唇型、双唇型、多唇型;按有无弹簧可分为有弹簧型、无弹簧型;按是否带回油线,可分为普通型和流体动力型;按材料类型,可分为橡胶唇形密封和聚四氟乙烯唇形密封。

唇形密封结构通常主要由橡胶密封圈、骨架、弹簧组成,如图 8.83 所示。

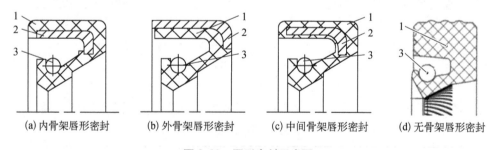

图 8.83 唇形密封示意图

1. 橡胶密封圈;2. 骨架;3. 弹簧

橡胶密封圈中的橡胶唇是关键部分,唇口起密封作用,腰部维持必要的弹性,以适应轴的偏心与浮动。金属骨架用来增强密封圈的刚性,有利于橡胶密封圈结构尺寸的稳定,并便于装配;同时金属骨架能保持密封圈与安装孔的配合力和保证唇部位于正确的位置,还能明显改变唇形密封圈的耐压值(尤其是骨架达到唇形密封圈腰部下方时)。金属骨架可胶接在橡胶密封圈主体内侧,也可胶接在外侧,大多数骨架唇形密封圈把骨架置于橡胶中间。加强弹簧的作用在于箍紧唇部,使唇部对轴具有适当的径向力,以保证唇口有良好的密封性能。同时,唇口磨损后能自动补偿。

无骨架唇形密封没有骨架,有的甚至没有加强弹簧,整体由橡胶模压成型,其缺点是刚性差,易产生变形,尺寸不稳定,但它可以切口使用,这对于不能从轴端装入而又必须用唇形密封的部位是仅有的一种型式。为增加这种唇形密封圈的刚性,一般采用橡胶内圈和层压棉织物外圈模压而成。

为进一步改进唇形密封的密封效果,常采用一种改进型密封,即密封面带有均匀分布的肋(即回油线),这些肋能起泵的作用,将泄漏出来的油泵送回油腔,如图8.84 所示。

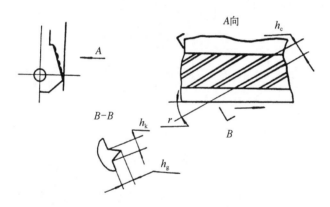

图 8.84　带肋唇形密封示意图

3) 唇形密封的设计

唇形密封唇口与轴表面为接触式的密封,其表面发生摩擦,设计时应重点考虑唇形密封唇口的过盈量、径向载荷。唇形密封必须具有足够的过盈量,以适应轴的偏心,但不能影响润滑油膜的形成。唇形密封对轴产生的径向载荷,由唇口过盈量、唇口腰部及弹簧产生的三个力复合而成,这种载荷必须在不妨碍形成油膜的前提下防止泄漏。

径向载荷是设计唇形密封的重要因素,径向载荷大小要合适,密封才有最长的使用寿命。在密封流体的作用下,径向载荷会增加,密封唇部接触区的温度也会升高。有试验表明,密封接触区的温度每上升 $10℃$,合成橡胶唇形密封的寿命要减少 30% 以上。

径向载荷虽然可以通过计算获得,但计算的准确性难以保证。同时,由于实际使用时唇形密封唇口速度不同,相同尺寸规格的唇形密封径向载荷不同。一般情况下,对普通型唇形密封,建议径向载荷为 $0.875 \sim 1.23$ N/cm,流体动力型径向载荷为 0.525~0.7 N/cm。由于流体动力型径向载荷相对较小,唇与轴的摩擦力矩和唇下温升较低,并可防止泄漏,因此它适用于较高的线速度。

a) 唇部结构、尺寸及骨架设计对密封性能的影响

唇形密封的唇部结构、尺寸及骨架设计至关重要,如图 8.85。唇部结构参数主要包括前倾角 α、后倾角 β、弹簧位置 r、唇长 t、腰厚 S、骨架位置、护托设计等。

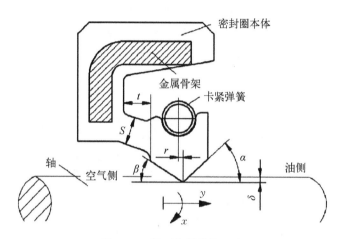

图 8.85　唇形密封结构尺寸

试验表明,前倾角 α 取 50°、后倾角 β 取 20°~25°,弹簧位置 r 离开唇口向腰部偏 0.5~1 mm,此时能保证密封唇与轴接触宽度小于 0.254 mm,密封性能最优。其他设计参数应根据使用条件确定,如用作压力密封时,唇长 t 应尽可能短,各处壁厚,尤其是腰厚 S 应增加,骨架应尽可能靠近唇口并尽量达到腰部下方,可能时最好增加护托。若被密封轴有较大的动态偏心,或要求尽量减少摩擦损失时,则唇长 t 应尽量长一些,壁厚薄一些,宜采用外骨架设计,尽可能增加密封唇部的挠性。

对于流体动力唇形密封,肋的高度一般在 0.05~0.1 mm,螺旋角范围为 20°~30°[27](图 8.84),角度太大则会使泵汲效果降低。肋的形状有单向螺旋、三角形、抛物线、正弦曲线等,根据工况、旋转轴方向等进行设计。

b) 过盈量的选取

过盈量不仅是直接影响径向力大小的重要因素,而且对唇口温升和密封寿命有重要影响。过盈量与唇缘温升基本成比例,过盈量有两种作用:① 使密封唇部产生安装径向力,形成初始密封作用;② 适应轴的动态偏心。过盈量的选取,一般为 0.5~1.5 mm(未装弹簧时的过盈量),高速型唇形密封比低速型要小。对于无

骨架唇形密封,过盈量可适当选取大一些。唇口与轴的过盈量可参照表 8.11
选择。

表 8.11　唇口与轴的过盈量

轴径/mm	≤30	30~50	50~80	80~120	120~180	180~220
过盈量/mm	0.5~0.9	0.6~1.0	0.7~1.2	0.8~1.3	0.9~1.4	1.0~1.5

c) 弹簧

弹簧的作用在于箍紧唇部,使唇部对轴具有适当的径向力,以保证唇口有良好
的密封性能。同时,唇口磨损后能自动补偿。

弹簧弹力的选择取决于被密封介质的压差。弹簧的弹力按唇口对轴的压力等
于或大于被密封介质的压差设计。

d) 骨架

骨架采用冷轧或热轧钢板、钢带,在海水及腐蚀性介质中用不锈钢板。

4) 唇形密封相配件设计[28]

a) 轴表面的粗糙度、表面硬度

轴表面粗糙度对唇形密封性能和使用寿命有很大影响。密封轴表面必须设计
合适的粗糙度,才能保证密封性能达到最优。通常规定 $Ra = 0.2 \sim 0.4\ \mu m$,最佳
粗糙度为 $Ra = 0.38\ \mu m$。 粗糙度过小时,油很容易从密封接触面之间挤出来,以
致油膜变薄或消失。此时由于不能形成油膜,反而摩擦变大,温升增加,磨损加剧,
唇部便会发热甚至老化,且轴粗糙度减小,加工成本增加,不宜设计更高要求的摩
擦表面。反之,粗糙度过大时,轴转动后易刮伤唇形密封唇口,使密封面变毛,此时
不仅摩擦力矩增大,而且唇口会很快磨损,唇下温升增加,造成泄漏,这种变化随转
速增加和密封压力增高而变得更加明显。

轴最好用表面硬化的材料制造。推荐轴或跑道表面硬度不小于 HRC40。
HRC45 的硬度能使唇形密封具备良好的工作条件。当流体介质中存在磨蚀物体,
如金属磨粒时,推荐轴的硬度不小于 HRC55。

b) 安装引导角的设计

对轴和唇形密封的装配,轴上应有足够大的倒角,以防唇口损坏并为装配提供
方便。若轴不适合倒角,须使用专门的装配工具。

c) 安装孔的设计

唇形密封安装孔应保证与密封轴同心。当采用外骨架唇形密封时,安装孔材
料最好采用与骨架有相近温度膨胀系数的金属材料,以保证唇形密封装配的牢固
性和可拆性,安装孔与唇形密封之间至少有 0.05 mm 过盈量。内骨架唇形密封与

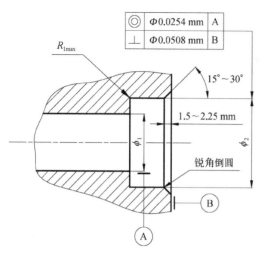

| ◎ | Φ0.0254 mm | A |
| ⊥ | Φ0.0508 mm | B |

R_{1max}

15°~30°

1.5~2.25 mm

ϕ_1

ϕ_2

锐角倒圆

B

A

图8.86　唇形密封安装孔设计要求

安装孔需要更大的过盈,允许至0.4 mm。安装孔必须有引导倒角,结构尺寸如图8.86所示。唇形密封应轴向定位,常采用一个挡圈或卡圈以防止密封圈沿轴向移动。

5)唇形密封的安装

唇形密封安装时需区分装配方向,不得装反。对于单唇密封,若用于封油,则唇应向轴承侧;若用于防尘防水,则唇应向外侧;对于双唇密封,主唇向内侧,副唇向外侧。

6)机械要素对唇形密封的影响[28]

a)转子振动的影响

转子振动的影响分轴向振动和径向振动,或者二者皆有。振动对唇形密封的影响主要是使油膜处于紊乱状态,密封性能下降。

b)偏心的影响

偏心是指唇形密封唇口内圆与轴表面不同心,它包括轴与孔的不同心、轴加工时表面偏心以及唇口内径与外圆不同心等。偏心会造成唇与轴接触不均,导致唇形密封对轴的径向紧箍力不均,发热、磨损等也不均,因而易泄漏,唇形密封易损坏。对于带回油线结构的唇形密封,偏心量应更小。

c)轴转速的影响

轴转速主要影响唇形密封的发热,转速越高,发热越严重。当发热超过橡胶的允许温度时,橡胶表面就产生硬化和龟裂。同时在过高的轴转速情况下,由于轴表面与密封圈唇口存在不同心度,会导致唇口来不及跟随高速旋转轴,而使轴表面与唇口之间出现间隙,造成泄漏。因此,不同胶料、不同型式的唇形密封各有其最高允许转速和最大允许线速度。

2. 聚四氟乙烯唇形密封

1)结构形式

聚四氟乙烯唇形密封是近期发展起来的另一种新型动力唇形密封,其典型结构形式如图8.87。主要由内外金属骨架、橡胶垫圈、聚四氟乙烯唇片组成,有单唇型和双唇型,金属骨架外面还可以包覆橡胶层。它既具有橡胶唇形密封结构简单、安装方便的优点,又具有机械

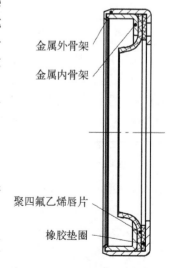

金属外骨架

金属内骨架

聚四氟乙烯唇片

橡胶垫圈

图8.87　聚四氟乙烯唇形密封

密封能够密封高压流体、使用寿命长、能密封多种流体介质等特点,其密封唇口较橡胶唇形密封宽,在密封唇上与轴接触宽度上可加工有螺纹线或螺旋槽,能够充分利用填充聚四氟乙烯材料的"记忆效应",唇口弹性充足,又可利用动力回油螺旋槽封油。

2) 密封机理

聚四氟乙烯唇形密封唇口由聚四氟乙烯片制成,工作时唇形密封圈将一层薄的聚四氟乙烯薄膜涂覆到旋转轴上,轴旋转时产生的摩擦热可使唇口不断收缩,紧紧抱在轴上,且能补偿磨损并靠唇片自身的弹性变形(也称"记忆效应",即唇片一般由薄圆片拉伸而成,它有逐步恢复至拉制前形状的特性)使唇口很好地贴合在轴颈上。

3) 聚四氟乙烯材料的性能

聚四氟乙烯具有化学稳定性好、电绝缘性高,较好的耐热性,在 360℃下 10 h 不发生明显的变质和分解,在 -180~250℃ 的宽广温度范围内能保持机械强度,它是已知高分子材料中耐溶剂和耐腐蚀性最好的;聚四氟乙烯手感滑腻、硬度低,不会划伤对象,又具有相当低的摩擦系数(仅 0.02,为氟橡胶的 1/40),是高分子材料中摩擦系数最低的;聚四氟乙烯具有良好的自润滑性,几乎所有黏性物质均不能黏附到其表面上,是一种理想的密封材料,因此常用作流体动力唇形密封。

用聚四氟乙烯做唇形密封,有以下几个优点:

(1) 使用温度范围宽(-200~+260 ℃);

(2) 可密封流体压力差高(达 1 MPa);

(3) 密封轴的速度可达 30~33 m/s;

(4) 轴的安装偏心 0.5 mm,运转偏心允许达 0.75 mm;

(5) 不仅可以封油,而且可以用于各种化学介质的密封;

(6) 使用寿命长,密封可靠。

聚四氟乙烯材料的主要缺点是蠕变,也称为冷流动,还存在一些不足之处,如机械强度较低、导热性差、缺乏高弹性、不耐磨损等。为了克服上述缺点,对纯聚四氟乙烯进行填充、增强或改性,掺入一些增强和耐磨物质,如玻璃纤维、碳素纤维、石墨、二硫化钼、青铜粉等,以及一些有机化合物,使它们在聚四氟乙烯丝层状结构中形成网状节点,从而提高刚性、导热性、抗蠕变能力,有效地改善聚四氟乙烯的物理机械性能。填充改性后的聚四氟乙烯具有极高的耐磨性(可提高 1 000~1 500 倍)和极好的自润滑性能,聚四氟乙烯密封件的寿命也相应提高。例如,加入体积比为 25% 的不同填料,可使聚四氟乙烯的耐磨性得到显著改善。

4) 其他要求

聚四氟乙烯唇形密封其他要求可以参照橡胶唇形密封的要求。

8.6.4 静密封

直升机传动系统中使用的静密封主要为 O 形密封圈、毡圈密封、垫片密封、密封胶。常用静密封种类及特性见表 8.12,应根据零部件结构选择合适的密封形式。

表8.12 常用密封件种类及特性

密封种类		适用范围			说　明
		速度/ (m/s)	压力/ (N/mm²)	温度/℃	
O形密封			100	−60~200	静密封效果较好;结合面应有适当的沟槽
O形圈密封		6	35	−60~200	利用安装沟槽使密封圈受到预压缩而密封,在介质压力作用下产生自紧作用而增强密封效果;O形圈具有双向密封能力;已有国家标准,可直接选用
毡圈密封		5	0.1	90	结构简单,成本低廉,尺寸紧凑,对轴的偏心与窜动不敏感,但摩擦阻力较大;适用于润滑脂,当与其他密封组合使用时也可用于润滑油;轴表面最好抛光
垫片密封	纤维质		2.5	200	靠外力压紧垫片,使之产生弹塑性变形以填塞密封面上的不平,消除间隙后密封;对加工精度要求不高,成本低廉
	橡胶		1.6	−70~200	
	塑料		0.6	−180~250	
	金属		20	600	
密封胶	液态密封胶		1.6	300	可单独使用,也可与垫片配合使用,单独使用时两密封面的间隙应≤0.1 mm;用于不仅需要密封面且需要固定的接合面和承插部位
	厌氧胶		5~30	100~150	

1. O 形密封圈

O 形密封圈主要用来密封滑油、空气。O 形密封圈密封属于静密封,是挤压弹性体密封,靠预先被挤压由弹性变形产生预紧力,同时工作介质也会挤压 O 形密封圈,使之产生自紧力,其结构简单(如图 8.88 所示),质量小,安装方便,具有双向密封能力,密封可靠,在传动系统中的应用非常广泛。

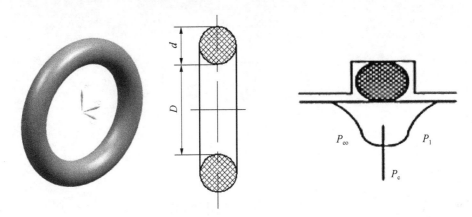

图 8.88　O 形密封圈结构形式　　　图 8.89　O 形密封圈的接触压力分布

O 形密封圈在介质压力 P_1 作用下的受力状况如 8.89 所示,产生的接触压力为

$$P_c = P_{co} + \Delta P_c \tag{8.24}$$

式中,P_c 为介质压力下的总接触压力,单位为 MPa;P_{co} 为 O 形密封圈初始压力,称为预接触压力,单位为 MPa;ΔP_c 为介质压力经 O 形密封圈传递给接触面的接触压力,称为介质作用接触压力,$\Delta P_c = KP_1$,单位为 MPa,其中 K 为侧压系数,对于橡胶密封件,$K = 0.9 \sim 0.985$。

要保持密封,必须保证 $P_c > P_1$。而 ΔP_c 永远小于 P_1,故应保持足够的接触压力 P_{co},即 O 形密封圈要有足够的压缩率,才能保证密封。但如果压缩率太大,又会影响密封圈的工作寿命。因此,密封圈和密封槽尺寸的合理匹配是延长密封圈无泄漏密封寿命的必要保证。

1) O 形密封圈的设计准则[29]

(1) O 形密封圈的槽的体积必须大于 O 形密封圈的体积;

(2) 预加的压紧力必须足以使金属面之间在任何时候都能形成并保持接触;

(3) 在高压下金属面出现分离时,预加的压紧力必须足以使金属面之间的缝隙保持很小,确保 O 形密封圈无任何被挤出的危险;

(4) 在内部压力增加时,O 形密封圈仍应符合自紧密封原理。

2) O 形密封圈的设计[30]

O 形密封圈在传动系统上的应用,主要有径向密封、轴向密封和螺纹连接密封三种形式,径向密封又分为轴沟槽和孔沟槽,建议尽量选用轴沟槽。对于径向密封和螺纹连接密封,O 形密封圈的设计一般都具有拉伸率。

O 形密封圈径向密封分轴沟槽密封和孔沟槽密封,其结构见图 8.90。

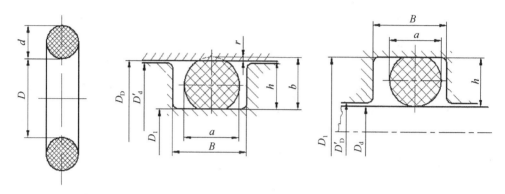

图 8.90　O 形密封圈结构

设计 O 形密封圈时,首先应计算其拉伸率,然后计算压缩率,拉伸率的计算如下。

轴沟槽密封:

$$\alpha = \frac{D_1 + d}{D + d} \tag{8.25}$$

孔沟槽密封:

$$\alpha = \frac{D_d + d}{D + d} \tag{8.26}$$

式中,D_1 为槽的公称直径;D_d 为轴的公称直径;D 为 O 形密封圈的公称内径;d 为 O 形密封圈的截面公称直径。

拉伸率随着 O 形密封圈内径的增大而减小,推荐值见表 8.13。

表 8.13　O 形密封圈拉伸率推荐值

O 形密封圈内径 D/mm	≤20	20~50	>50
拉伸率 α	1.06~1.04	1.05~1.03	1.04~1.02

O 形密封圈在拉伸变形后,截面直径 d 在径向方向减小,呈椭圆形,压缩率 Y 按式(8.27)计算:

$$Y = \frac{r}{b} \times 100\% = \frac{b-h}{b} \times 100\% = \left(1 - \frac{h}{b}\right) \times 100\% \qquad (8.27)$$

式中,代号 h、b 见图 8.90。

椭圆截面的长、短轴可按式(8.28)和式(8.29)计算:

$$a = d\sqrt{\frac{1}{\alpha}\left(\frac{1}{1.35 - 0.35\alpha}\right)} \qquad (8.28)$$

$$b = d\sqrt{\frac{1.35}{\alpha} - 0.35} = k \cdot d \qquad (8.29)$$

式中, $k = \sqrt{\dfrac{1.35}{\alpha} - 0.35}$。

选择密封结构压缩率时,需恰当处理密封性与摩擦力之间的关系,同时考虑工作介质温度、材料等各种因素的影响。根据密封性质,选择不同的压缩率,见表 8.14。

表 8.14　O 形密封圈压缩率推荐值

密封性质	内部活动密封	固定密封、外部活动密封	螺纹连接件密封
压缩率 Y	12%~17%	18%~22%	40%~45%
最小允许压缩率 $[Y_{min}]$	7%	11%	35%

3) 安装槽的设计

O 形密封圈的安装槽对其密封性能有重要影响。一般地,安装槽型设计的基本原则为加工容易、尺寸合理、精度易保证、O 形密封圈装拆方便等。

不同安装槽结构设计要求如图 8.91 和图 8.92 所示。

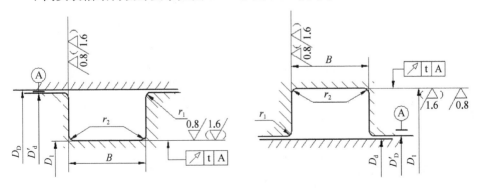

图 8.91　矩形槽设计要求(尺寸单位: mm)

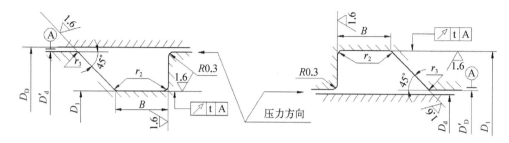

图 8.92　组合槽设计要求(尺寸单位: mm)

其中,每种安装槽的槽底和槽口圆角对 O 形密封圈的密封性有一定影响,槽口圆角不能太大,以防 O 形密封圈被挤出,槽底圆角比槽口可以稍大一点,一般要求如下:

$$\begin{cases} r_1 \leqslant 0.2 \text{ mm} \\ r_2 = 0.3 \sim 0.5 \text{ mm} \quad (d = 1.5 \sim 4) \\ r_2 = 0.5 \sim 0.7 \text{ mm} \quad (d = 4 \sim 8) \\ r_3 = 0.4 \sim 0.7 \text{ mm} \end{cases}$$

为了防止 O 形密封圈在压力下挤出而导致失效,在设计轴与筒时应考虑它们之间的间隙。图 8.93 为 O 形密封圈无压和有压时的密封状态。

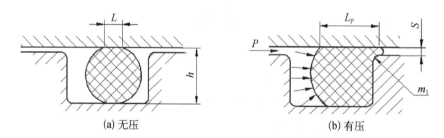

(a) 无压　　　　　　　　　　　　(b) 有压

图 8.93　O 形密封圈无压和有压时的密封状态

表 8.15 规定了不同工作压力下、不同硬度橡胶的最大允许径向间隙值(单位: mm)。

表 8.15　轴与筒的最大允许径向间隙

工作压力 P/MPa	橡胶邵氏硬度		
	70	80	90
≤5	0.10~0.15	0.15~0.20	0.15~0.25
5~10	0.06~0.10	0.08~0.15	0.10~0.15

续　表

工作压力 P/MPa	橡胶邵氏硬度		
	70	80	90
10~15	0.03~0.06	0.06~0.08	0.08~0.10
15~21	0.02~0.03	0.04~0.06	0.06~0.08

4) O 形密封圈的安装

O 形密封圈的装配对密封性能起非常关键的作用,对于固定密封,为防止切伤和损坏 O 形密封圈,密封圈不应挤进螺纹内或接触其他不规则表面和粗糙表面,轴上、孔口都要有引导。当 O 形密封圈通过螺纹或其他尖角时,要对其进行保护。图 8.94 为避免安装尖角的方法。

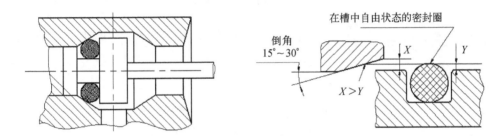

图 8.94　避免安装尖角的方法

5) 轴向密封

轴向密封主要用在机匣之间、机匣与端盖、衬套之间、密封盖板、法兰式接头端面,密封是靠螺栓拧紧后使 O 形密封圈压缩变形,达到密封目的,考虑到流体压力作用和可能出现的振动,压缩率比径向密封结构大一些。

轴向密封分为内压型和外压型两种,内压型指压力来自内部,外压型指压力来自外部,示意图见图 8.95。对于直升机传动系统,主要为内压型,且内、外腔压差较小。

内压型密封沟槽外径 ΦA 按公式 $\Phi A = \Phi D_{\max} + 2\Phi d_{\max}$ 计算,其压缩率按式 (8.30) 计算:

$$Y = \frac{d - h}{d} \times 100\% = \left(1 - \frac{h}{d}\right) \times 100\% \qquad (8.30)$$

式中,h 为沟槽深度;d 为 O 形密封圈的截面公称直径。

对于沟槽为不规则形状的轴向密封(图 8.96),槽的平均周长(在槽的中心线上计算其周长,即沟槽中径周长)大于(或小于) O 形密封圈的平均周长

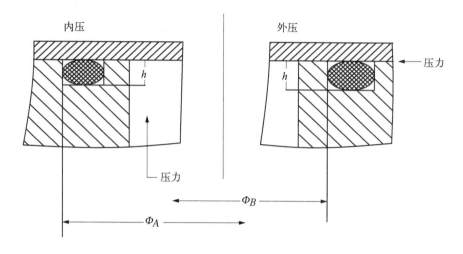

内压 外压

压力

h h

压力

Φ_B

Φ_A

图 8.95 轴向密封示意图

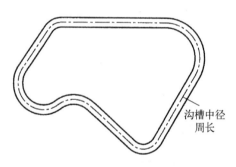

沟槽中径周长

图 8.96 不规则槽示意图

0.5%，O 形密封圈的平均周长 C 按式（8.31）计算：

$$C = \pi \times (D + d) \qquad (8.31)$$

式中，D 为 O 形密封圈的公称内径；d 为 O 形密封圈的截面公称直径。

6）用于螺纹密封结构的 O 形密封圈

螺纹密封结构形式主要指用于拧入式直通管管接头、螺塞及类似结构和拧入式弯管接头、三通管接头及类似结构，其拉伸率和压缩率按式（8.26）、式（8.27）计算，压缩率按表 8.14 选取。

7）O 形密封圈的选材

O 形密封圈的材料一般根据工况（介质、压力、温度）进行选择，目前传动系统常用的 O 形密封圈材料为氟橡胶。

8.7 连 接 与 紧 固

在传动系统的设计、制造、运输、使用及维修过程中，紧固连接件是不可缺少的基础元件。根据不同的装配部位、安装方式、工作环境、工作载荷、寿命要求等条件，紧固连接件主要分为九大类产品，分别进行编号，详见表 8.16。

表 8.16　紧固连接件类别代号

序　号	类　　别	序　号	类　　别
1	螺栓类	6	衬套、螺堵类
2	螺钉类	7	销钉、铆钉类
3	螺桩类	8	管路连接件
4	螺母类	9	卡箍连接件
5	垫圈、挡圈类		

目前,应用于传动系统的紧固连接件主要包括标准件(国标 GB、航标 HB、国军标 GJB 等)、企业标准件、专用件等三大类。在型号研制过程中,一般按照标准件(国标、航标、国军标等)、企业标准件、专用件的先后顺序进行设计选型,以保证紧固连接件的标准化、系列化水平。当专用件在型号研制中得到成熟应用并积累了一定的技术储备,应逐步向企业标准件转化。同时,在紧固连接件的设计与选型过程中,应充分考虑对象件的结构特点,尽量采用统一规格、统一结构形式的连接件,以提高直升机传动系统的装配、分解效率,提高整机的维修性和保障性。

1. 螺栓类零件

螺栓类零件是传动系统中应用最广泛的紧固连接件。根据安装部位、使用工况和受载情况的不同,可设计为不同头部、不同杆部结构及不同材料的螺栓零件,常见的螺栓类零件结构如图 8.97所示。图 8.98 所示为某型动力传动轴组件中采用的十二角头螺栓,用来传递扭矩;图 8.99 所示为某型主减速器中采用的螺栓和自锁螺母紧固连接双联齿轮和轴。

(a) 六角头螺栓　　(b) 十二角头螺栓

图 8.97　螺栓类零件结构形式

2. 螺钉类零件

螺钉类零件由不同结构的头部与全螺纹螺纹杆部组成,主要用于非承力部件的连接,包括六角头螺钉、十字槽(或一字槽)沉头螺钉、圆柱头螺钉等,部分如图8.100 所示。图 8.101 所示为某型尾传动轴中的一字槽半圆头螺钉,应用于黏性阻尼器支撑组件。

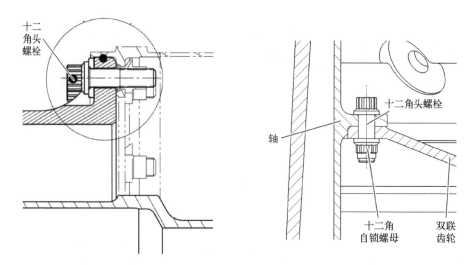

图 8.98　动力传动轴组件中的十二角头螺栓　　图 8.99　主减速器中双联齿轮与轴的连接螺栓

(a) 六角头螺钉　　　　(b) 沉头螺钉　　　　(c) 圆柱头螺钉

图 8.100　螺钉类连接件结构形式

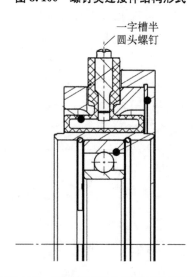

图 8.101　黏性阻尼器支撑组件中的螺钉

3. 螺桩类零件

　　螺桩类零件又称双头螺柱,为零件两端均带有外螺纹的一类圆柱体紧固件。主要有过盈螺桩、带键锁紧螺桩及带齿圈锁紧的齿形螺桩等类型。

　　带齿圈锁紧的齿形螺桩是目前传动系统中应用较多的新型螺桩类零件。齿形螺桩与齿形止动圈配合使用,在齿形螺桩外部设计止动锯齿,齿形止动圈内孔锯齿与齿形螺桩外部锯齿相配,同时止动圈外圆柱面也带有锯齿,用于压入机匣实现止动。齿形螺桩结构及安装示意图如图 8.102 所示,图 8.103 所示为某型主减速器主机匣中采用的齿形螺桩和自锁螺母,用以紧固连接下机匣组件、滑油池组件等。

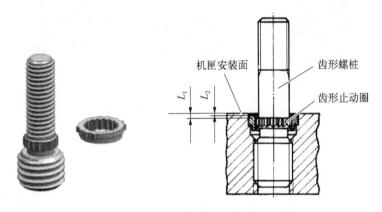

图 8.102　齿形螺桩结构及安装示意图

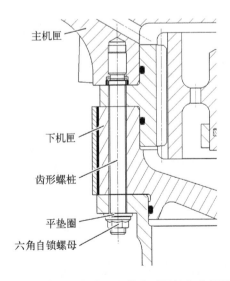

图 8.103　主减速器中采用的齿形螺桩和自锁螺母

4. 螺母类零件

螺母类零件带有内螺纹孔,配合螺栓、螺钉或螺桩使用,有普通螺母和自锁螺母之分。普通螺母防松效果差,需配合保险丝、止动垫圈等止动件使用。目前,直升机传动系统外部的紧固连接以使用自锁螺母为主。自锁螺母利用机械收口方式实现自身塑性变形,从而达到很好的锁紧效果。根据使用部位的要求形成了不同类型的结构,如十二角自锁螺母、六角自锁螺母、扩口自锁螺母等,常用的自锁螺母结构如图8.104所示。螺母与螺桩、螺栓配合实现紧固作用,在主减速器、动力传动轴、尾传动轴、中间减速器、尾减速器上均有应用。

(a) 十二角自锁螺母　　　　(b) 六角自锁螺母　　　　(c) 扩口自锁螺母

图 8.104　自锁螺母结构形式

5. 垫圈、挡圈类零件

垫圈类零件主要有平垫圈、角形止动垫圈、弹性垫圈等,常见的结构形式如图8.105所示。图8.106示为某型尾减速器中采用的平垫圈,在该型尾减速器中,通过齿形螺桩与自锁螺母紧固连接尾减速器主机匣和尾减速器输入齿轮组件,在铝制机匣与钢制的自锁螺母之间,采用平垫圈保护机匣。

(a) 平垫圈　　　　　　(b) 角形止动垫圈　　　　　(c) 弹性垫圈

图 8.105　垫圈结构形式

挡圈类零件有弹性挡圈、螺旋挡圈及钢丝挡圈等。装在轴槽或孔槽中,起着阻止轴上或孔上的零件轴向移动的作用,常见结构形式如图8.107所示。图8.108所示为某型尾减速器中采用的弹性挡圈,该弹性挡圈安装在尾减速器输入齿轮组件中,起到轴向定位作用,防止唇形油封的轴向移动。

6. 螺套类零件

螺纹衬套(螺套)是为保护机匣上有色金属螺纹孔而发展起来的螺纹紧固连接件,有普通螺套、钢丝螺套和齿形锁紧螺套等类型。

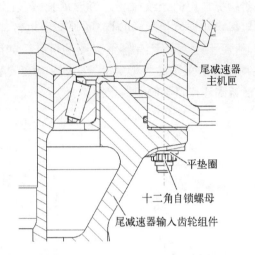

图 8.106 尾减速器中使用的平垫圈

(a) 弹性挡圈   (b) 螺旋挡圈   (c) 钢丝挡圈

图 8.107 挡圈结构形式

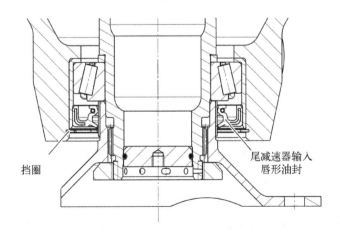

图 8.108 尾减速器输入齿轮组件中应用的弹性挡圈

目前,直升机传动系统常用的螺纹衬套是齿形锁紧螺套:在螺套外部设计止动锯齿,齿圈内锯齿与螺套外锯齿相配,同时齿圈外圆面也带有锯齿,用于压入机匣实现止动;相应地,机匣上也需设计有容纳齿圈的沉孔。如图 8.109 所示。图 8.110 所示为某型主减速器中采用的齿形螺套,该齿形螺套安装在主减速器上机匣中,通过六角头螺栓紧固连接自动倾斜器导筒。

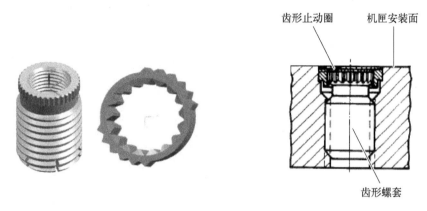

图 8.109　齿形锁紧螺套基本结构及安装示意图

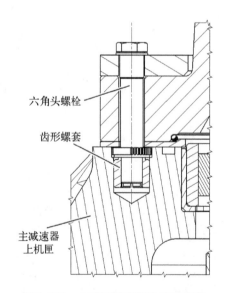

图 8.110　主减速器应用的齿形螺套

7. 销钉、铆钉类零件

销钉主要用于零件定位,也可供零件连接、固定零件、传递动力或锁定其他紧固件之用。常见的销钉主要有圆柱销、锥形销、开口销、台阶销、弹性销等,部分结构形式如图 8.111 所示。图 8.112 所示为开口销应用于某型尾减速器的桨距操纵轴组件中,开口销穿过六角开槽螺母和螺栓上的销孔,防止六角开槽螺母松动。图 8.113 所示为某型主减速器的离合器组件中应用的弹性销。

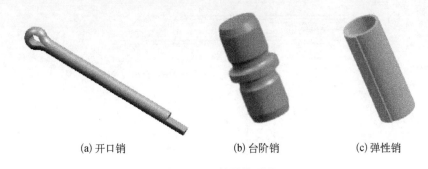

(a) 开口销　　　　　(b) 台阶销　　　　　(c) 弹性销

图 8.111　销结构形式

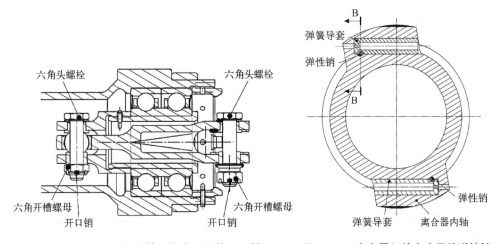

图 8.112　桨距操纵轴组件中应用的开口销　**图 8.113　离合器组件中应用的弹性销**

　　铆钉是由头部和钉杆两部分构成的一类紧固件,用于紧固连接两个带通孔的零件,使之成为一件整体,属于不可拆卸连接。常用铆钉有沉头铆钉、半圆头铆钉、平锥头铆钉,其结构形式如图 8.114 所示。图 8.115 所示为某型主减速器的甩油

(a) 沉头铆钉　　　　　(b) 半圆头铆钉　　　　　(c) 平锥头铆钉

图 8.114　铆钉结构形式示意图

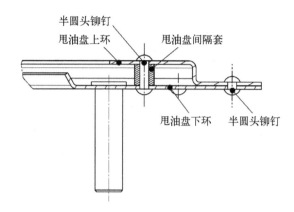

图 8.115　甩油盘组件中应用的半圆头铆钉

盘组件中采用的半圆头铆钉,用于紧固连接甩油盘的上环、下环。

8. 管路类零件

管路连接件主要用于传送滑油及气体等介质,常用的管路连接件主要包括扩口式管路连接与无扩口式管路连接。

1) 74°扩口式管路连接件

扩口式导管连接主要是由 74°扩口式管接头、扩口式平管嘴和外套螺母三个零件组成的刚性连接,如图 8.116 所示。扩口式导管连接的结构密封原理是:通过拧紧外套螺母,使管接头 74°外锥面和平管嘴 66°内锥面夹紧,经冷扩口加工导管后,靠螺纹的轴向压力克服液压力而获得密封。图 8.117 所示为某型主减速器滑油池组件中的扩口式管路连接件,74°管接头的一端拧入机匣,通过 O 形密封圈实现密封,管接头的 74°外锥面与平管嘴配合,实现密封。

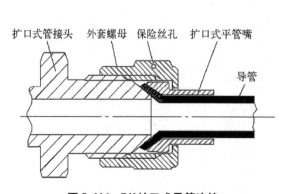

图 8.116　74°扩口式导管连接

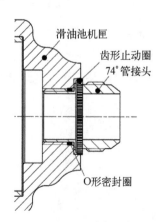

图 8.117　滑油池组件中应用的 74°管接头

2) 24°无扩口式管路连接件

无扩口导管连接是由 24°管接头、管套和外套螺母等三个零件组成的弹性连接,如图 8.118 所示。无扩口导管连接是通过拧紧外套螺母,使管套外侧和管接头 24°内锥面紧密接触而获得密封的。在导管内部承载压力的作用下,使导管、管套和接头的密封处更为压紧,从而进一步增强了密封性。

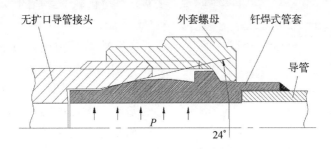

图 8.118　24°无扩口焊接式导管连接

8.8　弹　性　轴

弹性轴一般采用薄壁空心轴结构,用于连接减速器的不同单元体,传递扭矩。弹性轴与相连接的轴间采用渐开线花键连接,一般较长。当通过弹性轴相连接的两轴间有少许不同心时,仍能保证正常工作。当载荷突然改变时,连接处具有缓冲作用,防止减速器齿轮过载。这一连接还可以吸收发动机及减速器齿轮系传来的扭振。例如,某型主减速器输入级与主组件通过弹性轴连接,将输入级的扭矩和运动传递给主组件,如图 8.119 所示。

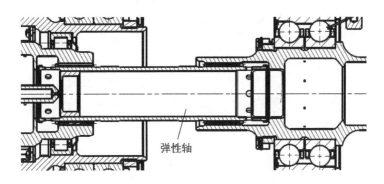

图 8.119　某型主减速器弹性轴

另外,弹性轴还可用于减速器两级齿轮之间的连接,利用弹性轴在载荷下产生扭转变形,从而实现均载功能。弹性轴分扭传动结构已应用米-26 直升机主减速

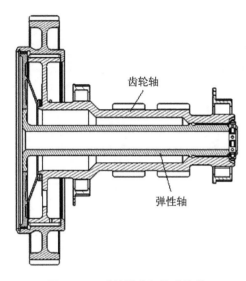

齿轮轴

弹性轴

图 8.120 弹性轴分扭传动结构

器、CH－53K 直升机主减速器等分扭结构中。分扭大轮和并车小轮各自支承在自己的轴承中,弹性轴位于两齿轮间,通过花键传扭,其圆周方向的位移靠轴的弹性变形和传扭花键周向间隙调整实现,用于实现各个齿轮上载荷的均匀分配,如图8.120 所示。

弹性轴的结构设计,就是根据已知条件(如传递的功率、轴的转速和安装尺寸、主减速器总体方案等)和必须满足的基本要求与准则,合理地确定轴的外形和全部结构尺寸及公差要求,选择材料,并完成轴的结构分析。设计基本步骤如下:

(1) 根据减速器总体设计要求及轴的受力状态,参照国内外同类型机种的结构布局,提出弹性轴方案,确定弹性轴的类型、支承型式、长度、轴上零件的布置、装卸及固定方法;

(2) 初选轴的材料,弹性轴只承受扭转,应力分布较均匀,但两端的花键往往承受冲击载荷,可以采用 32Cr3MoVA/E 渗氮钢或 9310 渗碳钢,如齿面强度足够,也可采用调质合金钢;

(3) 根据弹性轴的方案及其上零件的安装尺寸及工艺要求,初定轴的结构,各段直径和长度并设计主要过渡段尺寸,完成轴的方案图;需要补偿两个轴线的偏斜时,弹性轴应采用鼓形花键;

(4) 进行轴的强度和刚度、临界转速计算。

弹性轴只承受扭矩,一般校核轴的扭转刚度和剪切强度,进行强度计算时,可根据经验或国内外同类型轴的情况,将其中直径最小、应力集中明显的剖面确定为轴的危险截面。若轴的强度、刚度或临界转速不满足要求,则应修改轴的结构尺寸,改变支承间距离,直至满足要求。对于转速较高的轴,应估算轴的临界转速。

参考文献

[1] 孙桓,陈作模,葛文杰,等. 机械原理(第七版)[M]. 北京:高等教育出版社,2006.

[2] The Gleason Works. Method for designing hypoid gear blanks,Gleason Works[G]. Rochester, 1971.

[3] 曾韬. 螺旋锥齿轮设计与加工[M]. 哈尔滨:哈尔滨工业大学出版社,1989.

［4］ 航空工业第六〇八研究所二室. 减速器图册［M］. 北京：国防工业出版社,1983.

［5］ Harris T A, Kotzalas M N. 滚动轴承分析：轴承技术的高等概念［M］. 罗继伟,等译. 北京,机械工业出版社,2010.

［6］ 仙波正庄(日). 行星齿轮传动与应用［M］. 北京：机械工业出版社,1998.

［7］ Litvin F L, Wang J C, Bossler R B J, et al. Face – gear drives：Design, analysis, and testing for helicopter transmission applications［R］. NASA TM – 106101, 1992.

［8］ Chen Y D, Bossler R B. Design, analysis, and testing methods for a split-torque face-gear transmission［C］. San Diego：Joint Propulsion Conference and Exhibit, 1995.

［9］ He S, Gmirya Y, Mowka F, et al. Trade study on different gear reduction ratios of the 5100 – HP RDS – 21 demonstrator gearbox［C］. Phoenix：American Helicopter Society 62nd Annual Forum, 2006.

［10］ Heath G F, Slaughter S C, Fisher D J, et al. Helical face gear development under the enhanced rotorcraft drive system program ［R］. Virginia Beach：67th Annual Forum and Technology Display, 2011.

［11］ Guingand M, Vaujany J P D, Jacquin C Y. Quasi-static analysis of a face gear under torque ［J］. Computer Methods in Applied Mechanics & Engineering, 2005, 194(39 – 41)：4301 – 4318.

［12］ 朱孝录,薛中鄂. 齿轮承载能力分析［M］. 北京：高等教育出版社,1992.

［13］ 李宁,李威,韩建友,等. 非对称齿廓渐开线斜齿圆柱齿轮的齿形设计及啮合分析［J］. 北京科技大学学报,2011,33(7)：876 – 882.

［14］ 段德荣. 圆弧齿轮啮合原理的误区［J］. 机械传动,1996,20(3)：8 – 12.

［15］ 明翠新,常宝印,许文江,等. 圆柱直齿渐开线花键(米制模数 齿侧配合)第 1 部分：总论(GB/T 3478.1—2008)［S］. 北京：中国标准出版社,2009.

［16］ 刘鸿文. 材料力学(第 5 版)［M］. 北京：高等教育出版社,2011.

［17］ Patrick Desire. SNR bearing［Z］, 2009.

［18］ SKF. 轴承综合型录［Z］, 2009.

［19］ SKF. 工业齿轮箱中的滚动轴承［Z］, 2007.

［20］ 罗继伟,罗天宇. 滚动轴承计算分析与应用［M］. 北京：中国机械出版社,2009.

［21］ Harris T A, Kotzalas M N. Essential concepts of beaing technology［M］. 罗继伟,等译. 北京：机械工业出版社,2009.

［22］ 《航空发动机设计手册》编委会. 航空发动机设计手册第 13 册［M］. 北京：航空工业出版社,2001.

［23］ Kish J G. Advanced overrunning clutch technology［R］. Fort Eustis：USA Army Research and Development Laboratory(AVRADCOM), 1977.

［24］ Kish J G, Aircraft clutch assemblies, ramp roller［C］. Fort Eustis：USA AMRDL Technical Report, 1972：73 – 96.

［25］ Lynwander P, Meyer A G, Chachakis S. Sprag overriding aircraft clutch［C］. Fort Eustis：USA AMRDL Technical Report, 1972：72 – 149.

［26］ Lynwander P, Meyer A G, Chachakis S. Spring overriding aircraft clutch［C］. Fort Eustis：USA AMRDL Technical Report, 1973：73 – 117.

［27］ Ayden T S, Keller Jr C H. 直升机传动装置 密封设计指南［Z］. 吴宁兴,译,1999.

［28］　刘后桂.密封技术［M］.长沙：湖南科学技术出版社,1981.

［29］　H.休戈·布赫特.工业密封技术［M］.化工部化工设计公司标准组,译.北京：化学工业出版社,1988.

［30］　许广吉,张希斌,刘铁良.O型密封圈及密封结构的设计要求(HB/Z4-95)［S］.北京:航空工业出版社,1995.

第9章
传动系统强度设计

9.1 概　　述

9.1.1 传动系统强度设计工作内容

传动系统的主要功能是将直升机动力系统的轴输出功率转化为旋翼驱动力，并将旋翼驱动力传递到直升机机体。传动系统在直升机主要载荷的产生和传递过程中起着至关重要的作用。传动系统强度设计是传动系统功能实现和直升机安全运转的根本保障。

传动系统强度设计的主要内容包括强度设计输入的确定、静强度设计、疲劳强度设计等，方法包括强度理论分析和试验验证。

传动系统强度设计贯穿于传动系统从型号论证到退出使用的各个阶段，各阶段强度设计工作内容侧重点不同，具体如下：

（1）论证和方案设计阶段：确定选用规范和标准，制定传动系统强度分析与验证总要求，与直升机总体设计部门协调确定传动系统设计载荷和载荷谱，参与结构总体方案设计和选材论证分析。

（2）工程设计阶段：进一步对传动系统零部件进行详细强度计算和疲劳分析。不同零件的强度特性不同，其强度设计的重点也不同。机匣壳体（除承力凸耳、安装边外）以静强度为主。齿轮、轴、轴承、接头、凸耳、安装边及其他承受交变载荷的动部件以疲劳强度为主，兼顾静强度。根据分析结果修改、优化设计参数，并进行必要的科研试验和新材料、新技术的鉴定试验。

（3）试制和试验阶段：进行静力试验、零部件疲劳试验、台架运转试验和飞行试验，评价真实结构的强度特性，评定传动系统部件的疲劳寿命，验证并得出传动系统在规定的强度条件下使用安全可靠的结论。

（4）批生产与使用阶段：从批生产产品中抽样进行例行试验，检验批生产产品的质量。监测直升机实际使用中的参数与载荷，监控机队或单架直升机的实际使用寿命损耗，必要时对设计定型或状态鉴定给出的使用寿命进行修正。

9.1.2　传动系统强度设计要求

国内传动系统的强度设计除需满足各自型号的设计要求外,还须满足适航规章或者国军标的要求。其中,适航规章主要针对民用直升机传动系统,国军标主要针对军用直升机传动系统。最近几年,由于军方对产品质量和可靠性、安全性的更高要求,军机适航的理念开始被反复提及,这就意味着未来的军用直升机传动系统不仅要满足相应的国军标的要求,还需要满足适航规章的要求。

1. 适航规章对传动系统的强度要求

中国民用航空规章中针对旋翼类航空器的适航规章主要有两部,分别为第 27 部"正常类旋翼航空器适航规章"(CCAR-27)[1]和第 29 部"运输类旋翼航空器适航规章"(CCAR-29)[2]。CCAR-27 主要针对最大质量不大于 3 180 kg 且乘客座位数不大于 9 座的旋翼航空器,而 CCAR-29 主要针对 CCAR-27 约束范围以外的较大型的旋翼航空器。两部适航规章虽然针对的对象不同,但其对传动系统的规定基本相同。

CCAR-29 中与传动系统相关的条款见本书第 3 章第 3.2.2 小节。这些条款针对传动系统载荷、强度系数、强度评估内容、振动及动力学、材料、疲劳寿命评估等都提出了明确的要求。

2. 国军标的强度要求

国军标中对传动系统的强度及疲劳评定的主要要求可见:

(1) GJB 720.3A—2012《军用直升机强度规范 第 3 部分:机体结构和系统强度》的 3.1 节、3.2.2 节以及 3.2.3 节中与传动系统相关的要求[3];

(2) GJB 720.4A—2012《军用直升机强度规范 第 4 部分:疲劳、耐久性和损伤容限》的 3.1 节、3.2 节、4.1 节、4.2 节中关于疲劳设计载荷、设计要求和验证要求[4];

(3) GJB 720.5A—2012《军用直升机强度规范 第 5 部分:振动、气动机械及气动弹性稳定性》的 3.2.2 节、3.2.4 节、3.2.12 节中关于传动系统振动设计与验证要求[5];

(4) GJB 720.8A—2012《军用直升机强度规范 第 8 部分:结构生存力》的 3.1.5 节、3.2.1.4 节中关于传动系统生存力设计与验证要求[6];

(5) GJB 720.10—2012《军用直升机强度规范 第 10 部分:复合材料结构强度》的 3.2.4 节、3.2.5 节、3.2.6 节、4.2.2 节、4.2.3 节中关于复合材料构件的强度设计和验证要求[7];

(6) GJB 2350—95《直升机传动系统通用规范》的 3.4 节、3.5.2 节、4.4.2 节等设计与验证要求[8]。

国军标对于传动系统强度设计要求的规定比适航规章更加具体,操作性也更强。要保证传动系统使用中的安全性和可靠性,需将国军标的安全设计理念贯彻到传动系统强度设计的整个过程中。

9.2 设计载荷与载荷谱

9.2.1 传动系统设计载荷特征

载荷是传动系统强度设计的依据。作用在传动系统上的载荷来自直升机的动力系统、旋翼系统、操纵系统和机身结构,有空气动力、惯性力、地面和其他部件的反作用力、重力等。传动系统设计载荷按照变化规律和对结构的作用性质可以分为两类:

(1)静强度设计载荷用于确定结构正常使用情况下的静强度。

当载荷超过已知结构的相应承载能力时,结构就要发生破坏,或产生不可逆的形状变化,也会造成危害性后果。直升机机动飞行,在不稳定气流中飞行,着陆以及在地面上滑行都可能产生这样的载荷。

(2)疲劳强度设计载荷:也称交变载荷,为周期性变化载荷,有高周、低周之分,用于确定结构的疲劳强度。

传动系统构件在交变载荷作用下可能产生两种不良后果:一是经过一定循环次数后,结构发生疲劳破坏;另一种是振动状态随交变载荷的持续逐渐恶化。

直升机旋翼和尾桨是产生交变载荷的主要来源。一般情况下,直升机飞行状态变化过程中,伴随着旋翼和尾桨的操纵动作,会产生较大的交变载荷。即便是在稳定飞行状态,即状态参数(飞行高度、旋翼转速、飞行速度等)不随时间变化,作用在桨叶每一剖面上的气动载荷也会随着桨叶方位角和剖面位置的不同而变化,这是由桨叶周期性运动和流经它的气流绕流条件发生变化导致的。稳定的旋翼弯矩也会在旋翼轴上产生交变弯曲应力,稳定平飞状态的旋翼下洗流会在尾减速器及尾传部件上产生交变载荷。

除正常工作载荷外,还存在一些适应特殊使用场景要求的载荷,列举如下。

(1)耐弹击设计载荷:是为了验证和考核传动系统的战场生存力而提出的一种特殊的载荷,一般包括弹击种类、弹击后果及弹击后使用要求等。

(2)抗坠毁设计载荷:适应直升机抗坠毁设计而提出的设计载荷,一般用于需要考虑抗坠毁设计的结构,如主减速器支撑系统、发动机安装节等,该载荷大小主要取决于坠毁过载系数和相应结构的惯性参数。

传动系统强度设计的主要目标就是保证结构在以上设计载荷下的强度。

9.2.2 静强度设计载荷

传动系统静强度设计载荷主要包括限制载荷和极限载荷。限制载荷又称使用载荷,是传动系统使用中预期的最大载荷[2]。极限载荷又称设计载荷,一般为限制载荷与安全系数的乘积,安全系数一般取 1.5。此外,由于一些特殊的设计需要,还存在一些特殊的极限载荷状态,如与发动机直接连接的轴套的静强度载荷还包括发动机、直升机异常时的载荷——叶片脱落载荷、动力涡轮轴承卡滞载荷、坠毁载荷等;对于附件机匣及齿轮轴等,其静强度设计需考虑附件过载剪断保护力矩。

传动系统需考虑静强度的主要零部件载荷类型见表 9.1。

表 9.1 传动系统主要零部件载荷类型

序　号	零　部　件	载　荷　类　型
1	旋翼轴	扭矩、轴向力、剪力、弯矩
2	自动倾斜器导筒	剪力
3	主减速器机匣	扭矩、轴向力、剪力、弯矩
4	动力传动轴	扭矩
5	尾传动轴	扭矩
6	中间减速器机匣	扭矩
7	尾减速器机匣、尾桨轴	扭矩、轴向力、剪力、弯矩
8	传动链齿轮	扭矩

注:对中间减速器机匣,扭矩是指输入轴扭矩,是机匣载荷的表征;对主减速器和尾减速器机匣,还应考虑气动力(旋翼轴、尾桨轴的轴向力、剪力、弯矩)及操纵力引起的载荷。

传动系统静强度设计载荷一般由直升机总体设计需求确定,在不同的设计阶段,传动系统强度设计载荷可以通过不同的方式估算。在设计初期,主要通过简单的工程估算方法进行载荷预估。

9.2.3 疲劳强度设计载荷与载荷谱

疲劳强度设计载荷是指传动系统在使用过程中承受的交变载荷,分为高周疲劳载荷和低周疲劳载荷。疲劳载荷来源复杂、种类也非常多,主要用于确定传动系统结构件的疲劳寿命。直升机旋翼和尾桨是产生交变载荷的主要来源。传动系统主要零部件的疲劳载荷类型见表 9.2。旋翼轴和尾桨轴的交变扭矩相对较小,多数情况下可按低周疲劳强度分析,但在某些特定情况下,如疲劳裕度较低时,也需考虑交变扭矩的影响。

表 9.2 传动系统主要零部件疲劳载荷

序　号	零　部　件	载　荷　类　型
1	旋翼轴	扭矩、轴向力、剪力、弯矩
2	自动倾斜器导筒	剪力
3	防扭臂支座	剪力
4	主减速器机匣	扭矩、轴向力、剪力、弯矩
5	动力传动轴轴套	扭矩、轴向力、剪力、弯矩
6	动力传动轴	扭矩
7	尾传动轴	扭矩
8	中间减速器机匣	扭矩
9	尾减速器机匣	扭矩、轴向力、剪力、弯矩
10	尾减速器输出轴	扭矩、轴向力、剪力、弯矩
11	传动链齿轮	啮合力

注 1：见表 9.1 注；
注 2：齿轮传递的扭矩在轮齿上产生交变的啮合力，是轮齿疲劳的来源。

　　传动系统疲劳强度设计载荷一般以设计载荷谱和功率谱的形式给出，主要包括功率谱、主旋翼轴载荷谱、自动倾斜器载荷谱、防扭臂载荷谱、主桨助力器载荷谱、尾桨载荷谱、尾桨操纵载荷谱等。由于直升机系统振动环境复杂，为了保证疲劳设计的可靠性，一般均要求在科研试飞中，针对各种典型飞行状态进行载荷或者应变监测。根据飞行实测数据编制主要监测点的实测载荷谱，作为结构件最终寿命评估的依据。

9.2.4　耐弹击设计载荷

　　军用直升机的耐弹击设计载荷，主要由具体的使用要求确定，一般要求其具备抵御 7.62 mm、12.7 mm 枪弹或者关键部位能抵御 23 mm 炮弹弹击的能力。对于传动轴等零件，弹击状态及耐弹击设计载荷主要包括弹击的种类、弹击部位及后果、损伤次数以及弹击后扭矩载荷谱。对于减速器等零件，耐弹击设计载荷主要对应弹击导致失去滑油润滑后的干运转功率谱。

9.2.5 抗坠毁设计载荷

直升机应具有研制要求规定的适坠能力,即在规定的坠撞条件下,直升机结构应能保证乘员有足够的可生存空间,结构的变形或塌陷不能伤害乘员。传动系统抗坠毁设计载荷的主要内容为坠毁条件下过载系数。

GJB 2681—96《军用直升机抗坠毁要求》[9]对载荷系数提出了比较明确的要求(对应 95% 可生存率指标),具体如下:

(1)单独作用(共计 6 种状态):纵向 $\pm20g$;垂向 $+20g$(向下)、$-10g$(向上);侧向 $\pm18g$;

(2)同时作用(共计 24 种组合状态):

	A	B	C
纵向	$\pm20g$	$\pm10g$	$\pm10g$
垂向	$+10g,-5g$	$+20g,-10g$	$+10g,-5g$
侧向	$\pm9g$	$\pm9g$	$\pm18g$

MIL-STD-1290A(AV)对坠毁系数的要求与 GJB 2681—96 相同。

相应于 95% 可生存坠毁环境的冲击速度变化见表 9.3,表中所列的峰值加速度不是需要的设计水平,但直升机应设计成为表中所列的设计速度变化,确保在坠毁中保护乘员。对主减速器而言,其安装节不能完全失效。

表 9.3 相应于 95% 可生存坠毁环境的冲击速度变化

冲击方向	速度变化/(m/s)	峰值加速度/g	平均加速度/g	脉冲持续时间/s
纵向(驾驶舱)	15.24	30	15	0.104
纵向(客舱)	15.24	24	12	0.130
垂向	12.80	48	24	0.054
侧向	7.62	16	8	0.097

9.3 静强度设计与评估

9.3.1 静强度设计工作内容

传动系统零部件静强度设计的主要内容如下:

(1)与总体设计部门协调,确定传动系统强度计算的受载情况。将传动系统设计载荷按传递路线计算,得出每个零部件的设计载荷。

（2）根据零部件配合状况、加工制造工艺，确定静强度主要载荷工况，建立合理的强度分析模型、选择可靠的材料性能等。

（3）按照不同零部件的破坏形式找出危险截面，进行静强度计算。静强度校核的部位应包括各高应力水平的典型截面。

（4）根据静强度评估结果，分析零部件静强度设计状况与风险，制定相应的零部件静强度验证试验方案。

9.3.2　静强度设计方法和评估准则

1. 强度系数

在传动系统的零部件设计和试验鉴定中，应有一定的安全系数。对于铸件，应在安全系数上乘以铸件系数。对于其他构件，如强度不易确定，或在使用中性能可能降低，或由于制造工艺及检验方法不稳定，其强度可能出现显著变化，在安全系数上还应乘以支承系数、接头系数或其他系数，以保证不稳定因素引起的零部件强度不足的概率极小，各系数应满足 GJB 720A—2012 或适航规章。

2. 静强度计算公式

传动系统部件的静强度可以通过试验或计算验证。计算结果为部件的强度裕度。强度计算时，结构尺寸一般取名义值，凡注有尺寸最小值的零部件应按最小值校核零件的强度。

静强度计算公式如下。

1）金属零部件

金属零部件静强度的计算验证是在限制载荷和极限载荷下，将对应的应力与材料的屈服强度和极限强度进行比较。

屈服强度裕度为

$$\left[\frac{\sigma_{\text{s}}}{\sigma_{\text{lim}}} - 1\right] \times 100\% \tag{9.1}$$

式中，σ_{s} 为材料屈服极限；σ_{lim} 为限制载荷（应力）。

极限强度裕度为

$$\left[\frac{\sigma_{\text{b}}}{\sigma_{\text{ult}}} - 1\right] \times 100\% \tag{9.2}$$

式中，σ_{b} 为材料强度极限；σ_{ult} 为极限载荷（应力），等于限制载荷乘以安全系数及其他相关系数。

在任何情况下，计算裕度值必须大于或等于 0。

2）有缺陷的金属零件

对于使用中可能产生的因某些部位螺栓失去拧紧力矩而导致的异常状况，必须将限制载荷下的应力水平 $\sigma_{\lim}$ 与材料的极限拉伸强度 σ_b 进行比较。

静强度裕度为

$$\left[\frac{\sigma_R}{\sigma_{\lim}} - 1\right] \times 100\% \tag{9.3}$$

3）复合材料零件

对复合材料零件,应将计算的极限应力 σ_{ult} 与 σ_{Rm-kq} 值进行比较。保证其在极限载荷下不破坏。复合材料零件在极限载荷下的强度裕度为

$$\left[\frac{\sigma_{Rm-kq}}{\sigma_{ult}} - 1\right] \times 100\% \tag{9.4}$$

σ_{Rm-kq} 值是根据按选定失效率确定的标准差在 95% 置信度下对平均失效应力 σ_{Rm} 进行缩减推导出来的。对于复合材料,如果部件的失效会导致结构完整性的丧失,在 0°/90° 方向的风险率取 10^{-2},在 ±45° 方向取 10^{-1}。这一数值是从代表各种制造缺陷(孔隙、波纹等)的试样的大量静力试验中导出的。

4）有缺陷的复合材料

应评定有缺陷(使用过程中产生的缺陷)的复合材料构件的剩余静强度以证明结构能够承受限制载荷而不破坏。最终的验证可以通过静态试验或动态试验完成。有缺陷复合材料的静强度裕度必须通过试验证明在多次循环加载后构件刚度的降低比例不超过 10%。

有缺陷复合材料的静强度裕度:

$$\left[\frac{\sigma_{Rm-kq}}{\sigma_{\lim}} - 1\right] \times 100\% \tag{9.5}$$

3. 强度许用值

在确定强度许用值时需注意以下几点:

(1) 材料强度设计值必须是材料技术标准及手册中的数值,或图样中规定的数值。对图样上注有上下限的(如 $\sigma_b = A \pm B$),可以取名义值,但对不进行试验的零件及重要受力零件,其材料机械性能应取下限值。设计值的选择必须使任何结构因材料的变化而引起强度不足的概率极小。

(2) 成形后,材料在纵向、横向和高度方向上一般呈现各向异性(如锻造轧制、挤压等)。在一般情况下,可根据材料的主应力方向与成形方式选取材料性能的许用值。如果零件制造能保证定向取材,使最大主应力方向与最佳性能方向一致,也可取材料性能的最佳值。

(3) 非金属材料性能不稳定,影响因素很多,为保证测试的性能数据与同批生

产中所采用的性能一致,用于测试性能数据的试件的原材料、生产工艺过程、环境和存放时间,必须和同批生产中所采用的条件相符合。

9.3.3　静强度设计与评估典型案例

主旋翼轴是主减速器中最重要的承载结构件之一,主要作用是将发动机驱动力传递到主旋翼,并将旋翼桨毂载荷传递到主减速器和机身,是传动系统中传载最大的结构件。

某型传动系统主旋翼轴简图示于图 9.1。靠近大端处的轴承 A 为球轴承,承受轴向力及径向力;另一轴承 B 为拉力轴承(滚棒轴承),承受径向力。C 部位为花键,传递扭矩;桨毂中心在小端 C 附近,到轴承 B 的距离为 590.6 mm。

作用于桨毂中心的主旋翼轴的外载数值(限制载荷)列于表 9.4。主旋翼轴的材料为 9310 钢,其性能列于表 9.5。

表 9.4　主旋翼轴的载荷数值

F_x(轴向力)/N	F_y(侧力)/N	F_z(侧力)/N	M_x(扭矩)/(N·mm)	M_y(弯矩)/(N·mm)	M_z(弯矩)/(N·mm)
180 185	21 867	13 502	50 500 000	13 934 000	22 553 000

表 9.5　主旋翼轴的材料性能

材料牌号	9310
弹性模量 E/GPa	200
剪切模量 G/GPa	76
材料密度 ρ/(kg/m^3)	7 830
屈服强度极限 σ_s/MPa	893
拉伸强度极限 σ_b/MPa	1 020

根据主旋翼轴结构分析,其载荷传递路线比较简单,可近似简化为双支点梁结构,可以采用经典的材料力学方法进行计算。由于旋翼轴截面变化部位较多,难以确知最危险截面,对每个截面变化部位进行了载荷计算和强度评估,具体的计算截面见图 9.1。计算的应力最大的截面应力结果见表 9.6。根据静强度设计准则评估的各截面静强度裕度见表 9.7。

由计算结果可见,主旋翼轴各截面静强度裕度均大于 0,其静强度满足设计要求。

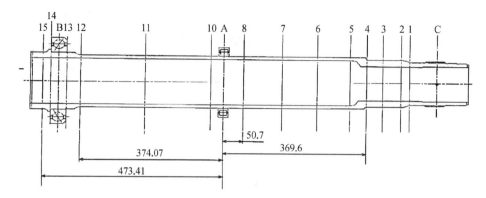

图 9.1 主旋翼轴强度计算截面(单位: mm)

表 9.6 应力最大截面应力计算结果

参 数	第 4 截面	第 8 截面	第 12 截面	第 15 截面
截面面积 A/mm^2	8 042.477	4 806.636	4 806.636	7 083.138
截面惯性矩 I/mm^4	16 873 117.0	14 124 902.9	14 124 902.9	24 694 241.0
截面轴向力 F_L/N	180 185	180 185	180 185	180 185
截面弯矩 $M/(N \cdot mm)$	29 493 800.0	34 995 336.0	4 750 559.5	0
截面扭矩 $M_T/(N \cdot mm)$	50 500 000	50 500 000	50 500 000	50 500 000
截面剪力 Q/N	25 699.605	25 699.605	83 445.641	0
拉压正应力 σ_L/MPa	22.404	37.487	37.487	0
弯曲正应力 σ_M/MPa	129.350	201.921	27.410	0
扭转剪应力 τ_T/MPa	110.759	145.718	145.718	92.042
横向剪应力 τ_Q/MPa	6.391	10.693	34.721	0
最大正应力点当量应力 σ_{eqA}/MPa	244.605	347.876	260.601	159.421
最大剪应力点当量应力 σ_{eqB}/MPa	204.142	273.494	314.770	159.421

表 9.7 主要截面最大当量应力和静强度裕度

参 数	第 4 截面	第 8 截面	第 12 截面	第 15 截面
最大当量应力/MPa	244.605	347.876	314.770	159.421
屈服强度裕度	2.174	1.232	1.467	3.871
极限强度裕度	1.780	0.955	1.160	3.265

9.4　疲劳强度设计与评估

9.4.1　疲劳强度设计与验证工作内容

传动系统零部件疲劳强度设计的程序和要素如下：

（1）根据设计和使用载荷/载荷谱以及相似结构的使用经验，确定各零部件主要疲劳载荷及破坏模式；

（2）针对零件主要疲劳载荷进行强度设计，尽可能降低零件疲劳破坏可能性，提高抗疲劳能力；

（3）采用材料疲劳性能或结构疲劳极限，对零部件进行基于其载荷谱的疲劳寿命评估。

零件的疲劳强度验证主要工作：

（1）制定疲劳强度验证方案，进行必要的科研试验和飞行前疲劳试验（包括全尺寸部件试验和小试样试验），试验载荷根据构件的结构、承载方式和失效模式确定；

（2）疲劳寿命初步计算，根据分析和试验结果得出相应部件或部位在给定载荷和失效模式下的高、低周疲劳曲线和疲劳极限，并对照设计载荷谱计算损伤，采用 Miner 线性累积损伤法则计算结构的初步寿命（即放飞寿命、暂定寿命，试飞用原型机的使用寿命将随着研制的进展而逐步增长）；

（3）定型/鉴定状态疲劳寿命评估，根据飞行实测载荷数据，编制各主要疲劳关键件的飞行实测载荷谱；完成鉴定疲劳试验（全尺寸部件试验）评估疲劳关键件在飞行实测载荷谱下的寿命。

9.4.2　疲劳强度设计方法与评估准则

结构的疲劳设计和验证有如下五种准则：疲劳容限准则（无限寿命设计）、安全寿命准则（安全寿命设计）、损伤容限设计准则、安全寿命与损伤容限相结合准则、缺陷容限安全寿命设计准则。

传动系统疲劳设计的准则和方式根据零部件承受的疲劳载荷、结构及经验确定。一般情况下，传动系统的零部件采用安全寿命准则设计。对于以下几种状况，也可采用疲劳容限准则定寿：在使用中承受的疲劳应力水平很低；只能确定最大疲劳载荷，难以给出载荷谱的构件；按某些特殊要求设计的零部件，如附件传动齿轮等按几何条件而不是按强度条件设计的零部件、按大刚度或高静强度设计的零部件、只能给出最大工作偏斜角，难以给出偏斜角谱的挠性联轴器等。部分零部件（如膜片联轴器）可按损伤容限设计。复合材料构件一般采用缺陷容限安全寿命设计。

　　传动系统零部件的疲劳评定和验证可以通过计算分析和试验验证两种方法进行。

　　1. 分析验证

　　零部件的安全寿命采用由材料试样平均 $S-N$ 曲线经缩减得到的安全寿命 $S-N$ 曲线和载荷谱计算。材料平均 $S-N$ 曲线和疲劳极限来自大量代表零部件制造和表面处理状态的疲劳试验。此外,为考虑实际零件的微动磨损、表面粗糙度、表面处理、涂覆层等,还应引入相应的修正系数。

　　用计算分析方法估算寿命时,可用强度缩减系数和寿命减缩系数对计算结果进行修正,应用疲劳损伤累积法则计算各状态下的损伤时,不必考虑载荷波动系数。

　　2. 试验验证

　　传动系统零部件疲劳试验可以分为疲劳寿命试验和疲劳特性试验。

　　疲劳寿命试验的目的是通过试验得到零部件的薄弱部位,给出零部件的使用寿命,如旋翼轴的低周疲劳试验。

　　疲劳特性试验的目的如下:

　　(1)获得结构的疲劳特性,为确定零部件使用寿命提供试验依据,如鉴定阶段进行的零部件疲劳试验;

　　(2)暴露结构疲劳薄弱部位,为改进设计,改进工艺,制定使用、维护、修理说明书提供支撑;

　　(3)批生产阶段,进行产品的疲劳质量监控,保证质量的稳定性。

　　GJB 720.4A—2012 中 3.2.1.2 规定的关键件和重要件均应进行疲劳试验。按照 GJB 720.4A—2012 中 3.2.1.1 的规定,承受高周疲劳的零部件应进行疲劳特性试验,承受低周疲劳的零部件应进行疲劳寿命试验,同时承受高周疲劳和低周疲劳的零部件,需同时进行疲劳特性试验和疲劳寿命试验,或在不同试验件中进行。

　　疲劳特性试验一般用于获得零部件的疲劳极限,其试验载荷和试验方案应根据零部件的疲劳破坏特性确定。零部件的疲劳特性主要通过理论分析、试验及飞行实测获得。试验件数一般为 4~6 件,如果试验有足够的裕度,或有足够的经验,试验件数可以减少。根据以往的研制经验,一般须进行疲劳特性试验的传动系统零部件包括主旋翼轴、自动倾斜器导筒、防扭臂支座、助力器支座及螺栓、主减速器撑杆安装座及螺栓、主减速器机匣、尾减速器机匣、尾桨操纵机构、尾桨轴、减速器与发动机之间的支撑结构等。

　　疲劳寿命试验一般针对疲劳破坏载荷主要为承受以地-空-地循环为主的低周载荷的零部件,如主旋翼轴、动力传动轴、尾传动轴、尾桨轴等。

　　零部件疲劳特性试验后,可根据试验结果和零部件材料疲劳 $S-N$ 曲线,获得零件以适当的疲劳特性载荷或应力表示的平均疲劳 $S-N$ 曲线、平均疲劳极限和考虑一定安全系数的安全疲劳 $S-N$ 曲线、安全疲劳极限,然后根据 Miner 线性累积损伤准则,计算出飞行实测载荷谱下的寿命。

零部件疲劳寿命试验后,如根据飞行实测获得的特性疲劳载荷(主要为低周载荷)不大于疲劳寿命试验经历的载荷,则可根据疲劳寿命试验循环数,考虑一定的疲劳寿命安全系数,计算得零部件安全寿命。

对于同时存在高周和低周疲劳破坏可能的零件,如旋翼轴、尾桨轴等,可考虑同时进行两种模式的疲劳试验,分别计算高、低周疲劳寿命,并根据线性累积损伤准则,评估零件的高、低周综合寿命。

对传动系统零部件疲劳寿命进行评估时采用的材料及零部件 $S-N$ 曲线和相应的强度、寿命缩减系数一般采用如下两种形式。

1) 四参数体系[10]

四参数 $S-N$ 曲线的表达式为

$$\frac{S}{S_1} = H + A(N + C)^{-B} \tag{9.6}$$

式中,S 为载荷水平(或应力水平);S_1 为疲劳极限;H、A、C、B 为材料常数(假定材料 $S-N$ 曲线与零部件 $S-N$ 曲线的常数相同);N 为载荷水平 S 对应的以循环次数表示的疲劳寿命。

四参数体系的疲劳强度缩减系数一般根据全尺寸试件的疲劳试验统计数据确定。

获得传动系统构件的平均疲劳 $S-N$ 曲线之后,考虑疲劳极限的分散性,需采用上述疲劳强度缩减系数和寿命缩减系数对构件平均疲劳 $S-N$ 曲线和平均疲劳极限进行缩减。在缩减时,疲劳强度减缩系数用于缩减疲劳极限,寿命缩减系数用于低周疲劳分析。

2) 三参数体系[11]

三参数 $S-N$ 曲线的表达式为

$$\frac{S}{S_1} = H + \frac{A}{N^\alpha} \tag{9.7}$$

式中,S 为载荷水平(或应力水平);S_1 为疲劳极限;N 为疲劳寿命试验循环数,单位为百万次;H、A、α 为材料常数,对于一般金属结构件,$H = 1$,并假定材料 $S-N$ 曲线与零部件 $S-N$ 曲线的常数相同,对于钢制齿轮,$H = 0$。

与四参数体系类似,利用三参数体系在进行寿命评估时,也须先对疲劳试验获得的平均 $S-N$ 曲线进行缩减,缩减的方法与四参数准则类似,在此不再赘述。

9.4.3 疲劳强度设计与评估典型案例

下图 9.2 为某双轴承悬臂支撑锥齿轮,功率由法兰通过花键输入,其载荷为啮

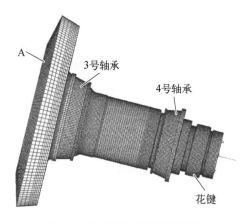

图 9.2 某锥齿轮有限元模型图

合力,包括径向力 F_r、轴向力 F_a、周向力 F_t。采用有限元方法对其进行轮体疲劳强度计算。有限元计算中,约束了图 9.2 所示 3 号、4 号轴承的径向位移,约束了 3 号轴承挡肩的轴向位移以及花键部位的周向位移。

计算的限制功率下齿轮当量应力分布见图 9.3,最大应力出现在轮辐齿根转接圆角上。根据该齿轮功率谱,计算的齿轮的最大高低周疲劳应力和疲劳强度裕度见表 9.8。其中,低周疲劳峰值应力采用限制功率计算,高周疲劳应力循环采用功率谱进行计算。根据疲劳强度校核结果,在给定功率谱下,该齿轮具有无限寿命,但至少应进行 1 次疲劳试验验证。

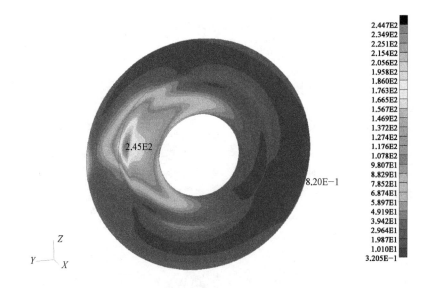

图 9.3 某锥齿轮限制功率下的应力分布图(单位:MPa)

表 9.8 某锥齿轮轮体疲劳强度校核结果

疲劳载荷类型	稳态应力 σ_m/MPa	交变应力 σ_a/MPa	最大等效疲劳应力 σ_{eq}/MPa	疲劳极限 σ_1/MPa	疲劳强度缩减系数 k_F	疲劳强度裕度 K_F
高周	305	61.0	90.26	550	1.75	2.48
低周	186.5	186.5	232.7	550	1.75	0.35

注:由于采用材料疲劳极限,为安全计,计算低周时采用疲劳强度缩减系数对疲劳极限进行缩减。

9.5　耐弹击与抗坠毁设计

9.5.1　耐弹击设计内容和方法

传动系统尾传动轴耐弹击设计的主要内容和方法如下：

（1）与直升机总体设计部门协调须进行耐弹击设计的零部件，以及弹击具体状况；

（2）采用仿真分析或者弹击打靶试验的方式，模拟可能的弹击损伤，并确定最危险的损伤状况；

（3）针对最危险损伤状况，开展弹击结构剩余强度仿真分析或运转试验。

传动系统系统减速器耐弹击设计的主要内容和方法如下：

（1）协调和确定减速器干运转功率谱；

（2）考虑干运转要求，进行减速器结构及轴承、齿轮的相关参数设计，针对轴承、齿轮干运转能力进行分析；

（3）制定减速器干运转试验方案，开展干运转试验。

9.5.2　耐弹击设计典型案例

某型传动系统要求尾轴轴管被一发 12.7 mm 子弹击中后，在最大连续功率下具有 30 min 的运转能力，针对该要求开展轴管仿真分析和实际弹击试验。图 9.4 为子弹的有限元模型；图 9.5 为几种典型的弹击后仿真分析破坏形貌；表 9.9 为轴管弹击损伤后剩余强度计算结果；图 9.6 为几种典型的轴管弹击试验后破坏形貌。

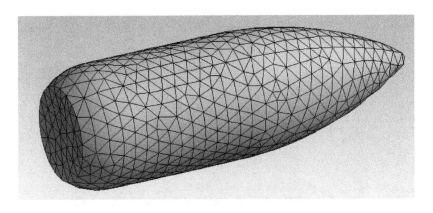

图 9.4　弹径 12.7 mm 子弹有限元模型

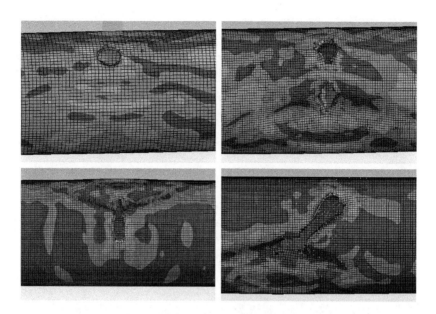

图 9.5 几种典型的弹击后仿真分析破坏形貌

表 9.9 轴管弹击损伤后剩余强度计算结果

工况	剩余强度计算结果/MPa	弹击状况下应力分布/MPa
工况 1	137	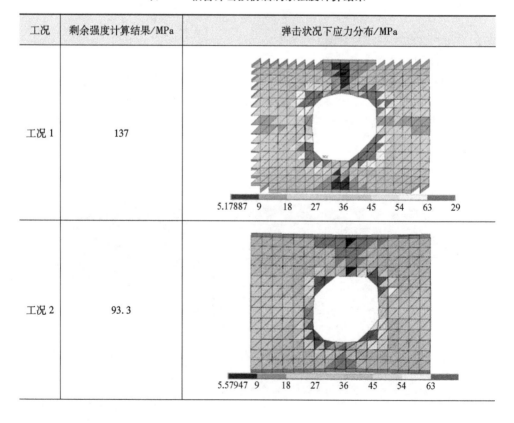
工况 2	93.3	

续　表

工况	剩余强度计算结果/MPa	弹击状况下应力分布/MPa
工况 3	140	2.43732　9　　18　　27　　36　　45　　54　　63
工况 4	86.2	1.68791　9　　18　　27　　36　　45　　54　　63
工况 5	290	1.04873　9　　18　　27　　36　　45　　54　　63

续　表

工况	剩余强度计算结果/MPa	弹击状况下应力分布/MPa
工况 6	262	
工况 7	291	
工况 8	57.6	

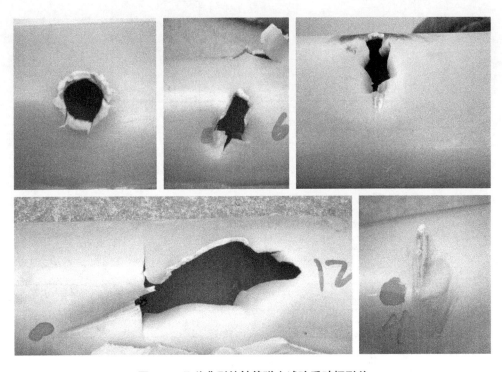

图 9.6　几种典型的轴管弹击试验后破坏形貌

9.5.3　抗坠毁设计内容和方法

传动系统抗坠毁设计的主要内容和方法包括：

（1）从直升机总体布局出发，分析需要考虑抗坠毁设计的零件范围。该项工作可与直升机总体设计单位进行协商分析确定。一般需考虑抗坠毁设计的零件至少包括发动机与主减速器相连接的轴套及其连接结构、主减速器支撑结构；

（2）计算（需考虑抗坠毁设计的）各零件在坠毁过载情况下的载荷；

（3）采用静强度设计方法，考虑抗坠毁强度安全系数和材料极限强度，分析和验证各零件在坠毁载荷下的静强度。

9.5.4　抗坠毁设计典型案例

如图 9.7 所示，某直升机传动系统与发动机之间采用弹性前轴套和后轴套连接。由直升机坠毁过载系数要求计算的弹性前轴套最大坠毁载荷见表 9.10。由计算结果可见，弹性前轴套在坠毁状态下的最大应力为 441 MPa，低于材料极限强度 485 MPa，可以满足坠毁强度设计要求。

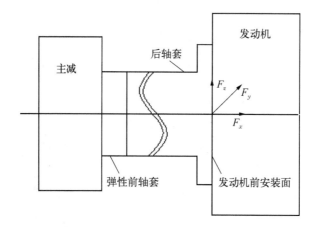

图 9.7   某直升机传动系统与发动机连接示意图

表 9.10   弹性前轴套最大坠毁载荷

状 态	F_x/N	F_y/N	F_z/N
坠毁状态	−42 341.50	1 277.94	−1 466.52

参考文献

[1]   中国民用航空总局. 正常类旋翼航空器适航规章[S]. CCAR−27−R1,2001.

[2]   中国民用航空总局. 运输类旋翼航空器适航规章[S]. CCAR−29−R2,2017.

[3]   中国人民解放军总装备部. 军用直升机强度规范 第 3 部分：机体结构和系统强度[S]. GJB 720.3A—2012, 2012.

[4]   中国人民解放军总装备部. 军用直升机强度规范 第 4 部分：疲劳、耐久性和损伤容限[S]. GJB 720.4A—2012,2012.

[5]   中国人民解放军总装备部. 军用直升机强度规范 第 5 部分：振动、气动机械及气动弹性稳定性[S]. GJB 720.5A—2012,2012.

[6]   中国人民解放军总装备部. 军用直升机强度规范 第 8 部分：结构生存力[S]. GJB 720.8A—2012,2012.

[7]   中国人民解放军总装备部. 军用直升机强度规范 第 10 部分：复合材料结构强度[S]. GJB 720.8A—2012,2012.

[8]   国防科学技术工业委员会. 直升机传动系统通用规范[S]. GJB 2350—1995,1995.

[9]   国防科学技术工业委员会. 军用直升机抗坠毁要求[S]. GJB 2681—1996,1996.

[10]   宁向荣,陈伟,蔡显新,等. 直升机传动系统四参数疲劳定寿方法研究[J]. 航空动力学报,2012,27(8)：1746−1751.

[11]   120 厂译著. 直升机零件的疲劳鉴定[Z]. CAL08.004,1995.

第10章
传动系统动力学设计

与固定翼飞机相比,直升机有一个鲜明的特点是要通过传动系统将发动机的功率和转速传递到主旋翼和直升机尾部的尾桨,因此传动系统具有传递功率大、跨度大、转速变化大的特点,这为动力学设计带来了挑战。传动系统是由传动轴、齿轮副、支承轴承、联轴器及机匣等零部件组成的多弹性体非连续系统,其中齿轮在啮合传动过程中会产生动载荷,其振动水平直接关系到齿轮传动装置的振动和噪声,而传动轴支点跨距较大带来了轴系的横向振动问题,因此利用振动力学及转子动力学理论和方法,研究传动系统在传递动力和运动中振动及噪声的基本规律,可为设计低振动、低噪声、高可靠性、高性能的传动系统提供理论依据。

10.1　传动轴系转子动力学设计

10.1.1　传动轴系的动力学分析

1. 临界转速

直升机传动系统是一个多级数、带分支、含非平行轴的齿轮啮合及大跨距传动轴的复杂转子系统,尤其是直升机传动轴系是由多个轴段、联轴器及支座等组成的传动链。直升机飞行过程中,传动系统除受到扭矩和离心载荷外,还要承受直升机飞行过程中的机动载荷以及工作环境中的各种激励载荷,因此其动力学问题十分复杂。传动轴为薄壁结构,且具有大负荷、高速和受载复杂等特点,是直升机中故障率较高的零部件之一,传动轴和联轴器的各类故障中因振动引起的故障比例较大,因此研究传动轴系的动力学特性尤为重要。

传动轴作为高速旋转弹性体,无论对其开展怎样的平衡调整,总是会存在微量的质量不平衡(如轴系的质心轴线偏离转动轴系)和初始弯曲变形。如果轴的旋转频率与某阶弯曲固有频率相等,这些微量质量不平衡或变形将会充分地激励出这个弯曲模态。此时的工作条件通常称为轴的该阶临界转速,它是一种能够引起轴的正向(顺旋转方向)涡动或者反向(逆旋转方向)涡动运动的一种共振涡动状态,需要开展传动轴及轴系的转子动力学评估。Jeffcott转子是转子动力学中对临界转速等基本概念进行理解的有用模型,如图 10.1 所示,很多文献对 Jeffcott 转子[1]进行过详细研究。

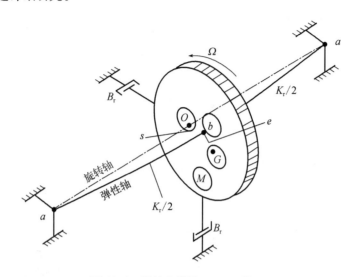

图 10.1　刚性支撑的 Jeffcott 转子

对于存在质量偏心的情况,假设初始的弹性轴线为直线但是可以弯曲,因此可以将转子简化为 x 和 y 方向刚度为 K_r 的等效弹簧,如图 10.2 所示。假设:G 为盘的质量中心;b 为盘的几何中心;O 为旋转中心;M 为盘的质量;e 为盘质量中心的偏心距;Ω 为转子的角速度;K_r 为轴的弹性恢复系数;B_r 为当量黏性阻尼系数。

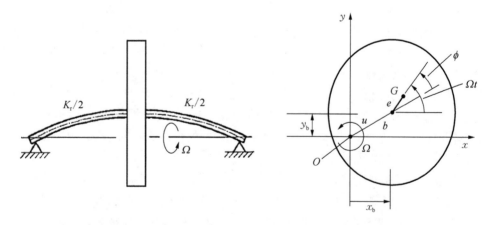

图 10.2　不平衡转盘引起的轴的横向弹性变形的几何图解

其稳态解如下:

转轴/转盘系统受迫运动的动力学方程为

$$M\ddot{x} + B_r\dot{x} + K_r x_b = eM\Omega^2\cos(\Omega t) \tag{10.1}$$

$$M\ddot{y} + B_r\dot{y} + K_r y_b = eM\Omega^2\sin(\Omega t) \tag{10.2}$$

$$w_{b1} = u/e = \frac{1}{e}\sqrt{x^2 + y^2} = r^2/\sqrt{[(1-r^2)^2 + 4\zeta^2 r^2]} \tag{10.3}$$

$$\phi = \tan^{-1}[2\zeta r/(1-r^2)] \tag{10.4}$$

式中,ζ 为转子的阻尼比;w_{b1} 为涡动放大因子;转速比 $r = \Omega/\omega_n = \Omega\sqrt{M/K_r}$。

涡动放大因子 w_{b1} 的稳态解如图 10.3 所示。

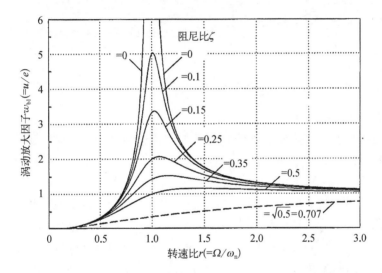

图 10.3　刚性支撑的 Jeffcott 转子质量不平衡引起的响应与速度关系

对存在轴的初始曲率的情况,为了便于分析,假设盘中心与传动轴弹性中心重合(即 G 点与 b 点重合,$e=0$),但转盘中心存在偏置,对 O 点的偏移量为 u。该情况下,涡动放大因子 w_{b2} 为

$$w_{b2} = \frac{u}{s} = \frac{1}{\sqrt{(1-r^2)^2 + 4\zeta^2 r^2}} \tag{10.5}$$

该函数关系如图 10.4 所示。

对比分析以上两种情况可以发现:

(1)当转子转速高于或低于共振频率 $r = \Omega/\omega_n$ 时,两种不平衡情况具有截然相反的响应特性。当转子转速低于共振频率时,质量不平衡转子有较低的响应水平;然而曲率不平衡转子在转速高于共振频率时,具有较低的响应水平;

(2)两种不平衡情况在共振点处的响应水平基本上相同,这也体现出所有共振系统的典型特点。

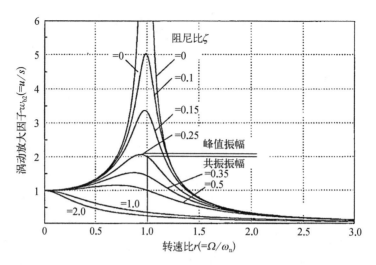

图 10.4　刚性支撑的 Jeffcott 转子质量不平衡引起的响应与速度关系

2. 亚临界和超临界转子

在设计时,通常采用使临界转速避开工作转速的办法。如果转子的工作转速低于主弯曲频率,则定义转子为"亚临界转子";反之,如果工作转速高于弯曲频率,则定义为"超临界转子"。主弯曲频率即一阶弯曲临界频率。

采用亚临界传动轴设计的主要原因是其固有的简便性。亚临界轴系可靠性相对较高,除需要进行平衡调整来减小振动外,并无其他特殊的动力学问题。然而对于直升机领域的应用来说其缺点却是显著的:相对于超临界设计,亚临界设计的传动轴系更重,尺寸更大。此外,目前一个发展趋势是传动轴需要在更高的转速下工作,这也使亚临界设计越来越困难。

超临界传动轴的优点如下。

(1) 重量更轻:单个传动轴可以更长(更少的支撑轴承)。

(2) 振动更小:从前面的数学推导可以看出,在超临界转速下质心 G 更趋于接近旋转中心 O。

(3) 需要的支撑弹性刚度更小。

(4) 对于结构振动的敏感性更低。

成功的超临界传动轴设计也需要付出很高的代价。首先为了在超临界转速下运转,必须保证传动轴在启动阶段低于临界转速的时候不引起过度的振动响应,这需要首先为传动轴提供外部阻尼器,然后很快通过临界转速。超临界传动轴的另一个问题是稳定,Bishop 提出了一套理论方法来解决超临界传动轴中出现的灾难性不稳定问题。Bishop 发现传动轴的内部阻尼(结构阻尼)是产生该不稳定性的一个主要因素。然而如果提供足够的外部阻尼,该运动可以重新稳定,因此需要提供外部的横向阻尼以确保稳定性。Bishop 的发现可以总结为:在超临界转速下,对

于传动轴的第 k 阶横向模态,运动稳定的条件为

$$\frac{\Omega}{\omega_k} = r_k < \frac{\zeta_2}{\zeta_1} = \frac{(\zeta_{\text{int}} + \zeta_{\text{ext}})}{\zeta_{\text{int}}} \qquad (10.6)$$

式中,ω_k 为第 k 阶横向弯曲模态的固有频率;ζ_1 为无外部阻尼时传动轴横向弯曲模态的阻尼比;ζ_2 为有外部阻尼时传动轴横向弯曲模态的阻尼比。

直升机传动系统上较常见的轴系是尾传动轴系,为获得较准确的临界转速及相应振型,工程上一般可采用有限元法建模。图 10.5 为一典型的直升机尾传动轴系临界转速及振型的有限元计算结果。不管是亚临界轴系还是超临界轴系,转子的临界转速都应该避开工作转速,并满足一定的裕度要求。对于临界转速裕度不能满足要求的情况,需经试验验证尾传动轴在所评估转速下能安全工作。

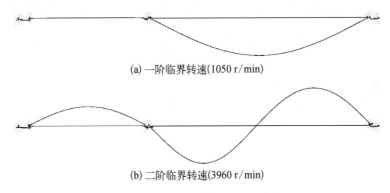

(a) 一阶临界转速(1050 r/min)

(b) 二阶临界转速(3960 r/min)

图 10.5　典型的直升机尾传动轴系临界转速及振型有限元计算结果

3. 传动轴系不平衡响应

转子-支承系统的稳态不平衡响应,是转子-支承系统在其旋转结构本身存在的不平衡量所产生的激励力作用下的频率响应特性。激励力频率即转子的转速,力幅与转速的平方成比例。稳态不平衡响应的计算是转子动力学分析中与临界转速计算同等重要的基本任务。稳态不平衡响应分析也可以用来确定系统的临界转速,但更重要的任务是用来求解在转子系统中可能存在的不平衡量作用下,转子-支承系统的稳态不平衡响应,分析研究如何采取措施,限制最大不平衡响应及减小不平衡响应。

与临界转速计算方法类似,转子-支承系统的稳态不平衡响应计算有两大类基本方法,即传递矩阵法与有限元法,其中常规的传递矩阵法适用于简单转子-支承系统,而各种改进的传递矩阵法,如子结构传递矩阵法、传递矩阵-阻抗耦合法、传递矩阵-直接积分法以及传递矩阵一分振型综合法等,可用来计算复杂的多转子-支承系统的稳态不平衡响应;有限元法通用性强,可以有效地用来计算复杂转子-支承系统的稳态不平衡响应,是目前工程设计中主要采用的方法。

图 10.6 是通过有限元法仿真得到的直升机尾传动轴在不平衡作用下两个不同位置的振动位移响应情况。根据计算结果可明显地看出在同一不平衡量作用下尾传动轴不同位置的响应随频率的变化趋势,通过各位置响应峰值也可判断出轴系的临界转速。

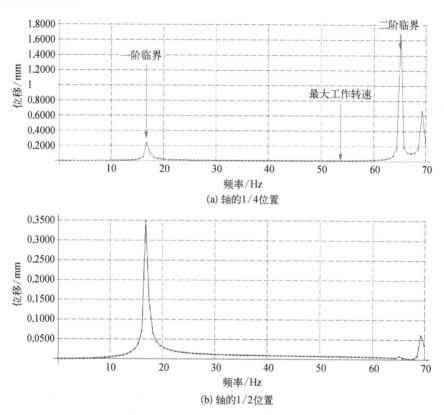

图 10.6　尾传动轴不同位置的位移响应随频率的变化情况

10.1.2　传动轴系动力学设计原则

在设计尾传动轴及轴系等大跨距直升机传动轴组件时,为避免传动轴不平衡响应过大的情况,需在设计过程中采取相应措施降低不平衡响应的大小。通常设计及实施过程中可采取的措施包括:

1. 增大转子的临界转速裕度

轴系的临界转速裕度较小时,容易出现较大的不平衡响应。可通过改变轴系的临界转速或调速工作转速的方法增大临界转速裕度。一般地,改变轴管的几何尺寸、材料或调整轴系的支点跨距和支承刚度均可实现临界转速的改变。

2. 改善转子的平衡

转子的不平衡量越大,其不平衡响应也就越大。改善转子的平衡状态,可减小转子的激励,实现降低转子的不平衡响应的目的。

3. 引入外阻尼

通过引入外阻尼可降低转子的不平衡响应,直升机尾传动轴常用的阻尼结构有阻尼环、黏性阻尼器支座等。其中,阻尼环主要是通过阻尼和限幅作用限制尾传动轴在过临界时的位移响应大小,在正常工作转速下阻尼环一般不起作用,而黏性阻尼器支座在过临界和正常工作转速下均可一定程度上降低轴系的振动响应。

10.2 齿轮结构振动设计

10.2.1 齿轮振动形式

齿轮是直升机传动系统中最主要的动力传递零件,齿轮设计水平也对传动整体技术水平有重要影响。直升机传动系统齿轮属于高功率密度重载的高性能齿轮,结构上要求重量轻、结构精细,既有高的承载能力也要有高的可靠性。对齿轮进行动态分析,使齿轮在整个工作转速范围内不产生有害的振动,如不可避免,应采取合理措施将齿轮幅板、轮缘等重要部位振动应力降到允许水平。

单个盘形齿轮振动和其他的弹性体振动一样,也有各种振动形式,其弯曲振动可以分成以下三类[2]:

(1) 第一类振动:节圆振动,其振型对称于中心,全部节线都是同心圆,其中最简单的是中心固定的零节圆的一阶振动,如图 10.7 所示。它有许多振型,每一振型对应一个确定的节圆数。

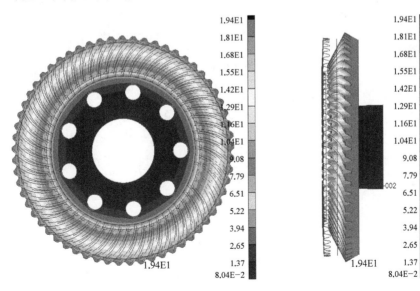

图 10.7 中心固定圆盘的伞形振动

（2）第二类振动：节径振动，全部振动节线都是沿圆盘面径向分布的直线，这些线称为节径，其形式和标记见图 10.8，其中"+""−"号代表振动时的位移方向，记为 0/1，0/2…。无论是中心固定或是边缘固定的圆盘，这类振动都有可能发生。在实际传动系统中，这类振动最容易引起轮盘损坏。

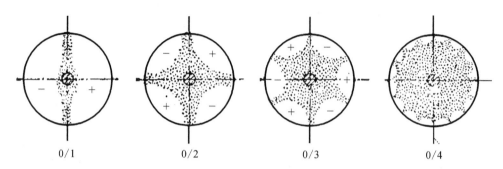

0/1　　　　0/2　　　　0/3　　　　0/4

图 10.8　带节径的圆盘振动

（3）第三类振动：复合振动，即伞形振动和扇形振动的组合，见图 10.9。

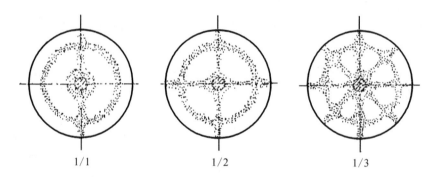

1/1　　　　1/2　　　　1/3

图 10.9　具有节圆和节径的复合振动

第二类振动在传动系统中最常见。一个节线位置相对于齿轮固定的节径型振动，可以分解为两个相对于齿轮正、反旋转的波。齿轮运转时，从固定坐标上看，为顺着齿轮转向旋转的前后行波。齿轮盘上的各点相应振动，称为行波振动。

齿轮行波频率计算公式如下：

$$f_{\mathrm{f}} = f_{\mathrm{d}} + m \times \frac{n}{60} \qquad (10.7)$$

$$f_{\mathrm{b}} = f_{\mathrm{d}} - m \times \frac{n}{60} \qquad (10.8)$$

式中，f_{f} 为前行波频率，单位为 Hz；f_{b} 为后行波频率，单位为 Hz；f_{d} 为齿轮动频，单位

为 Hz,一般也可用静频代替;n 为转速,单位为 r/min;m 为齿轮节径数。

齿轮的行波振动是由齿轮轮齿在啮合过程中的动载荷激起的。由于动载荷频率与行波频率接近而产生行波共振,其失效模式是首先在轮缘处产生疲劳裂纹,然后沿振型在齿轮上扩展,最后齿轮的轮毂、辐板呈块状破裂。行波共振的特点如下:

(1) 共振时,共振行波的振幅明显增大,未共振的行波及其他振型的振动非常小;

(2) 行波共振时,等半径的各点作等幅、等频率的振动,只是相位不同。应力的测量值与测量位置无关,而在非共振状态下则与测量位置有关;

(3) 齿轮发生行波共振时,一次谐波最危险,因为它的振动强度最高;

(4) 齿轮由于不易激起节圆型振动,复合型振动的固有频率又比较高,因此节径型振动是齿轮振动的主要振动形式,2、3 节径共振是航空高速盘形传动齿轮的主要振动模态。

为了计算齿轮的共振转速,必须知道齿轮的固有振动频率及其振型。固有振动频率又分为静频和动频。由于齿轮静频一般都比较高,其动频和静频值相差很少,工程上通常用静频值代替齿轮的动频。对于形状复杂的齿轮,通常采用有限元法计算其固有频率,并通过试验方法测试固有频率和振型来验证计算结果。固有振动频率采用敲击法、共振法、谱分析法和试验模态分析法测定,振型测量通常与固有频率测量同时进行,采用的方法有砂型法、探针法、试验模态分析法和全息照相法等。

10.2.2　降低齿轮共振风险的措施

提高直升机传动系统振动设计水平的主要措施就是提高齿轮的抗振能力,这也是提高齿轮工作可靠性及传动系统可靠性的一个重要途径,目前工程中对于提高传动齿轮振动设计能力有以下原则与措施[3]。

1. 调整齿轮的固有振动频率

可以调整齿轮的固有振动频率,使其共振转速远离齿轮的工作转速。在运转时,可用应变法或声测法检测齿轮固有频率调整效果。调频的方法是在齿轮的某一部位增加或者减轻重量以改变振型的模态刚度和模态质量,从而改变该振型的固有频率。也可以采用改变辐板和轮缘或轮毂转接处的圆角半径,或改变辐板厚度等方法。

2. 降低齿轮的激振力

齿轮啮合过程中的动载荷是齿轮行波共振的激振源,而扭振是齿轮动载荷的重要原因。减小齿轮扭转振动是降低齿轮行波共振风险的重要途径。依靠增加齿轮齿数和降低齿轮模数来提高齿轮的啮合频率是一种途径。另外,通过调整齿轮质量分布或降低齿轮传动装置的扭转刚度以降低齿轮传动装置的固有振动频率。增加齿轮的阻尼也有一定的实用价值。

3. 降低振动应力水平

增加齿轮的阻尼系数是降低齿轮振动应力水平的有效方法。一般可以利用齿轮结构本身来提供阻尼作用,如阻尼齿轮等,其次在齿轮的适当部位安装阻尼环,提高齿轮自身抑振能力,以及在非摩擦部位加涂层等,都能有效降低齿轮幅板、轮缘等部位的振动应力水平。

4. 降低齿轮啮合时的动载荷

对轮齿齿廓进行修形,可以补偿单对齿啮合和双对齿啮合时刚度的变化,可降低齿轮啮合时动载荷。轮齿修形遵循的原则如下:

(1) 修形后的齿形和基本渐开线齿轮应平滑连接;

(2) 修形部分沿啮合线的高度 h_{ga} 不应超出双齿啮合区的边界,并按式(10.9)计算:

$$h_{ga} \leqslant g_a - p_a \qquad (10.9)$$

式中,g_a 为有效啮合线长度;啮合齿距 p_a 为基圆齿距;

(3) 修形深度 $\Delta\alpha_a$ 可按式(10.10)计算:

$$\Delta\alpha_a \leqslant 0.4\Delta_0 \qquad (10.10)$$

式中,Δ_0 为基距误差的均方根值;

(4) 提高齿轮的重合度;

(5) 提高齿轮加工和装配精度,以及对齿面进行化学处理和复合强化等,均能提高齿轮抵抗振动的能力,从而提高直升机传动系统的工作可靠性。

10.3   传动系统机匣振动分析

10.3.1   概述

传动系统机匣对整个传动部件的动力学特性有着较大影响。一方面,机匣自身的柔性会降低齿轮的支承刚度,影响传动齿轮的振动特性,容易导致机匣与齿轮的耦合振动;另一方面,机匣自身的振动会影响其耐久性,并且机匣的振动会向外辐射或通过安装节传递到直升机机体,这是传动系统噪声的重要来源。在对传动系统进行振动特性分析时,尤其是未来先进直升机传动设计中对机匣减重的要求越来越苛刻,机匣刚度的相对降低对整个传动系统动力特性有举足轻重的作用,因此,传动系统机匣的刚度特性及其自身的振动都是机匣设计中需要考虑的重要因素。

10.3.2 传动系统减速器机匣振动分析技术

1. 减速器机匣的激励

传动机匣的激励源可以分为内部激励和外部激励两种类型,外部激励是来自机匣系统外部的激励,以主减速器为例,主旋翼对齿轮及机匣的激励属于外部激励,而内部激励是减速器内部产生并通过齿轮轴和轴承传递给机匣的激励,这是机匣动力学分析需要重点关注的一种激励形式。传动系统机匣内部的齿轮激励[4]包括刚度激励、啮合冲击激励和误差激励三种。

刚度激励是因为齿轮啮合过程中参与啮合的齿的对数变化引起啮合刚度随时间周期性变化,从而导致齿轮啮合力的周期性变化,刚度激励是一种参数激励,即使在外部载荷为零或者是常数时,齿轮与机匣组成的系统也会因为刚度激励产生振动。

啮合冲击激励是指齿轮在啮入啮出过程中因冲击产生的激励。齿轮啮合时,由于轮齿的误差和弹性变形,一对轮齿在进入啮合时,其啮入点偏离啮合线上的理论啮入点,引起冲击,而在一对轮齿完成啮合过程后退出啮合时,也会产生啮出冲击。这两种冲击均可引起齿轮的啮合冲击激励。

误差激励是一种位移激励。齿轮啮合时齿廓会偏离理论的理想位置,这种误差的时变性造成了误差激励。齿轮的误差激励是引起机匣振动的主要来源之一,在齿轮设计阶段需重点考虑。齿轮啮合过程中实际的旋转角度 θ_2' 可用理论角度 θ_2 及其偏差 $\Delta\theta_2$ 表示为

$$\theta_2' = \theta_2 + \Delta\theta_2$$

角度偏差 $\Delta\theta_2$ 随时间变化,并且具有周期性的特点,齿轮啮合的传动误差可用图 10.11 所示的曲线表示。

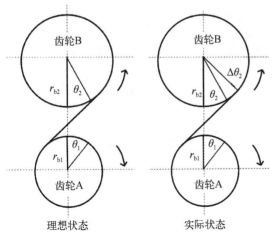

图 10.10　齿轮传动的角度误差

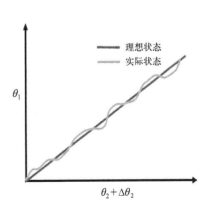

图 10.11　齿轮传动理想状态与实际状态的偏差

除了齿轮啮合激励外,传动系统内部的激励还存在着其他原因引起的激励,如齿轮旋转质量不平衡、安装不同心、几何偏差引起的激励以及滚动轴承的时变刚度、离合器的非线性等由零部件原因引起的激励。由于传动系统内部激励在时域范围具有周期性特点,适合采用傅里叶变换进行激励源的频谱分析。以激励源大小进行机匣的振动评估时可采用如下几种目标函数:① 基频谐波的幅值;② 若干重要谐波幅值之和;③ 若干重要谐波幅值的加权和;④ 若干重要谐波幅值的平方和。在实际应用中,可针对具体情况可选择其中一种形式进行评估。

2. 机匣的振动传递

传动机匣振动的主要来源之一是齿轮啮合过程产生的激励,齿轮啮合产生的振动只有从齿轮传递到机匣才引起机匣的振动。实际中并不是所有的齿轮振动都可以传递到机匣上去。例如,齿轮发生节径型的振动时,1 节径的振动可引起齿轮轴横向摆动,这种振动可通过支承结构传递到机匣上去,对机匣的振动产生较大影响。而对于 2 节径及以上的节径型振动,齿轮的振动不容易传递到机匣上去,对机匣的振动影响较小。因此,在分析齿轮啮合激励对机匣振动的影响时,需要分析振动传递路径以及振动的可传递性。典型的齿轮振动传递路径如图 10.12 所示。

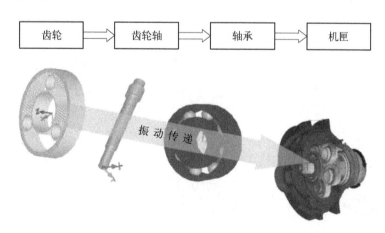

图 10.12　振动传递路径示意图

机匣振动的可传递性可用函数 T_{AB} 表示:

$$T_{AB} = \frac{H_{AB}}{H_{AA}} \tag{10.11}$$

式中,H_{AA} 和 H_{AB} 为频响函数,可表示为

$$H_{AB} = \frac{X_B}{F_A} \tag{10.12}$$

$$H_{AA} = \frac{X_A}{F_A} \tag{10.13}$$

式中,X_A、X_B 分别为齿轮和机匣上 A、B 两点的振动响应;F_A 为点 A 的激励大小。分析机匣的振动时可利用函数 T_{AB} 评估齿轮激励对机匣振动的影响,T_{AB} 的值越大,齿轮激励引起的齿轮振动越容易传递到机匣上去。

3. 机匣共振

直升机传动系统的振动激励如果可以传递到机匣上,并且激励频率与固有频率接近时,容易引起机匣的共振。因此,在设计阶段应该使激励频率避开机匣的固有频率,机匣的共振分析可按如下步骤进行:

(1) 部件建模;

(2) 系统建模及固有频率计算;

(3) 激励频率确定;

(4) 共振评估。

由于不同部件的耦合作用,通常部件建模时除了考虑机匣之外,还需对齿轮、轴承进行建模。如果采用有限元分析,可采用三维实体单元对齿轮建模,采用弹簧单元模拟轴承。系统建模时主要考虑不同部件间的连接关系的模拟以及边界条件的处理。连接关系及约束条件对模态振型有较大影响,分析机匣的振动时一般需考虑传动齿轮的弯曲、扭转及弯曲、扭转耦合作用对机匣的影响[5]。

对于直升机传动系统而言,主减速器机匣的一个主要的激励频率是齿轮系的啮合频率,传动齿轮系主要包括定轴轮系及行星轮系,定轴轮系中各齿轮的轴线相对机匣的位置是固定的,其啮合频率计算较为简单;对于行星轮系,由于行星轮不仅存在绕自身轴的自转还存在绕太阳轮的公转,啮合频率的计算与定轴轮系的计算公式不同,这两种轮系的啮合频率 f_{mesh} 计算如下:

定轴轮系啮合频率:

$$f_{\mathrm{mesh}} = \frac{\omega Z}{60} \tag{10.14}$$

式中,ω 为齿轮的转速,单位为 r/min;Z 为齿轮的齿数。

行星轮系啮合频率:

$$f_{\mathrm{mesh}} = \frac{Z_{\mathrm{s}}(\omega_{\mathrm{s}} - \omega_{\mathrm{c}})}{60} \tag{10.15}$$

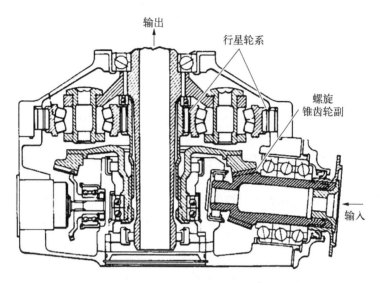

图 10.13   典型的直升机主减速器行星传动示意图

式中,ω_s 和 ω_c 为太阳轮和行星架的转速,单位为 r/min;Z_s 为太阳轮的齿数。

在确定了机匣的固有频率和激励频率后,可对机匣进行共振评估,工程中一般采用 Campbell 图进行共振分析。Campbell 图需包含机匣的激励频率及齿轮经常停留的工作转速。共振评估需结合机匣的振型进行分析,以确定共振发生时,机匣的哪些部位容易发生较大振动,在机匣设计时需要重点关注。图 10.14 为机匣的 Campbell 图例,图 10.15 为典型的中间减速器机匣振型图。

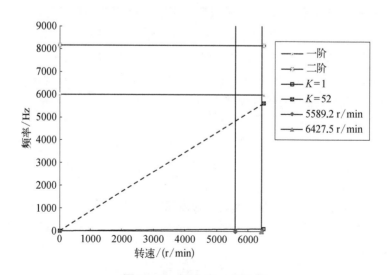

图 10.14   机匣 Campbell 图

(a) 一阶振型　　　　　　　　　　　　(b) 二阶振型

(c) 三阶振型　　　　　　　　　　　　(d) 四阶振型

图 10.15　典型的中间减速器机匣振型

10.4　传动系统先进减振降噪设计

10.4.1　减振设计及措施

1. 超临界传动轴系减振

传动轴系的减振措施,除了做好动平衡、控制激励源之外,还可以从以下两个方面着手,即调整传动轴系的临界转速,使系统工作转速远离临界转速,最简单有效的方法就是使用弹性支承;通过各种耗能阻尼器等措施消耗传动轴系的振动能量。国外公开报道的文献资料中,主要通过调节传动轴系支承的刚度和阻尼,改善其振动传递特性来实现减振的目的。目前,实际应用在传动轴系上的减振技术大都是被动减振,主动减振技术尚没有普及。减振主要方法有干摩擦阻尼器,即通过结构接触表面之间的相对运动产生库仑阻尼,将传动轴系振动的机械能转化为内能,再由周围的介质带走热量,从而达到减振的目的。

干摩擦阻尼器结构简单、设计成本较低、减振效果明显,受到了国外学者的重视,并在传动轴领域得到了应用。国外学者对干摩擦阻尼器的理论和试验进行了大量研究,研发了多种形式的干摩擦阻尼器,为金属橡胶阻尼器和弹性支承干摩擦阻尼器等新型干摩擦阻尼器的研究与应用奠定了良好的基础。金属橡胶阻尼器是一种均质弹性多孔材料,通过一定工艺方法将金属丝成型,形成类似于橡胶高分子材料的空间网状结构,使其兼具普通橡胶和金属耐热、耐腐蚀等特点。金属橡胶阻尼器可用于转子系统的减振,安装在轴承外圈和轴承座之间,钢丝绳隔振器可用于转子系统基础与基体之间的振动隔离中。金属橡胶阻尼器在转子振动时,金属丝之间相互摩擦形成摩擦阻尼以耗散系统能量,可代替橡胶减振器成为在高温、超低温、高压等特殊环境下应用的新型阻尼减振器。弹性支承干摩擦阻尼器利用动、静摩擦片之间的摩擦为转子系统提供阻尼,降低通过临界转速时的转子振动。为使超临界传动轴能轻松、安全地跨越临界转速,Morimoto针对传动轴系中的高频振动问题进行了研究,并运用干摩擦阻尼减振器进行减振,通过理论和试验方法获得了阻尼减振器的减振效果。美国直升机协会展示了一种安装在直升机上的单个阻尼减振器,如图10.16所示。每个减振器均由上下壳体、两个摩擦环、四个摩擦盘和标准零件(螺栓,垫圈和弹簧)组成。减振器中使用的所有组件都可以根据情况进行单独更换,并且摩擦环具有内置的磨损指示功能,便于评估状态。

图 10.16　阻尼减振器

2. 齿轮的阻尼环减振

由于齿轮在刚度激励、传动误差等激励下产生周期变化的动载荷,易激起盘形齿轮的行波共振,可在齿轮的适当部位安装阻尼结构,使共振应力降低到安全水平以下,目前齿轮减振阻尼环技术已在国外航空发动机等动力装备上得到应用,在直升机传动系统重载齿轮中的应用尚处于探索阶段。

目前,应用较成功的阻尼环有整体型、C形和螺旋减振环三种(图10.17),

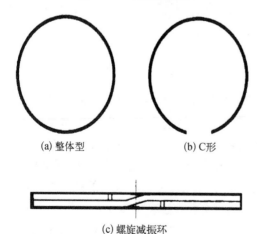

(a) 整体型　　　　(b) C形

(c) 螺旋减振环

图 10.17　阻尼环的三种主要形式

阻尼环开口后,能抑制齿轮的低、高阶固有频率振动,在宽频带内的减振性能稳定。

　　在阻尼环减振技术的应用方面,由于其在改善齿轮振动性能方面具有非常显著的效果,并且具有工艺简单、结构紧凑、成本低等优点,被广泛应用于各种机械设备的减振中。该技术最早由 Peterson 凭经验发明,并于 1932 年在美国获得了专利权。后来,国内外有不少专家学者对该技术进行了研究和不断的改良,取得了一些成果。但由于阻尼环对齿轮振动的影响十分复杂,到目前为止,大部分的研究文献所呈现出的内容都集中在实验研究方面。Zucca 等[6]以实验研究为手段,测定了阻尼环结构参数和安装误差对齿轮传动系统的振动噪声所产生的影响。在理论方面也有部分学者进行了研究,但是大多数人采用的方法都是有限元法,例如,李正雄等[7]在一个弧齿锥齿轮上附加了开口阻尼环,运用有限元的方法,建立了该组合结构的等效有限元模型并对其动态特性进行了分析,然后研究了阻尼环的宽度、厚度、过盈量对锥齿轮振动频率的影响。图 10.18 可知,阻尼环质量对齿轮振动响应幅值的影响较大。

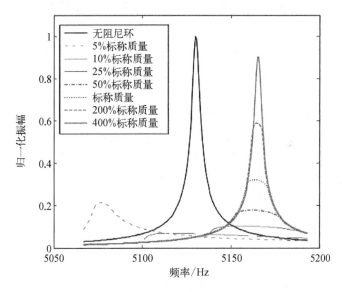

图 10.18　阻尼环质量对齿轮振动响应幅值的影响

　　虽然当前已有较多的国内外学者对阻尼环开展了大量的基础性研究,并获得了一定的成果,但阻尼环对齿轮传动系统的影响因素十分复杂,工程实际分析的难点在于阻尼环和齿轮沟槽间接触模型的建立,两者之间的界面接触耗能机理比较复杂,接触刚度和等效阻尼系数获取较难,即使通过各种假设简化获得了这两个参数,其精度也难以达到工程精度要求,一定程度上限制了阻尼环在齿轮减振设计中的应用进展。

10.4.2　齿轮传动的降噪设计

一般来说,齿轮系统噪声发生的原因与齿轮设计、齿轮加工、轴承和机匣结构特性有关,因此,齿轮传动的降噪设计也需从这三个方面着手。

1. 齿轮设计方面的降噪设计

1) 齿轮的类型和材料

a) 齿轮的类型

从传动平稳、噪声低的角度出发,斜齿圆柱齿轮同时接触的齿对多、啮合综合刚度的变化比较平稳,因此一般振动噪声比同样的直齿圆柱齿轮低。

对于人字齿轮,由于要求严格对中,微小的误差或磨损不均都可能影响人字齿轮的均载和传动平稳性,因此在圆柱齿轮中,斜齿圆柱齿轮是降低噪声最佳的齿轮类型。采用人字齿轮时,需保证两斜齿的啮合精度,并采取合适的均载措施。

1969～1987 年,埃及开罗艾因·夏姆斯大学的 Attia 教授对渐开线斜齿轮、单圆弧齿轮和双圆弧齿轮进行了实验研究,比较了这三种齿形的齿轮在不同载荷和不同转速时的噪声。研究表明,在这三种齿形中,渐开线斜齿轮的噪声最低且受所传递的载荷和运转速度的影响最小,单圆弧齿轮次之,双圆弧齿轮最差。

b) 齿轮的材料

齿轮的材料、热处理和润滑方式等均会对系统噪声产生影响。一般说来,采用衰减性能好的材料制造齿轮,可使噪声降低。但衰减性能好的材料强度均不高,不适合应用于直升机传动系统。目前,地面机械传动通过在承载的钢质齿轮齿面渗硫或镀铜,已经取得了比较明显的降噪效果。齿面渗硫的目的是减小齿面摩擦系数。齿面镀铜已应用在透平机齿轮上,用以提高齿轮的接触精度。

齿轮热处理对噪声也有影响。例如,齿轮淬火后,其衰减性能变差,噪声会增加 3～4 dB。至于润滑油和加油方法的影响,一般认为,噪声随油量和油黏度的增大而降低,这是因为润滑油有阻尼作用,可防止啮合齿面直接接触。采用飞溅润滑时,因油面高度不同,齿轮噪声也不同,即不同的传动减速器有不同的最佳油位。

2) 齿轮几何参数

a) 模数

当传递较大载荷时,轮齿啮合的动态激励主要是轮齿的弯曲变形引起的,增大模数可增大轮齿的弯曲刚度,减小轮齿的动态激励,从而降低噪声。

但是在传递载荷较小或空载时,情况就有所不同了。此时轮齿误差的影响会远大于轮齿变形,我们就应从齿轮加工误差的角度来考虑模数大小对噪声的影响。

b) 齿数

若模数不变,改变齿数则齿轮直径和齿轮表面积也随着改变。这样,由于齿轮噪声辐射面积的改变引起了噪声的变化。

一般说来,噪声的大小并不主要取决于振源的能量而是取决于噪声的辐射面积,噪声辐射的面积越大,则噪声越大。

c)齿宽

齿宽变化引起噪声改变的原因在于能量衰减不同。齿宽大的齿轮衰减性能好,噪声也低。

d)重合度

增大重合度可以减小齿轮传动的噪声。首先,增大重合度可以减小齿轮啮入和啮出的负荷冲击,对于高重合度的齿轮,增大重合度还可降低单对轮齿的负荷,这些均可降低齿轮噪声。其次,随着接触齿对的增加,单对轮齿的传动误差被均化,从而减小了轮齿的动态激励。此外,几乎所有的对齿轮噪声有影响的轮齿参数,实际上都是通过影响重合度而起作用的。例如,对于重合度为 1~3 的直齿和斜齿圆柱齿轮,降低齿轮的压力角,减小模数,使齿顶高有较小的增加,均是由于增大了重合度而降低了齿轮噪声。当然,压力角减小,增加了轮齿的柔性,也降低了动态激励,从而有利于噪声的降低。

e)螺旋角

由于斜齿轮是从齿的一端逐渐进入啮合,啮合冲击小、噪声低。一般说来,随着螺旋角的增大,重合度增大,噪声降低。但是,当螺旋角较大时,其降噪效果较螺旋角较小时要差。这是因为螺旋角大时,加工、安装困难,影响了实际的重合度。

f)齿的修形和变位

在齿轮的实际工作状态下,由于轮齿、传动轴和机匣的变形会使轮齿在啮入和啮出时产生干涉和冲击,引起强烈的振动和噪声。为此,可采用进行修形和变位的方式对啮合变形进行补偿,达到降低振动和噪声的目的。

2. 齿轮加工方面的降噪设计

1)齿轮精度方面

齿轮的加工精度对齿轮系统噪声有着重要的影响。一般来说,提高加工精度有助于降低齿轮系统的噪声。但提高加工精度要受加工成本的限制,且初始的加工精度越高,提高精度的降噪效果也越不明显。

在各单项轮齿误差中,齿形误差对噪声的影响最大。齿形误差大,则齿轮噪声大,但两者间并非简单的线性关系。因为噪声的大小,不仅取决于齿形误差的大小,更主要的是取决于齿形形状。实验证明,略带鼓形的修形齿形,有利于降低噪声。

关于齿轮轮齿侧隙对噪声的影响,一般说来,如果侧隙过小,噪声会急剧增大,而侧隙稍大些对噪声的影响并不大。

2)加工方法方面

齿轮加工的方法有多种,一般说来,加工方法与齿轮噪声没有十分固定的关系,因为还要受到加工技术的影响。通常,不同的加工方法将产生不同的齿面粗糙度,改善齿面粗糙度有利于降低噪声。

3. 轮系及机匣方面的降噪设计

1) 齿轮轮体结构方面

齿轮轮体的结构对齿轮系统的噪声有重要影响。首先,在轮齿动态激励力作用下,轮体作为一个弹性体会产生振动并辐射噪声。其次,作用在轮齿上的动态激励力会通过轮体传给传动轴,并进而传至轴承和机匣。再则,轮体的结构还会影响轮齿啮合过程的传递误差,反过来又会影响动态激励力的大小。

为此,可以从减少齿轮体噪声辐射及减小齿轮体振动的传递两方面来降低噪声。

a) 减少齿轮体噪声辐射

一般说来,噪声的大小除与振源能量有关外,主要决定于辐射面积。因此减小齿轮的表面积,可以减小噪声的辐射面积,从而降低辐射噪声。此外,齿轮的形状与噪声大小也有一定关系,例如,齿坯越厚、直径越小,噪声也越小。

b) 减小齿轮体振动的传递

对此,我们可以采用一些复合结构,或在齿轮体中间填入振动衰减材料来增大齿轮的阻尼效应,从而减小振动的传递,来降低噪声。

2) 轴系结构方面

可以通过保证加工与装配精度,改善支承刚度,防止传动轴的偏斜,并通过轴系的设计,控制多级齿轮传动中各啮合激励的相位关系,来达到降低噪声的目的。

3) 机匣结构方面

机匣是一个典型的弹性结构系统,它在轴承动载荷作用下产生振动,辐射噪声,因此合理设计机匣的结构和振动特性,将有助于降低齿轮系统的噪声。

例如,设计时以机匣薄壁的振动最小为目的,以频率约束、应力约束、几何约束等为约束条件,使箱壁振动在动态激励作用下最小,达到降低噪声辐射的目的。

此外,在机匣结构设计中,应注意使轴承支承座与机匣安装支点间的结构联系具有合适的刚度,以减小系统的振动。对于较大面积的薄壁,应设置加强筋,以减少振动噪声的辐射。

参考文献

[1] 理查德·L. 比拉瓦. 旋翼飞行器结构动力学与气动弹性力学[M]. 刘勇,邵松,孙传伟, 译. 北京:航空工业出版社,2012.

[2] 吕文林. 航空发动机强度计算[M]. 北京:国防工业出版社,1988.

[3] 林基恕. 航空燃气涡轮发动机机械系统设计[M]. 北京:航空工业出版社,2005.

[4] 李润方,王建军. 齿轮系统动力学—振动、冲击、噪声[M]. 北京:科学出版社,1997.

[5] Okamura H, Suzuki Y. An experimental study of sound damping rings for gears-dynamical behavior and optimum design parameters for sound-damping rings[C]. ASME, 1975.

[6]　Zucca S, Firrone C M, Facchini M. A method for the design of ring dampers for gears in aeronautical applications[J]. Journal of Mechanical Design, 2012, 134(9)：091003.

[7]　李正雄,朱梦周,张策.齿轮安装阻尼环后动态特性及噪声谱的研究[C].武汉：第一届全国齿轮动力学学术会议论文集,1987.

第 11 章
健 康 管 理

11.1 状态监控与故障诊断

11.1.1 概述

直升机飞行环境往往比较恶劣,气流变化和飞行任务造成的工况多变性可能引发直升机传动系统故障,传动系统严重事故将威胁直升机的飞行安全。统计表明,在机械故障导致的直升机飞行事故中,动力传动系统故障占据的比例高于 68%,而传动系统的维修费用占总维修费用的 58%。直升机传动系统在大功率、高转速、高负载的工作环境下,构成主减速器的输入级锥齿轮系和行星齿轮系比较容易发生齿面磨损、齿面接触疲劳、轮齿弯曲疲劳乃至断齿等故障,将大幅度缩短传动系统使用寿命。

为了降低使用与保障费用,提高系统可靠性、安全性、测试性和任务成功性,美国从 20 世纪 80 年代就开始直升机状态监测与故障诊断技术研究,组织开发直升机健康与使用监测系统(health and usage monitoring system,HUMS)。20 世纪 90 年代上半期 HUMS 开始大规模装备直升机。20 世纪 90 年代后期至今,国外 HUMS 技术发展更为注重标准化和规范化,各个公司开发的 HUMS 在各种军民用直升机上得到广泛应用。进入 21 世纪后,为了适应装备维修综合保障的需要,直升机 HUMS 由单纯的监控系统向综合系统方向转化,HUMS 的意义也由健康与使用监控系统演化为健康与使用管理系统(health and usage managing system)。HUMS 朝测试、监控、诊断、预测和维修管理一体化方向发展,形成集成的诊断、预测与健康管理系统。

本章介绍直升机 HUMS 关键技术及主要实现过程,主要内容包括直升机传动部件故障类型、状态信号检测、故障特征提取、故障诊断与故障预测,此外还介绍了传动系统的健康管理。

11.1.2 故障类型

传动系统故障主要有减速器故障和传动轴故障,其中间减速器速器故障包括齿轮故障、轴承故障、机匣故障、油封件和固定件故障等,传动轴故障包括轴的故障、联轴器故障、轴套故障等。主减速器具有结构复杂、减速比高、载荷大、工作环境复杂等特点。由于材料缺陷、制造误差和运行环境等因素,以及疲劳、老化等效应,减速器在运行过程中会出现部件故障或损伤,是直升机传动系统的重点状态监测对象。齿轮故障(通常指轮齿故障)是减速器的主要故障,近80%的减速器故障是由齿轮或轴承的故障引起的[1]。这是由于齿轮和轴承都是高度复杂的零件,在其运行过程中面临冲击和振动等复杂载荷的作用,容易发生故障。因此,有必要对齿轮和轴承的故障类型和振动机理进行剖析。

以下主要介绍减速器中齿轮与轴承的主要故障类型。

1. 齿轮故障

对齿轮的常见故障类型、成因及特征进行了简要总结。参见表11.1。

表 11.1　齿轮常见故障类型、成因及特征[2]

故障形式			故障原因	故障表现特征
齿面磨损	磨粒磨损		齿面润滑不足且有外来或轮齿脱落坚硬颗粒物	齿厚变薄且齿面出现径向划痕;啮合间隙增大,传动噪声增大
	黏着磨损		由于制造等因素的影响,齿轮接触面存在微凸体接触	黏着点随相对运动,发生撕裂。微小碎屑有可能附着在材料表面,也有可能脱落形成磨损碎屑
	疲劳磨损		对齿轮进行重复性的、低于齿轮临界强度的加载、卸载循环	表面材料产生疲劳,容易出现变形和裂纹
齿面胶合	冷黏合		低速重载导致局部压力过大,导致油膜破裂	撕裂处表面光亮,沟纹清晰,无回火色
	热黏合		高速或中速重载使得局部温度过高,导致油膜破裂	撕裂处除具有撕裂特征外,断口表面还可观察到回火色
接触疲劳	点蚀	初期点蚀	齿面存在微小的加工误差、表面不平、接触不均匀	靠近节线偏向齿根的齿面上存在有少量而分散的小麻点,随着连续运转,齿面磨损到一定程度后,点蚀会停止发展
		破坏性点蚀	初始点蚀中产生的次生裂纹发展成剥落面积较大、较深的剥落坑	一般多出现在靠近节线偏向齿根的齿面上,点蚀大小悬殊,形状也不相同,较为密集,一些点蚀扩展后与其他点蚀连在一起,形成大面积损伤
	疲劳剥落		点蚀坑聚集	不规则凹坑,有的呈贝壳状,面积较大,深度大于齿面硬化层厚度

续　表

故障形式		故障原因	故障表现特征
断齿	疲劳断齿	高循环次数低于轮齿临界强度载荷的作用,裂纹扩展导致的轮齿折断	断口分为两个区域:疲劳区无塑性变形;最终断口面平滑、无光泽
	过载断齿　脆性断裂	轮齿严重过载	断口上常可见光泽的小面
	过载断齿　韧性断裂		断口面无光泽,呈纤维状,有肉眼可见的塑性变形
	过载断齿　半脆性断裂		断口上几乎没有塑性变形或没有塑性变形
塑性变形	塑性变形	过载,且轮齿塑性强	轮齿变形,或在齿面上有明显的浅沟槽
	压痕	异物进入啮合部位	表面存在不规则凹陷
	塑性褶皱	过载导致啮合部位摩擦力过大	齿面上存在垂直于滑动方向的微小皱纹

振动和噪声信号是减速器齿轮故障特征信息的载体。时域和频域分析是减速器齿轮故障分析的常用手段。经验表明,以下几种齿轮配合状态会表现出几种典型的振动特征。

1) 正常齿轮的振动特征

正常齿轮是指没有先天和后天缺陷的齿轮,振动主要是由于齿轮自身的刚度引起的。正常齿轮的信号反映在振动频谱上为有啮合频率及其谐波分量,且以啮合频率为主,其高次谐波依次减小,同时在低频处有齿轮轴旋转频率及其高次谐波。

2) 不同轴齿轮的振动特征

齿轮不同轴故障是指由于齿轮和轴装配不当造成的齿轮和轴不同轴。不同轴齿轮会使齿轮产生局部接触,从而承受较大的负荷。当齿轮出现不同轴或不对中时,其振动信号具有明显的调幅现象。具有不同轴的齿轮,由于其调幅作用,会在频谱上产生以各阶啮合频率为中心,以故障齿轮的转频为间隔的一阶边频,同时故障齿轮转频的倍频也会在频谱上有一定反映。

3) 偏心齿轮的振动特征

齿轮偏心是指齿轮的中心与旋转轴的中心不重合。这种故障往往是加工造成的。当齿轮有偏心时,其振动波形由于偏心的影响被调制,产生调幅振动,其在频谱图上表现为啮合频率两侧出现边频或低频部分出现较大的转频倍频。

4) 局部异常齿轮的振动特征

齿轮局部异常包括齿根部有较大裂纹、局部齿面磨损、轮齿折断、局部齿形误差等。局部异常齿轮的振动波形是典型的以齿轮转频为主要频率的冲击脉冲,并且在频谱图上出现齿轮转频 f_r 的倍频。

5）不平衡齿轮的振动特征

齿轮的不平衡是指齿轮体的质量中心和回转中心不一致,从而导致齿轮的不稳定运行。具有不平衡质量的齿轮,在不平衡力的激励下,产生以调幅为主、调频为辅的振动。在频谱图上啮合频率 f_g 及其谐波两侧产生 $mf_g \pm nf_r (m = 1,2,3\cdots)$ 的边频族。

2. 轴承故障

传动系统轴承故障主要有轴承内圈故障、外圈故障、滚动体故障、保持架故障等,这些故障一般为磨损、疲劳剥落、蠕动、塑性变形、腐蚀等。造成的后果是旋转轴出现传动效率低、振动大、卡滞、甚至抱死或导致其他构件的故障,严重影响设备的正常运行。

影响轴承失效的原因可以分为内因和使用因素两类。内因包括结构设计、材料质量和制造工艺三部分:合理的结构设计可以使轴承在加工过程中的工艺更加合理,结构更符合轴承的运动机理,减小振动,避免不必要的碰撞,减少能量损失;轴承材料的选择及冶金工艺决定了轴承的硬度和刚度等特征。使用因素则包括轴承安装是否规范,日常维护是否符合要求,定期检查维护是否及时:轴承安装不当会导致轴承在非正常情况下运转,造成振颤现象,加剧轴承的磨损,缩短轴承的使用寿命;定期、规范的维护是保证轴承正常运行的基础,可以增加轴承的使用寿命。

表 11.2 简要总结了轴承的常见故障类型、成因及表现特征。

表 11.2　轴承常见故障类型、成因及表现特征[2]

故障类型	故障成因	故障表现特征
磨损	与齿轮磨损成因相近	轴承圈体变薄,滚动体呈不规则椭圆状,轴承组件碰撞加剧
疲劳剥落	滚动体和滚道之间存在很大的循环接触应力	滚道表面初期出现点蚀坑,后期出现较大面积脱落
蠕动	轴承内圈和主轴之间的过盈量不足	轴承内圈配合面及滚道表面出现磨损擦伤等
塑性形变	轴承局部出现过载或温度过高	轴承各组件出现不同程度的形变
腐蚀	轴承组件与外部物质发生化学反应	轴承各组件表面出现不规则的腐蚀痕迹

11.1.3　状态检测信号

对于直升机传动系统在线状态监测,通常的动态测量物理量包括传动系统的振动信号、声发射信号、减速器润滑油中颗粒信号、滑油压力信号、滑油及轴承表面温度信号等,这些信号蕴含着传动系统的工作状态信息。

1. 振动信号

振动信号是当前应用广泛的旋转机械状态监测信号。振动信号对旋转部件(如齿轮与轴承)的结构缺陷、部件损伤是敏感的。如果存在制造与装配误差,或者有部件故障,运行减速器会产生振动。形式各样的齿轮/轴承故障导致减速器振动信号复杂多样,在幅值与频率调制作用下,振动信号频谱上通常会出现许多边频带结构[3]。除此之外,运行减速器还存在其他振动成分。要有效地识别减速器故障状态特征,需要区分识别上述各种成分的振动信号特征。

1) 基于振动信号的状态监测

假设直升机减速器中某一轮齿发生故障,该轮齿在运行过程中,不断与正常轮齿发生啮合碰撞,产生异常振动,此振动信号会与齿轮转频发生调制效应,从而产生带有故障信息的振动信号。该振动信号通过齿轮→轴→轴承→机匣路径(或齿轮→油液→机匣)传递到机匣表面,利用传感器对振动信号进行采集,在整个传递和采集的过程中,还伴随着多次的信号调制以及噪声的干扰。通过对振动信号分析处理,来判断故障类型。图11.1是减速器振动信号监测中振动传感器的安装示意图。

(a) 振动传感器安装位置　　　　　　　　　　　(b) 压电式加速度传感器

图 11.1　减速器振动信号监测

当减速器部件出现故障时,相应的振动信号特征也会发生变化,如振动信号的振幅的变化、频率的变化、相位的变化等多种形式。传统上,振幅、频率、相位是分析振动信号的主要特征参数。

2）振动信号获取

通常把振动传感器(如加速度传感器)安装在直升机减速器机匣表面。由数据采集仪将加速度传感器的输出信号离散化。信号采样频率一般从几千赫兹到几十千赫兹不等。

3）振动信号监测法的特点

振动信号监测法便于实现直升机传动系统在线状态监测,适用性强,针对单一故障的诊断正确率较高,其主要缺点是容易受到高强度噪声的影响,且在多故障并发的情况下,一般诊断效果不佳。

相比介质温度、声学信号等其他参数,振动信号特征参数更能直接、快速、准确地反映齿轮传动系统结构的运行状态。因此,振动信号检测分析是齿轮传动系统运行状态诊断与健康管理的主要手段之一。

2. 声发射信号

近年来,基于声发射(acoustic emission,AE)的旋转机械状态监测技术得到了迅速发展与工程应用。

1）基于声发射信号的状态监测

声发射是指材料内部或表面因为损坏或变形,突然释放应变能,发射瞬态弹性波,齿轮由于变形、剥落或裂纹等,会产生这种弹性波,声发射技术就是利用监测到的齿轮弹性波来实现对齿轮工况的诊断。减速器齿轮运行过程中,由于不平衡、热弯曲、不对中等因素,齿轮啮合过程中会发生弹性变形,产生应力波发射。典型声发射源来自与齿轮损伤、变形和断裂机制有关的弹性波源。

声发射信号的幅值大小主要与故障时释放的能量直接相关,与振动状态关系不大,蕴含了丰富的故障信息。在没有发生故障前,声发射信号中并不包含故障状态信息。故障发生时,变形产生的弹性波穿过转动件表面,到达减速器机匣表面,利用声发射传感器检测信号。声发射传感器参见图 11.2。

经常受到交变载荷冲击作用的齿轮,容易产生接触疲劳或齿面磨损。此过程中,声发射信号伴随而生。这种齿轮产生的声发射信号有如下特点：频带通常较宽,发射频率可达几十甚至几百兆赫兹,信号的强度差异很小,通常只有几微伏,

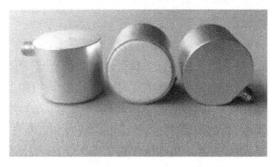

图 11.2　声发射传感器

因此需要电荷放大器等辅助仪器进行放大。

2) 声发射信号状态监测的优点

声发射信号状态监测方法的主要优点为: ① 便于实现早期故障预报,当齿轮出现微裂纹时,在缓慢扩展阶段,齿轮故障振动信号不明显,但声发射信号比较明显;② 声发射信号的特征频率明显,声发射信号有较宽的频谱,而振动信号的频带要窄得多。声发射信号中高达几万赫兹以上的高频信号,可以有效抑制干扰。除此之外,声发射检测传感器的体积小,抗干扰性好,可靠性高,使用方便。

3. 滑油信号

基于滑油检测的齿轮传动装置状态检测技术已经发展多年。滑油中的金属磨损颗粒含量是直升机减速器重要的健康指标,滑油中金属磨损颗粒的大小、成分与数量可以有效反映减速器健康状态。直升机减速器部件可通过检测滑油中的金属磨损颗粒信号来进行状态监测。

1) 基于滑油金属颗粒检测信号的状态监测

在齿轮传动装置中,相接触的金属零件在相对运动时都会发生磨损。通常在运动表面加润滑剂,以减少摩擦和磨损,润滑油循环系统是齿轮传动装置中重要的组成部分。运动齿轮副的表面磨损,会产生磨损微粒,这些微粒以悬浮状态进入并存在于齿轮的润滑系统中。由于各种齿轮的工作状态不同,产生的微粒尺寸也不同(从几百微米到几十纳米)。这些微小的磨损颗粒可提供反映齿轮传动失效和故障的重要信息。

在齿轮的磨合期、正常磨损期和严重磨损期,每个阶段产生的磨损微粒都有不同的形态、尺寸和表面形状,还有不同的微粒数量和分布状态。特征不同,反映和代表的磨损失效类型也不同,如黏着磨损、表面疲劳磨损、腐蚀磨损、磨料磨损等都是主要磨损失效类型,磨损微粒的成分和材料则反映出颗粒的不同来源。以钢为材料的摩擦磨损微粒,剥落后形成长度为 $0.5\sim15~\mu m$ 的碎片;由一个摩擦表面切入另一个摩擦表面形成的切削磨损微粒,呈带状,切削长度一般为 $25\sim100~\mu m$,宽度为 $2\sim5~\mu m$,这种微粒也可能是由滑油中夹杂的砂粒或其他部件磨损残渣切削较软的摩擦表面形成的;由运动零件滚动疲劳、剥落形成的滚动疲劳磨损微粒,微粒呈直径为 $1\sim5~\mu m$ 的球状,其间有厚度为 $1\sim2~\mu m$、大小为 $20\sim50~\mu m$ 的片状微粒;由齿轮节圆处的材料疲劳剥落形成的滚动与滑动联合磨损微粒,形状不规则,宽厚比在 $4:1$ 和 $10:1$ 之间,如果工况为过大载荷或过高速度时,凹凸不平、表面粗糙的擦伤会出现在齿轮上;当工况为过大载荷或过高速度时,摩擦面上不稳定的剪切混合层会形成严重滑动磨损微粒,微粒呈大颗粒剥落,有锐利直边,厚度不小于 $2~\mu m$,长度在 $20~\mu m$ 以上。因此,监测滑油中的微粒状态,对研究齿轮传动系统的磨损部位、磨损过程、磨损机制、磨损失效的类型有着重要作用。在不分解、不停机的情况下,监测滑油中的微粒状态也是对齿轮传动健康管理进行在线诊断的重要手段。

　　润滑油液分析技术可以分为两大类:一类是对油液中磨损微粒等不溶物质进行在线检测,也称磨屑检测技术,它是检测摩擦副本身工作状态的重要手段;另一类是对润滑油本身的物理化学性能进行分析。对润滑系统工作状态的监测可以通过监测润滑油物理化学性能及其变化来实现,可防止齿轮传动系统因润滑不良等原因所产生的故障。

　　2) 滑油金属颗粒物信号检测方法

　　安装在直升机减速器回油路上的滑油金属颗粒物检测传感器如图 11.3 所示,作为油液流动通道的部分,当一个金属颗粒通过传感器时,将会引起扰动,并产生一个独特的类正弦信号。该信号振幅正比于铁磁粒子的质量或非铁磁粒子的表面积,铁磁粒子信号的相位和非铁磁粒子信号的相位正好相反。基于该性质,可以明显区分两种材料的粒子信号。滑油金属颗粒监测传感器输出是调制的正弦信号,包含模拟电路、数据采集器和其他环境因子引起的随机噪声,常常表现出低值、零均值和宽频的特性。

图 11.3　滑油金属颗粒物检测传感器

　　除此之外,还可采用静电式传感器、光谱分析法等对滑油成分进行检测,定时进行滑油光谱分析,了解滑油中各元素的变化趋势,也是监测减速器零件工作状态的重要手段,在传动系统中广为应用。

　　3) 滑油信号状态监测的特点

　　通过检测滑油油液中的金属颗粒物,能有效地在线监测直升机减速器部件磨损状态,此方法的不足之处主要是检测信号容易受到噪声的干扰。

　　4. 温度信号

　　滑油温度是反映减速器齿轮、轴承工作状态的最基本参数之一,滑油温度的变化和分布情况可以反映齿轮、轴承及润滑系统等的工作状况,如摩擦、碰撞、胶合故障及滑油的泄漏等都与滑油温度有关。在实际直升机减速器状态监测中,可以把多种状态监测信号融合,以提高故障诊断性能。

11.1.4　振动信号预处理与故障特征提取

1. 振动信号预处理

　　直升机减速器状态监测振动信号中有较强的背景噪声与干扰成分,这些噪声不是平稳白噪声,常常包含许多尖峰和突变成分,必须降低噪声分量以有利于后续故障诊断。针对不同性质的信号和干扰寻找最佳的处理方法来降低噪声一直是信号处理领域研究的重要问题。

振动信号降噪处理就是突出信号中的有用成分,降低干扰成分与噪声,提高信噪比。通常要用滤波方法去除或减少噪声,滤波的实质是去除或抑制某些频率范围内的信号成分[4]。一般来说,信号中有用成分$s(t)$与噪声成分$n(t)$大体上有三种关系:相加关系或加性噪声、相乘关系或乘性噪声、卷积关系或卷积噪声。对相加关系可以用线性滤波的方法解决,相乘关系、卷积关系需经由非线性映射转换,用同态滤波方法,将相乘关系和卷积关系转化为相加关系再进行滤波。针对三种噪声形式,常用的信号降噪方法主要有① 窄带滤波;② 相关滤波;③ 周期时间平均;④ 同态滤波。

传统的振动信号降噪方法是利用信号的周期性或信号与噪声的频谱不同来分离信号和噪声的,而没有涉及系统的动力学特性。然而,直升机减速器发生故障时,由于振动信号的幅值时变、频率时变、噪声突变性的特点,振动信号频谱和噪声频谱互相重叠。针对这种非线性、非平稳的信号,如果利用上述信号降噪方法,难以取得很好的降噪效果。因此,必须结合直升机减速器的动力学特性与噪声的特点,寻求有效的振动信号降噪方法。

传统的信号降噪方法一般假定信号是平稳的,常常利用基于傅里叶分析的线性滤波方法来达到降低信号中噪声的目的。对于非平稳过程振动信号,需要采用更加有效的信号分析方法[5]。

振动信号预处理包括信号降噪与增强监测、振动信号分解与重构。信号降噪与增强监测,是指在强噪声背景下,应用信号处理技术提高振动信号的信噪比,分离出部件的常规振动信号或突出故障特征信号的过程[6]。通常,该过程并不能直接得到故障特征,但与其他后续特征提取技术相结合后可大幅提高其有效性,因此可被认为是特征提取技术的先行环节;振动信号分解与重构,是指从振动信号组成出发,应用信号处理技术分离出感兴趣的故障信号成分,或者对信号按照一定的逼近方式进行重构,以用于后续的特征参数提取或频谱分析。

典型的振动信号降噪与分解重构方法主要包括① 经验模态分解法;② 小波及小波包变换法;③ 时域同步平均法;④ 奇异值分解法;⑤ 数学形态学滤波法;⑥ 最小熵卷积法。

2. 故障特征提取

在减速器振动信号降噪、分解以后,进行故障特征提取。当减速器出现故障时,其振动信号会在时域、频域以及时频域中有不同程度的表现。如何将原始信号中的故障信息提取出来进行故障表征,是实现减速器健康评估与故障诊断的前提。

下面介绍常用的基于信号分析的故障特征提取方法。

1)基于时域信息的特征提取

由于信号幅值会随着时间t的变化而变化,例如随时间t呈周期性变化,振动信号的时域信息也常称为"幅域信息"。相比于其他域的信息,时域信息具有直观、易于理解、包含信息丰富等特点,是进行旋转机械设备故障诊断的原始依据。时域特征是机械设备最基本的特征参数,时域分析方法也是一种传统的分析方法。时域信号分析方法通常包含时域信号的统计分析、时域信号的相关分析两个方面。

振动信号的时域统计分析是指通过信号的幅值谱,对信号的时域指标(或时域特征参数)进行估计或者计算[4]。常用的时域指标有:最大值、最小值、绝对平均值、峰峰值、方差、标准差、偏态、峭度、均方根、波峰因子、余隙因子、脉冲因子、波形因子、均方根差、能量比、能量算子、信号过零率、信号复杂度等有量纲量;以及波形指标、峰值指标、脉冲指标、裕度指标、峭度指标等无量纲量。

相关分析法是振动信号时域分析的一类常用方法。时域信号相关分析反映了两个信号变量之间的相互依赖关系,也能用来反映两个信号或者同一个信号在经过一定的时移前后的关系。时域信号相关分析包括自相关分析和互相关分析。

对于原始振动信号,经过时域同步平均(time synchronization averaging, TSA)降噪的振动信号,对 TSA 降噪的信号进一步剔除轴转频、齿轮啮合频率及其谐波而得到的残余信号,在残余信号基础上进一步剔除轴转频的边频所得到的差分信号,对于 TSA 降噪信号经过带通滤波以滤除啮合频率所得到的带通啮合(band-passing mesh, BPM)信号,都可提取各种时域特征参数。相对于其他类型的特征参数而言,时域特征参数更易获取,且某些特征参数对于一些特定的故障模式很敏感,例如,信号峭度对轮齿断裂、局部裂纹、齿根弯曲等故障比较敏感,因此时域特征参数广泛地应用于机械传动系统故障诊断中。

2) 基于频域信息的特征提取

频谱分析是将时域信号或者角域信号通过傅里叶算法变换为频域信号,生成频谱分析图,从而得到信号的频率幅值信息、阶次信息以及能量信息。基于傅里叶变换的频谱分析是早期传动系统部件状态监测中应用广泛的信号分析、特征提取方法。

频域信号幅值信息特征参数包括平均频率(mean frequency, MF)、频率中心(frequency center, FC)、频率均方根(root mean square of frenquency, RMSF)、频率标准差(frequency standard deviation, FSD)、频率方差(variance of frequency, VF)、第一边频带幅值和边频带指数、边频带等级因子。

频域信号阶次信息特征参数包括:非线性拟合阶次谱波形指数、非线性拟合阶次谱重心指数。阶次分析的目的是把复杂的角域振动信号波形,经傅里叶变换分解为若干单一的谐波分量,以获得信号中与转速有关的阶次结构、各谐波幅值和相位信息。

频域信号能量信息的特征参数包括非线性拟合阶次卡尔曼谱功率带、非线性拟合阶次边际谱一阶功率带、非线性拟合阶次功率带。

如果减速器振动信号中包含故障信息,其能量会有明显的变化,具体表现为能量数值的波动。通过监测能量信息的特征参数的变化情况,可以初步判定设备是否存在故障。

除了以上振动信号的频域特征参数之外,经常用到的还有功率谱分析、倒频谱分析、包络谱分析、奇异谱分析、峭度谱分析、熵谱(现代谱)分析、高阶谱分析、全息谱分析等。它们的数学基础都是傅里叶变换,反映了信号整体的频率成分及其分布情况,理论上只适用于平稳信号的分析。当故障信号比较突出或显著时,这些经典的频谱分析方法有较好的效果,但是对于强噪声背景下或者早期微弱条件下的故障检测,则显得力不从心。

另外,除了以上常见的图谱分析方法以外,还有基于非线性动力学理论的图谱分析方法,包括分岔图、Poincare 截面图、Duffing 振子相平面轨迹图、轴心轨迹图等,是分析旋转机械故障状态的有效手段。

3) 基于时频域信息的特征提取

傅里叶变换实现了从时域到频域的整体转换,但并未把时域和频域组合成一个域,即要么得到时域的信号表征,要么得到频域的信号表征,信号的时间信息在频域中无法得到。将时域和频域合为一体处理非平稳信号即为时频域分析法。对传动系统进行故障特征提取的时频分析的主要特点在于时间和频率的局部化,通过时间轴和频率轴两个坐标组成的相平面,还原信号在局部时域内的频率组成,或看整体信号中各个频带在局部时间上的分布和排列情况。

典型的线性时频表示有短时傅里叶变换、小波变换和 Gabor 变换等。除了线性时频分析法外,还有二次型时频分析法。

其他的常用的振动信号时频分析方法还有 Wigner – Ville 分布、Cohen 类时频分布、经验模态分解(empirical mode decomposition,EMD)、局部均值分解(local mean decomposition,LMD)、变分模态分解(variational mode decomposition,VMD)、非线性调频分量分解、参数化时频分析、同步挤压变换等。

以上分析了振动信号在时域、频域以及时频域中的特征指标,在机械故障诊断中常用的振动信号特征参数如表 11.3 所示。

表 11.3　常用的振动信号特征参数[6]

指 标 符 号	指 标 含 义	指 标 符 号	指 标 含 义
$\overline{x}$	信号均值	R_{VF}	频率标准差
S	标准差	V_F	频率方差
X_{RMS}	均方根	W_{EE}	小波能量熵

续 表

指 标 符 号	指 标 含 义	指 标 符 号	指 标 含 义
X_{pp}	峰峰值	W_{SEK}	小波奇异熵
k	峭度	$W_{CFSE,j}$	小波尺度熵
W	波形指标	W_{VE}	小波方差熵
C	峰值指标	F_{C}	重心频率
K	峭度指标	R_{MSF}	频率均方根
L	裕度指标	M_{F}	平均频率

3. 故障特征优选

基于振动信号从时域、频域、时频域等方面提取反映减速器运行状态的故障特征指标,可以有效地辨识减速器健康状态。然而随着特征维数的增加,故障特征会呈现多元性,即特征集中出现冗余和无关特征。如何从原始信号的时域特征、频域特征、时频域特征等众多特征参数中,选取最优的参数组合,这就是特征优选的问题。特征优选的目的即为降低特征维数,减少后续故障诊断中分类器的计算复杂度和提高分类结果准确率。特征数目在达到最优的特征数后,如果继续增加特征的维数会使得分类的性能持续降低,可见特征维数的选择至关重要。特征优选方法通常分为特征变换和特征选择两大类。

1) 特征变换

基于特征变换的特征降维方法可以分为线性变换方法和非线性变换方法两大类。线性降维的主要方法有主成分分析(principal component analysis,PCA)、独立成分分析(independent component analysis,ICA)、线性判别分析(linear discriminant analysis,LDA)等。非线性的降维方法又包含两大类,一类是基于流行学习的方法,该方法的主要思想是认为高维的空间的数据都能找到一个低维流行,通过研究低维流行内在的规律和性质,找到相应的嵌入映射,最后实现数据的降维,其主要方法包括:拉普拉斯映射、等距映射、局部保持映射、半正定嵌入等。另一类非线性变换方法是基于核的降维方法,该方法针对在当前空间具有非线性结构的数据不能直接进行分类,而将数据映射到更高维的空间,使得在更高维度的空间上数据结构呈现出可以线性分类的优点,主要方法有核主成分分析和有监督的核线性判别。

2) 特征选择

基于特征变换的特征优选方法存在(变换后)特征子集的物理意义不明确的问题。为了得到有物理意义的特征子集,便于利用该特征子集进行状态监测,可以使用特征选择方法。特征选择过程通常由候选子集生成、评估函数、终止条件和子集验证四个步骤组成。首先候选子集生成产生特征子集;然后评估函数评估候选子集的优劣性,保留当前评估值最高的候选子集;最后是子集验证,对特征选择的输出结果在某种条件下验证分类性能,而终止条件适用于避免无限循环状态。特征选择的基本方法有过滤式(filter)、封装式(wrapper)和嵌入式(embedded)三种。三种特征选择方法的模型特点及其算法比较参见表 11.4。

表 11.4　三种特征选择方法比较[6]

特征选择模型	模　型　特　点	算　　法
过滤式模型	效率高、速度快、与分类器独立,精度低	相关性度量、互信息度量等
封装式模型	与分类器相关联,精度高,效率低	时序选择算法、启发搜索算法等
嵌入式模型	同时具备过滤式模型的效率高和封装式模型精度高的特点	决策树算法:ID3、C4.5、CART 等

特征选择的目标是寻找最优特征子集,去除不相干特征,用较低特征维度表征高维数据固有特征,达到提高模型精度,提高学习算法的性能,减少算法计算运行时间的目的。

11.1.5　故障诊断方法

直升机传动系统具有结构复杂紧凑、组件繁多、工况瞬时多变以及使用环境恶劣等特点,导致直升机传动系统振动信号污染严重、成分复杂,具有强非平稳性和耦合调制特征等,并且复杂的故障模式影响、较少的故障样本,大大增加了直升机传动系统有效故障特征提取与早期微弱故障诊断(或早期预警)的难度。此外,直升机传动系统地面试验台与直升机空中飞行时的传动系统实际状态存在一定差异性,体现在地面试验台的支撑刚度往往不能模拟真实直升机(不少地面试验台是刚性支撑);地面试验台往往采用电机驱动、模拟负载等方式替代真实条件下主要振动源(发动机与旋翼系统),降低了振动复杂性与强度。因此,基于地面试验台的振动信号特征提取与故障诊断方法在实际直升机飞行条件下并不一定适应,而考虑到飞行安全性,实际飞行条件下的故障模拟样本数据往往很少,影响了故障诊断方法的适应性研究。

直升机传动系统故障诊断主要分三个步骤:第一步是通过传感器获取能够反映对象各零部件健康状态的信号;第二步是从采集到的状态监测数据提取有效的故障特征信息;第三步是结合故障诊断模型和提取的故障特征信息进行分析判断,

对故障部件判别其故障类型、损伤程度和故障位置。

1. 故障诊断方法分类

直升机传动系统故障诊断方法大致可以分为基于解析模型的方法和基于数据驱动的方法。

1）基于解析模型的方法

基于解析模型的方法即基于动力学建模的传动系统故障诊断方法，它是根据传动部件发生故障时的振动响应和故障产生机理，建立故障输出响应与系统模型参数之间的研究对象的动力学模型，从而实现故障诊断。这种方法可以增进对传动系统部件传动行为和不同故障模式下振动机理的理解，通过仿真也能获得故障样本数据。

由于直升机传动系统的复杂性和对故障机理的不完全清楚，难以建立准确的传动系统部件故障动力学模型；同时，动力学模型的建立过程中存在着许多条件假设和简化约束，无法全面考虑各种不确定因素的影响；另外，仿真信号与实际结果之间仍存在一定的差距，在一定程度上影响了故障诊断的效果。

2）基于数据驱动的方法

基于数据驱动的故障诊断方法利用信号分析算法、通用的数学模型，在无须知道传动系统减速器解析模型的前提下，通过对传动系统运行过程中获得的大量离线、在线正常数据和故障数据分析，建立故障特征参数与故障类型之间的关系模型，从而实现故障诊断。基于数据驱动的故障诊断方法可以进一步分为基于信号处理的故障诊断方法和基于通用数学模型的故障诊断方法。

（1）基于信号处理的故障诊断方法：利用传感器采集到的信号，通过信号滤波或信号分解的方法分离出所测信号中的故障成分和正常成分，或采用信号分析获得振动信号故障特征参数，通过正常、故障情况下的特征参数对比分析来实现传动系统故障诊断。

此方法直观实用，物理意义明确，但仍存在不足，具体表现在：需要消除信号噪声，时频域信息的高分辨率要求，故障频率的辨识与隔离，缺陷尺寸和影响的估计，变工作状态下的鲁棒性要求，非线性、非稳态信号的有效处理。可能出现仅仅保留局部特征而滤除系统整体故障信息的问题，影响故障诊断效果；由于传动系统振动信号谱成分复杂，仅单故障情况下的诊断效果比较好。

（2）基于通用数学模型的故障诊断方法：核心思想是结合信号处理技术所提取的故障特征，利用传动系统在各种故障模式下的数据样本训练已知的通用数学模型，进而实现故障诊断。由于神经网络具有处理复杂多模式及进行联想、推测和记忆的功能，常常用于传动系统故障诊断。

在传动系统故障诊断中，常用的通用数学模型有前馈人工神经网络（artificial neural network，ANN）、支持向量机（support vector mechanism，SVM）、极限学习机(extreme learning machine,ELM)等。近年来,深度学习发展迅速,深度神经网络(如自动编码器、卷积神经网络)有很强的特征提取和特征表达能力,可以实现原始状态信号、故障类型之间的复杂映射,自动提取振动信号故障特征。深度神经网络摆脱了对大量信号处理技术与诊断经验的依赖,同时面对大量实测数据时可以解决数据维度灾难和诊断能力不足的问题,也能够更好地表征监测信号与传动系统健康状态之间复杂的非线性关系。

2. 典型智能故障诊断模型

1)人工神经网络

基于人工神经网络(ANN)的智能故障诊断方法的基本原理是通过模拟人脑的组织结构和思维方式,把大量的神经元连成一个复杂的网络,利用已知样本对网络进行训练,构建一系列输入(样本特征)到输出(故障模式)的映射关系,进而实现对未知样本的准确分类[7]。该类方法具有较强的非线性拟合、自学习、自适应能力,同时拥有强大的容错性,因此在机械传动设备的故障诊断中应用非常普遍。目前多种类型的神经网络模型,如径向基函数(radial basis function,RBF)神经网络、自组织映射(self-organizing map,SOM)神经网络、多层感知器(multilayer perception,MLP)神经网络、反向传播(back propagation,BP)神经网络等,均在传动系统故障诊断中得到了广泛的应用并取得良好的效果。

2)支持向量机

支持向量机(SVM)是一种基于数学统计理论的机器学习算法。支持向量机是一个有监督的分类模型,其通过一个非线性映射矩阵,将低维样本映射到高维空间(希尔伯特空间)。在故障分类中,SVM 根据结构风险最小化原理构建一个分类超平面(hyperplane,H)隔离不同类别的数据,使得每一类数据之间的分类间隔最大化。

SVM 中核函数的选择及其参数设置至关重要,核函数可以将低维空间的非线性样本映射到高维特征空间,对最终的分类结果有着直接影响。其中线性核函数、多项式核函数和高斯径向基核函数是目前常用的几种核函数。SVM 最初是用来解决二分类问题的,而直升机减速器故障诊断问题属于多分类问题。所以需要对SVM 重新设计,用于多分类问题。目前,应用较多的有一对一支持向量机(one-against-one support vector machine,OAO-SVM)和一对多支持向量机(one-against-all support vector machine,OAA-SVM)等。SVM 可以很好地解决小样本、非线性数据下的机器学习等问题,并且具有较强的泛化能力。

3. 极限学习机

极限学习机(ELM)是一种快速有效的单隐层前馈神经网络。不同于传统 BP算法,ELM 在训练过程中不需要对网络的权重及偏置进行迭代调整,而是直接通过最小二乘法计算得到,这大大降低了 ELM 的训练时间,并降低了网络陷入过拟合现象的概率。

11.1.6　健康与使用监测系统

直升机状态监控和故障诊断系统的研究已有 40 多年历史,现在,这种系统已广泛用于各类先进的军用直升机和民用直升机。目前,国外还在不断研究新的状态监控和故障诊断系统,包括直升机机载实时诊断系统、智能状态监控和远程故障诊断系统。

直升机传动系统状态监控和故障诊断系统,对监控传动系统的工作状态、变化趋势和寿命消耗有重要作用;它是传动系统可靠性设计和管理的重要组成部分,也是传动系统维修从定期维修转变为视情维修的前提和基础。对于新设计的军用直升机,其传动系统状态监控和故障诊断系统集成于直升机的状态监控和故障诊断系统,是直升机中不可缺少的组成部分,并列入战术技术要求,其研制计划应和传动系统本体的研制计划并行。

1. 健康与使用监测系统的组成与功能

直升机状态监控和故障诊断系统,亦称直升机"健康与使用监测系统"(HUMS)。从设备组成来说,HUMS 主要由传感器、数据采集器、数据处理与分析软件、计算机、数据存储与检索软件和告警装置等单元组成。HUMS 的组成结构参见图 11.4。从功能划分来说,主要由机载采集系统(简称机载系统)和地面诊断系统(简称地面系统)组成。HUMS 的工作流程参见图 11.5。

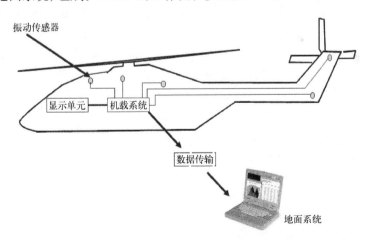

图 11.4　HUMS 的组成结构

机载系统则由机上传感器和机载数据采集处理单元组成。传感器及其安装位置,根据需要监测的部位和参数确定,机载数据采集处理单元负责采集及分析传感器的信号,并将数据存储供地面诊断。

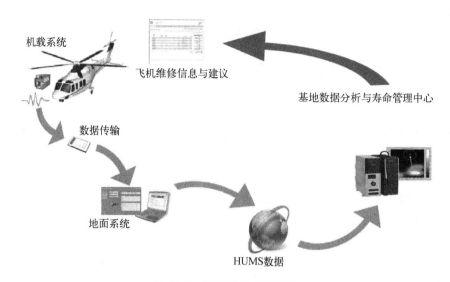

图 11.5　HUMS 的工作流程

地面系统由高性能计算机、数据处理与故障诊断分析软件、数据管理软件组成。地面系统可下载机载系统存储的原始数据文件,在地面进行显示回放,并且对这些数据进行进一步分析,诊断、评估直升机各部件的状态及进行故障预测。

传动系统监控有短期、中期和长期三种类型。短期监控是对一个起落或地面试车数据进行监测,当传动系统参数超限时及时向驾驶员告警;中期监控是对一段时间内传动系统参数状态变化进行监测;长期监控能给出性能衰退和寿命消耗情况,对监控系统进行自标定和自检,并将数据反馈给设计和制造部门。

HUMS 的监测对象主要包括直升机的三大动部件,即发动机、传动系统、旋翼系统,传动系统的状态监控和故障诊断,是 HUMS 的重要功能部分。传动系统状态监控和故障诊断系统的功能主要包括:

(1) 监控传动系统的使用,评定传动系统工作的完好状况;

(2) 监控传动系统状态的变化趋势,进行分析并做出预报;

(3) 探测和隔离故障并验证排故情况;

(4) 确定有限寿命零件的寿命消耗和剩余寿命;

(5) 提出维修建议和决策;

(6) 支持传动系统管理和后勤决策。

2. 健康与使用监测系统的研究和使用

三十多年前,国际直升机行业兴起了一种名为"健康与使用监测系统"(HUMS)的核心技术。在直升机中使用该技术,一是可以提前发现故障的征兆,提高直升机的可靠性、安全性;二是可以减少甚至取消零部件使用寿命的限制,实时监测传动部件的工作状态,充分发挥零部件寿命的潜能,达到减少寿命全周期成本的目的。

　　英国自 20 世纪 90 年代初期便开展与直升机 HUMS 有关的大量研究工作,以实现对旋翼、尾桨轨迹和平衡、发动机性能、减速器和传动副完好状态以及结构使用情况等参数的监控,并实现疲劳寿命跟踪和提供维修趋势信息。随后,第一代 HUMS 主要安装于英国北海油田的直升机上。

　　20 世纪 90 年代后期至今,美军成为 HUMS 发展规范化的主要驱动力。美国国防部高级预研局规划相关研究,为美国海军研制直升机 HUMS,以实现关键机械部件的在线监控、自动桨叶跟踪与平衡、使用寿命和材料寿命的计算等任务。此外,美国海军启动了 IMD(integrated mechanical diagnostics)-HUMS 项目,目的是研究先进的故障诊断技术并集成到通用 HUMS 平台,这些先进技术包括基于神经网络的传动系统故障诊断、虚拟传感器、智能监控等。美国海军航空系统司令部已在海军陆战队的 CH-53E“超级种马”和 MH-53E“海龙”直升机机群中使用 IMD-HUMS,在直升机飞行过程中实时收集直升机状态信息,一方面可以用于自诊断,另一方面可以在飞行结束时将数据传送给地面计算机进行分析,并据此确定维修计划。在伊拉克战争中,装备了 IMD-HUMS 的直升机具有良好的维修性和使用安全性,带来了巨大军事和经济效益。迄今,美军的各直升机机型几乎都要求安装 HUMS,安装了 HUMS 的美国陆军直升机的战备完好性提高了 10%。陆军已向装备 HUMS 的直升机颁发了适航证或维修许可证,并批准在全部 750 架“阿帕奇”直升机上安装 HUMS。美国国防部新一代 HUMS——JAHUMS 具有全面的设备健康管理能力和开放、灵活的系统结构。

　　随着高速微处理机技术、信号处理技术和系统集成技术的发展,HUMS 的处理能力越来越强,监测功能进一步得到完善。例如,为了适应不同吨位直升机使用要求,系统功能可按需求扩展或剪裁,易于系统维护,同时进一步将功能从监测扩展到具有管理能力,英国 Smiths Industries 公司与 Bristow 公司共同开发了模块化的 HUMS,即 MHUMS。这样,用户可以根据需要配置功能模块,其成本也显著降低,MHUMS 在 SA-365“海豚”、NH90 和 EH101 直升机上得到了广泛应用。

　　3. 状态监控与故障诊断技术的未来发展趋势

　　正如上面所说,国外新研制的军、民用直升机及其传动系统都装备了完整的 HUMS,可用于传动系统的状态监控和故障诊断,但这种系统的发展是一个不断改进和完善的过程。现在,国外仍在继续研究新的状态监控和故障诊断系统,并有以下重要方向。

　　1) 机载实时诊断系统

　　目前使用中的直升机传动系统的状态监控和故障诊断系统的不足之处在于:在飞行过程中只对振动数据进行简易诊断,飞行中记录的数据要等到飞行结束后在地面进行故障精密诊断处理,实时性比较差;诊断方法自动化程度较差,主要靠有经验的技术人员完成,误诊率较高;传动系统与滑油系统、控制系统的诊断综合不够。

针对上述问题,今后的趋势是开发机械结构和直升机的故障诊断与寿命管理结合在一起并与控制系统综合的机载实时诊断系统。发展这样的系统要解决的技术关键有:

(1)提高测量数据的有效性,可利用人工神经网络和模糊逻辑解决这个问题;

(2)提高监控和诊断的实时性;

(3)提高综合性,一方面是状态监控和机械故障诊断的综合,另一方面是传动系统监控与直升机、发动机监控的综合;

(4)实施寿命监控,按传动系统的实际使用情况和工作条件计算寿命消耗;

(5)实施滑油系统的实时监控。

2)智能状态监控

这是为军用直升机传动系统研究和发展的状态监控与故障诊断系统。美国空军在若干年以前就开始研究和发展智能直升机传动系统状态监控,在其后续的计划中,智能直升机传动系统是核心。智能传动系统的特点是可以全面了解传动系统的工作状态,通过传动系统状态监控和故障诊断,能够进行自动故障诊断和维修预报,从而提高传动系统的可用性和经济承受性。

对传动系统而言,直升机传动系统状态监控和故障诊断系统首先用传感器提供传动系统工作状态下的各种参数数据。这些数据用于传动系统状态监控。传动系统的监控功能,综合维修历史情况,为使用和维修人员提供关于传动系统状态的信息。信息综合对先进传动系统状态监测是关键。采用信息综合技术后,每架直升机传动系统就是一个网站,传动系统一旦发生问题,就能够及时发现,采用裕度技术实时做出正确的决策,并通过网络通知有关的使用和维修部门。

直升机传动系统状态监控和故障诊断系统可进一步扩展到"先导机队管理"。在美国空军,有不同的机构各自管理和维修直升机机队,它们有各自的规章制度、日程安排和经费预算。这些机构之间的沟通是复杂的,而且是多变的,许多使用部门感觉到这种互不通气的"条条"式组织结构的存在,如果能通过一个横向通信网络将这些"条条"沟通,使用部门就能以最低的成本使用直升机传动系统。对此,通信和数据的传递和处理速度是十分重要的。未来的通信网络必须将保障机构统一起来,为部队司令部提供手段,从而选择恰当的方法完成任务。

据报道,美国研制的新一代直升机传动系统监控系统非常完善。此系统和发动机健康监测系统能够提供自动后勤保障,自动提供备件,通知维修人员。

3)远程故障诊断系统

直升机的使用遍布世界各地,每个直升机公司在各个机场都设立完善的技术支持体系是不经济也是不现实的,这就需要各直升机公司之间和直升机公司与科研机构之间实现技术手段和技术人员的共享。具体地说,存在这样一些需求:现场采集的结果需要作进一步的分析;各直升机公司需要互相借助技术资源;需要借助专家的经验;需要得到直升机传动系统或有关零部件制造商的技术支持。

解决上述问题的一个有效途径是利用网络技术实现远程故障诊断,而 Internet 技术和传动系统诊断技术的发展为传动系统实现远程故障诊断提供了良好的发展机遇。传动系统故障诊断技术的发展趋势是从传统的单机现场诊断方式向分布的远程方式发展,而远程方式也逐渐从第一代的专用网络和专线连接向第二代的基于因特网的方式发展。采用远程诊断带来的好处是信息集中、资源共享、效益提高,而基于因特网的远程故障诊断更具有良好的性能价格比、开放性好和有利于技术发展的特点[8]。

远程诊断系统的建立需要解决以下技术关键:建立远程故障诊断的体系结构;诊断设备的网络化;基于 Web 数据库的远程故障专家系统;创造协同诊断工作环境。

11.2　寿　命　管　理

11.2.1　翻修间隔期和寿命指标定义

传动系统翻修间隔期指标一般包括首次翻修期限和翻修间隔期,寿命指标包括零部件寿命和零部件使用期限[9-11]。

各项指标的定义如下:

1. 首次翻修期限(TTFO)

在规定条件下,产品从开始使用到首次翻修的工作时间或日历持续时间。部件到达首翻期规定的期限之前,必须从直升机上拆下返厂翻修。

2. 翻修间隔期(TBO)

在规定条件下,部件两次相继翻修之间的工作时间或日历持续时间。部件到达翻修间隔期规定的期限之前,必须从直升机上拆下返厂翻修。

3. 零部件寿命

在规定条件下,零部件从开始使用到规定报废的工作时间或日历持续时间。

4. 零部件使用期限

在规定条件下,不可修复零部件从开始使用到规定报废的工作时间或日历持续时间。零部件到达使用期限规定的时间之前,必须从直升机上拆下报废。

此外,还有日历寿命、储存期等寿命指标,因其管理相对简单,这里不作详细说明。

11.2.2 寿命和翻修间隔期管理的一般要求

传动系统寿命管理的一般要求主要有以下四点[12,13]：

（1）新研机种在型号研制开始前，根据订购方要求，在型号规范中规定寿命指标的要求值，研制单位根据上述要求值进行设计。研制单位与直升机总体设计部门协调确定传动系统设计载荷和载荷谱，对传动系统零部件进行详细强度计算和疲劳分析，初步确定传动系统部件的使用期限。

（2）在设计定型阶段，产品承研部门给出寿命潜力和初始寿命。通过飞行载荷测量和数据处理，编制实测载荷谱，完成全尺寸结构疲劳试验，确定结构的疲劳特性；并通过疲劳评定，确定结构件在实测载荷谱下的寿命。对于翻修间隔期，目前我国的做法是，以齿轮和轴承的接触疲劳强度为基础，按均立方根功率等效原则，进行翻修间隔期验证试验（台架等效加速持久试验），给出减速器的翻修间隔期（在设计定型时根据实测载荷谱/功率谱确定）。

（3）减速器整机的翻修间隔期需由承制方根据内场有关试验，订购方提供的使用信息进行综合分析后逐步给出和延长。随着使用数据的积累，翻修间隔期逐步延长。此后随着使用数据的积累和技术的进步，翻修间隔期还将逐步延长。维护大纲和修理手册将及时更新落实最新的控制要求。采用载荷实时监控系统后，传动系统使用期限和翻修间隔期可能会远高于设计定型时的寿命。

（4）给出首次翻修期限的产品，若首次翻修期限与翻修间隔期限不一致，则承制/承修部门应发出"服务通报"随产品一并提供使用部门，并在产品履历本上注明，以便后续对该件进行寿命控制。大部分情况下，首次翻修期限和翻修间隔期是一致的。

11.2.3 结构件寿命潜力和初始寿命的确定

在原型机研制阶段，研制单位与直升机总体设计部门协调确定传动系统设计载荷和载荷谱，对传动系统零部件进行强度计算和疲劳分析，初步分析确定传动系统部件的可能使用期限。

在设计定型阶段，应通过飞行载荷测量和数据处理，编制实测载荷谱。对于通过疲劳评估的原型机产品，完成全尺寸结构疲劳试验，确定结构的疲劳特性[14]；并通过疲劳评定，确定结构在实测载荷谱下的使用寿命。对于通过疲劳评定的原型机重大产品，应进行设计定型和工艺定型。结构件寿命的确定流程见图 11.6。

11.2.4 翻修间隔期的确定

目前，直升机传动系统仍主要采用定期翻修的方式，传动系统翻修间隔期的确

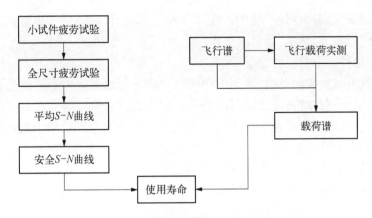

图 11.6 结构件寿命的确定流程

定依据和流程如下。

按均立方根功率等效原则,通过台架加速等效试验验证减速器潜在的翻修间隔期。

通过对研制阶段的传动系统(包括铁鸟和原型机上的传动系统)的分解检查以确定实际的初始翻修间隔期。初始的翻修间隔期是基于以下几个方面的有用信息作出的全面评估:

(1)在当时已验证的潜在的翻修间隔期;

(2)全部台架试验的经验;

(3)全部铁鸟发展试验的经验;

(4)在铁鸟上进行的正式的、耐久性验证试验结果;

(5)全部飞行试验的经验。

初始翻修间隔期低于潜在的翻修间隔期,同时作为一个完整的信息,传动系统的检查和维护计划应该与初始翻修间隔期同时提出。

台架加速等效试验程序、潜在翻修间隔期和初始翻修间隔期的确定应遵循适航规范或相关的军用标准。

11.2.5 寿命与翻修间隔期管理

设计载荷谱、实测载荷谱、外场实际使用情况的差别,甚至外场同一批次直升机在不同地区、不同使用环境下完成不同的飞行任务的差别以及不同飞行员的操作习惯不同,都会导致传动系统零部件的实际寿命长短不一,对翻修间隔期的影响也不尽相同,给科学的寿命管理带来难度。目前,使用阶段的寿命管理分为两类,一类是无载荷实时监控的寿命管理,另一类是有载荷实时监控的寿命管理。

1. 无载荷实时监控的寿命管理

设计定型阶段确定的结构件在实测载荷谱下的寿命及各减速器的翻修间隔期

均明确在维护大纲和修理手册中。在产品投入使用后,应按照维护大纲和修理手册的要求进行检查、维护、修理或更换。

1) 结构件使用期限的管理

虽然没有载荷实时监控,承制方和用户应尽可能地掌握传动系统的状态和实际使用情况。一般来讲,设计定型时的任务谱及实测载荷已经反映了使用方法和实际载荷,除非有以下几种情况,一般不改变维护大纲和修理手册中的结构件使用期限:① 设计更改(含尺寸和材料的改变);② 生产厂家及其工艺的改变;③ 飞机使用方法及环境发生改变;④ 延长使用寿命等。

2) 翻修间隔期(TBO)的管理。

首批直升机交付用户使用时,给出减速器初始翻修间隔期。应按照一定程序,逐步延长返厂检查时间,例如,可以分解检查一定数目(如 3 台)的到达初始返厂检查时间的减速器,如检查结果符合要求,可对翻修间隔期延长一次,给出新的返厂检查时间。然后,检查一定数目(如 2 台)的到达新的返厂检查时间的减速器,如符合要求,可以对该返厂检查时间予以确认;再分解检查一定数目(如 1 台)已使用到超过新的返厂检查时间一定时数的减速器,如检查结果符合要求,可再延长一次;依此类推,直至达到试验验证的翻修间隔期。

2. 有载荷实时监控的寿命管理

随着寿命管理技术的发展和 HUMS 的使用,开始在先进直升机上进行实时载荷监控[15],以便在每架飞机上实现逐个架次地计算疲劳损伤和评估剩余寿命,进而做到一机一寿命的管理。

但需要说明的是,目前这种载荷实时监控的寿命管理方式即使在最先进的直升机厂家寿命管理中,还只是一种参考,仍然需按使用维护大纲和修理手册的要求进行检查、维护、修理或更换,按确定的翻修间隔期对减速器进行翻修。

对于传动系统的寿命管理,HUMS 的主要功能是:① 监测传动系统的真实使用,包括任务剖面、飞行状态、飞行载荷及其历程等;② 计算有寿件的剩余寿命。

根据传动系统寿命管理的需要,HUMS 记录的数据包括(但不限于)以下参数:旋翼启动到停止的时间;发动机启动到停止的时间;轮载时间(轮子离地时间);姿态(俯仰、侧倾、偏航角及角加速度);飞行速度;加速度;旋翼转速、飞行高度、三向过载(航向、侧向、法向)、操纵杆量(主旋翼总矩、主旋翼周期变矩、尾桨总矩)、传动系统的载荷数据等。

采用 HUMS 进行寿命管理时,系统分析机上采集和由客户返回来的所有数据,比较定型阶段定寿用载荷谱和实际使用工况的差别。对每个疲劳关键件在各个状态下的损伤进行计算,逐个架次地计算疲劳损伤和评估剩余寿命。在此基础上,评估有寿件增加寿命的可能性,并在维护大纲和修理手册中修改和延长使用寿命,最后确保每架机的传动系统有自己单独的使用寿命。

有载荷实时监控的寿命管理程序见图11.7。

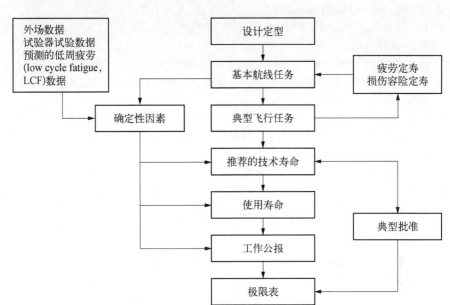

图 11.7 有载荷实时监控的寿命管理程序

利用"有载荷实时监控的寿命管理"(如 HUMS),能更好地实时了解直升机的使用情况,一方面可能大幅提高寿命,同时还能保持并改善飞行安全性。没有载荷实时监控的寿命管理一般是比较保守的。而由 HUMS 获得的数据,将及时准确地提供有关的关键部件的使用信息,从而有可能更有效地使用整机和零部件的剩余寿命。这样,不仅可以基于成本改善管理决策,而且还将通过防止关键部件产生故障来改善飞行安全性。所形成的全机群的数据库,有助于对飞行剖面的分析,可以给设计、制造部门提供重要的数据反馈,是部件改进的重要依据。同等重要的是,使用 HUMS 还能为传动系统的报修决定提供依据。利用由零件跟踪系统处理过的数据,可以更有效地保证传动系统及其零件的调度和计划,从而改善相关的管理决策。总之,有载荷实时监控的寿命管理对于减少全寿命周期费用等有显著效果。法国官方机构曾在"美洲豹"上进行了载荷实时监控的寿命管理工作,使主桨叶的寿命提高一倍,主要操纵零件的寿命提高了两倍,获得了明显的经济效益。

采用 HUMS 可以实时全程测量减速器的工作温度,可以实时全程监测金属屑末及金属碎片,进而可以根据传动系统实际工作情况来决定是否进行返厂维修。如果传递功率小,工作温度低,轴承和齿轮磨损少,就可以延长翻修间隔期,不用定期返厂维修,最终达到无定期翻修。这样一方面可以提高直升机的安全性和可靠性,另一方面可以节省维修费用和时间。

参考文献

[1]   杨国安. 旋转机械故障诊断实用技术[M]. 北京：中国石化出版社, 2012.

[2]   Donald E. Bently, Charles T. Hatch. 旋转机械诊断技术[M]. 姚红良, 译. 北京：机械工业出版社, 2014.

[3]   何正嘉. 机械故障诊断理论及应用[M]. 北京：高等教育出版社, 2010.

[4]   褚福磊, 彭志科, 冯志鹏, 等. 机械故障诊断中的现代信号处理方法[M]. 北京：科学出版社, 2009.

[5]   任国全, 康海英, 吴定海, 等. 旋转机械非平稳故障诊断[M]. 北京：科学出版社, 2018.

[6]   吴昭同, 杨世锡, 等. 旋转机械故障特征提取与模式分类新方法[M]. 北京：科学出版社, 2012.

[7]   陈志强, 陈旭东, 李川, 等. 齿轮故障智能诊断技术[M]. 北京：科学出版社, 2018.

[8]   刘晓波. 旋转机械故障诊断若干关键技术研究及应用[M]. 北京：机械工业出版社, 2012.

[9]   穆志韬, 曾本银. 直升机结构疲劳[M]. 北京：国防工业出版社, 2009.

[10]   康丽霞, 曹义华, 宁向荣. 直升机传动系统疲劳定寿技术研究[J]. 航空动力学报, 2011, 26(6)：1431 - 1435.

[11]   宁向荣, 陈伟, 蔡显新, 等. 直升机传动系统四参数疲劳定寿方法研究[J]. 航空动力学报, 2012, 27(8)：1746 - 1751.

[12]   直升机强度规范编写办公室. 直升机疲劳设计指南[Z], 1987.

[13]   飞机设计手册总编委会. 飞机设计手册(第19册, 直升机设计)[M]. 北京：航空工业出版社, 2005.

[14]   高镇同. 疲劳性能试验设计和数据处理[M]. 北京：北京航空航天大学出版社, 1999.

[15]   中国直升机设计研究所. 直升机载荷手册[M]. 北京：航空工业出版社, 1996.

第12章
直升机传动系统技术发展与展望

自直升机问世以来,军事和民用上的广泛应用及迫切需求推动了直升机传动系统技术的迅猛发展。特别是近30多年来,随着世界军事变革、经济全球化、信息技术、新型材料技术等的快速发展,人们对直升机传动系统的认识和了解不断深入,围绕用户高度关注的直升机传动系统的可靠性、耐久性、经济性、可维修性、舒适性,直升机传动系统新技术、新概念、新理论层出不穷,直升机传动系统技术得到了快速发展,促使直升机及传动系统不断更新换代,传动系统的使用性能日臻完善。

12.1 传动系统技术发展途径

直升机传动系统的换代发展需要长时间的技术积累和持续的资金投入,各国传动系统技术的发展途径各不相同,与其技术积累程度和综合国力高低密切相关,但都可以归纳为技术改进、基础研究、预先研究、合作研究等方式。

1. 新型号的研制与现有型号的技术改进

型号的需求是传动系统技术发展的牵引。为满足直升机的需求,提高市场竞争力,各公司在其新研和在制产品中都应用和开发了新的设计、制造和试验技术。传动系统中许多新技术的采用和现有技术的发展是伴随着型号的研制与改型完成的。例如,西科斯基公司的位于主减速器下方的行星传动构型就是在 S61、S64、S65、S70C(UH-1A)等一系列型号的研制过程中发展和完善的;分扭传动构型的发展与米-26直升机传动系统的研制密切相关,分扭传动的弹性件均载技术则在韦斯特兰公司的"山猫"直升机传动系统上得到了验证;动静轴构型是在休斯飞机公司 AH-64"阿帕奇"直升机传动系统的研制过程中发展起来的;大直径薄壁管两轴段超临界尾水平轴是在阿古斯特公司 A129 直升机传动系统的研制中完善的。

2. 基础研究

早在20世纪40年代前后,美国就开始了直升机传动系统的基础研究工作,经过长时间的技术累积,其相关技术已在全球范围内处于领先地位。例如,美国

NASA 的格伦(Glenn)研究中心对直升机传动系统部件的研究已经开展了 40 年以上,设计研发了先进的齿轮、轴等传动部件,近年来还研究了新型面齿轮,为其开展先进直升机传动系统的研制打下了坚实的基础。直升机传动系统的基础研究涉及轴、齿轮、轴承、离合器、机匣等各类典型零部件,包括材料、工艺、布局、试验验证等各方面的技术,其传动润滑技术、复合材料应用、轴承、离合器等基础研究对直升机传动系统的发展有很重要的影响,为直升机传动系统的创新设计提供了技术支持和研究思路。

3. 预先研究

直升机传动系统的换代发展需要持久的技术积累以及很多新技术的融合。在没有确定直升机传动系统的最终设计方案时,应对未来可能采用的传动系统方案及其关键技术项目进行预先研究,比较其优缺点,为最终确定传动系统设计提供理论依据,既可以节省研究时间,还可以节省研究成本。

美国把传动系统放在直升机研制过程中的一个非常重要的地位,所以长期以来在直升机传动技术预研方面投入巨大,开发了一系列先进的直升机传动系统技术。这些技术的累积,离不开传动系统研究计划的制定,如 ART、RDS-21 计划等。从直升机传动系统预研到传动系统的生产制造、测试评估,再到装备型号直升机,是一个完整的周期。不少第三代直升机传动系统都经历了预先研究,美国提出的 ART 计划又对这些传动系统预研内容进行了有针对性的深入研究。

4. 合作研究

直升机的研制是一个高风险的项目,为化解风险,同时也为了占领市场,国外公司历来采取合作开发的方式。直升机传动系统涉及多学科领域,单独一个公司、机构很难承担重大新技术的开发,加强国内外相关单位的合作,既可以降低研究的风险,还可以加快研究进度。美国直升机传动系统项目的开展一般是由军方牵头,通过招标的形式来让多家直升机研究机构承担科研任务,结合国内的科研力量,攻克技术难题,分摊研究风险。例如,面齿轮、无轴承自校准传动系统、牵引力传动等新技术的研究都是由多家公司、机构共同研究的。EH101 直升机传动系统的设计是由意大利阿古斯特公司和英国韦斯特兰公司合作研究。在未来直升机传动系统的研究设计中,合作会更加重要。

12.2 传动系统技术发展趋势

随着科学技术的不断发展,直升机技术的发展出现了一些新的变化和趋势,目前旋翼机领域呈现以单旋翼带尾桨直升机为主、各类旋翼并存的局面。近年来,倾转旋翼机、复合旋翼高速直升机等新构型直升机受到了高度关注。根据国外在直升机传动系统新技术方面的研究和应用情况,后续传动系统技术发展趋势主要有以下方面。

（1）数字化综合设计/制造/试验一体化技术全面推广应用。长期以来,军用直升机作战效能高、研制成本低、研制周期短,民用直升机安全、可靠、经济、舒适、环保、适用是人们一直追求的目标,如何将直升机传动技术与当前快速发展的信息技术有机结合起来,研制有市场竞争力的军民用直升机传动系统已成为各国的选择。特别是信息化技术、互联网技术、数值分析技术、数控技术等的迅猛发展和国际合作的深入,推动了数字化技术在型号设计、试验、制造、管理等各方面的应用,使设计/制造/试验一体化成为可能。通过建立工程化的直升机传动系统电子样机,实现以模拟量协调向数字量协调的转变,实现设计制造试验信息的无缝集成,可大大提高型号研制效率。例如,V-22"鱼鹰"、S-92、AH-64D"阿帕奇"和NH90 等军民用直升机传动系统都不同程度地采用了设计/制造/试验一体化技术,取得了巨大的效益。今后,数字化综合设计/制造/试验技术要取得更大的进展,还有赖于直升机传动系统综合优化设计、仿真等技术的发展[1]。

（2）传动构型多样化发展,分扭传动在大、重型直升机传动系统中将得到进一步应用。通过改变传动构型来减轻减速器重量并提高可靠性和使用寿命是一条可行之路。在过去的几十年中,在学者及工程师们的不断追求下,传统行星传动主减速器构型得到进一步发展。与此同时,各种各样的高传动比主减速器布局形式一直在研究和发展中,如自由行星传动构型和分扭传动构型,其中,分扭传动构型得到了较好的发展和应用。分扭传动是指将发动机输出扭矩经主减速器输入齿轮传入后一分为二或更多,经一级或两级从动齿轮均载后合并输出。研究结果表明,在一定条件下,分扭传动机构比行星传动机构的重量轻、可靠性高,尤其对于大型直升机,分扭传动的优点能得到更好的体现,它将是今后大有发展前途的传动构型。

分扭传动布局形式的另一种发展趋势是面齿轮的应用。面齿轮传动具有承载能力高、支撑结构简单和对安装误差的敏感性低等特点。利用面齿轮分扭结构替代传统的锥齿轮传动和圆柱齿轮分扭结构,可以简化主减速器结构,减轻重量。面齿轮分扭构型已成功应用于美国 2009 年首飞的"阿帕奇"直升机改进型上。

采用动静轴技术,可分解旋翼轴载荷,有利于零部件设计、减轻重量和提高可靠性。

此外,各类旋翼机呈现多样化发展的局面,如高飞行速度的倾转旋翼直升机、具有良好机动性的共轴式等多旋翼直升机的发展,促使传动系统构型、技术产生新的发展。

（3）先进传动部件技术仍是提高传动性能的主要手段。美国于 1988 年提出的 ART 计划的目标之一是进一步减轻传动系统重量,与代表当时技术水平的传统系统相比,其重量降低 25%。为保证高的工作效率,大直径、低转速(转速在 160～350 r/min)设计是主旋翼的一个发展趋势,因此需要进一步提高主减速器的传动比。这样,对主减速器提出了适应发动机高转速输出、主旋翼大扭矩的大传动比(超过 100∶1)能力的要求。ART 计划的目标之二是进一步提高可靠性,要求减速器的平均更换间隔时间(MTBR)增至 5 000 h。预计随着监控手段的进一步完善和寿命的提高,今后将有较多传动系统采用状态监控(而不是定期翻修)的维护方式,对仍采用定期翻修的,翻修间隔期将进一步延长,如 4 000~5 000 h。ART 计划的目标之三是进一步降低源自传动系统的噪声水平,预计减振降噪设计技术将逐步发展。ART 计划的目标之四是进一步提高生存力,预计主减速器干运转时间将达 45 min 以上,中尾减速器的干运转能力将达 1~3 h。

在传动系统部件技术中,齿轮、轴承、传动轴、离合器等主要部件是极为重要的。长期以来,传动系统设计师把主要传动部件的改进和创新作为主要目标。从近年的发展情况看,先进的部件技术主要包括高重合度齿轮、面齿轮、陶瓷轴承、高速圆锥滚子轴承、耐高温轴承、高速弹簧离合器、动静轴传动、一体化设计的齿轮/轴/轴承、一体化尾桨轴/尾桨毂及超临界尾传动轴等。这些先进部件的应用,进一步提高了传动系统的承载能力、寿命与可靠性,同时简化了结构,减轻了重量。

(4) 全寿命周期成本得到进一步控制。在提高可靠性、适用性的同时,第四、五代传动系统将进一步强调降低全寿命周期成本,包括研制、采购、维护使用的全过程,保证实现直升机的效能,如美军于 2001 年提出的 RDS - 21 计划的目标之一是将传动系统生产成本及维护使用成本各降低 20%。

(5) 高强度材料、复合材料及新工艺的应用。先进材料与工艺技术的发展对直升机传动系统技术发展起着至关重要的作用,突出表现于新一代高温轴承钢、第三代齿轮钢、新一代机匣合金材料及复合材料传动轴、复合材料机匣的研发与应用,减轻了结构重量,提高了生存力。深氮化技术、纳米技术(表面改性技术)等新技术也应用于传动系统中,提高了寿命,降低了维护费用。另外,3D 打印技术也将会在直升机传动系统研制中得到应用。

(6) 状态与故障诊断技术的发展,将进一步降低使用维护成本,提高安全性。一直以来,世界上各国都在全力研究直升机的状态监测和故障诊断系统(HUMS),以期改善直升机的技术保障和维修困难的境况;采用实时监控技术、定量监控技术、延长传动系统的翻修间隔期,实现无翻修甚至无维护是目前传动系统技术发展的一个重要方向。

(7) 与新构型直升机发展相适应,可变速比传动技术将应用于未来新构型直升机。与倾转旋翼机、复合旋翼高速直升机等的发展相适应,传动系统的技术将同步发展,如用于复合旋翼高速直升机的功率分配、可调转速传动构型、用于倾转旋翼机的传动系统技术等。研究表明,旋翼可调转速技术对很多重要参数有重大影响,可显著降低直升机噪声、提高使用寿命等。在未来直升机传动系统的研究中,变速技术将是重点[2]。

（8）润滑技术及干运转技术得到了较大程度的发展。在以往喷油、飞溅润滑形式的基础上,已发展了多喷嘴喷射、脂润滑、环下润滑、离心甩油润滑以及应急润滑系统等新型润滑方式。滑油过滤精度进一步提高,确保齿轮、轴承等转动部件摩擦副良好的润滑冷却条件。润滑失效技术得到了充分重视,齿轮、轴承的流体动力润滑理论的发展已达到工程实用化阶段。润滑系统分析技术从过去根据经验公式计算发展到基于流体力学的润滑仿真分析,使齿轮、轴承的寿命有了大幅度的提高。润滑技术发展的同时,形成了一套确保干运转能力的方法。

（9）传动系统分析工具和试验技术将得到进一步发展。传动系统的发展是多学科多领域的交互式发展,包括了理论分析、试验技术、测试平台等方面的发展,在先进的设计、加工、试验方法的支撑下,传动系统结构分析和载荷条件分析能力有了很大的提高,材料、构件的性能得以充分发挥,在相同的材料和结构情况下,使传动系统重量更轻。

传动系统技术的发展还体现在建立和完善更加精确的理论分析模型,例如可靠性、寿命估测、故障诊断模型、健康监测系统(HUMS)模型,结构强度分析模型,流体力学润滑分析模型等。理论的逐步完善是传动系统下一步发展的又一特点。

（10）仿真技术融入传动系统研发的全过程。由于直升机传动系统型号研制技术难度大、周期长、研制费用高,传统的理论分析与实际有很大差距。实验室试验和飞行试验耗资多、周期长、风险大,而仿真试验则节约经费,既缩短了周期又无风险。因此,仿真技术的发展已成为继理论分析、实物试验之后,人类认识客观世界的又一强有力的手段,特别对于像直升机传动系统这类技术十分复杂的分系统,仿真更能显示出其独特的作用。传动系统研发目前还需要依靠大量的实物试验来验证设计的合理性,将来的理想状态应该是设计完成之后通过仿真来进行不断的改进迭代和验证,找出最佳设计参数,这样可以大幅度缩短研制周期,节省研制经费。

（11）传动系统设计新概念有大的突破。随着直升机传动技术的不断发展,机械传动的模式已不再局限于传统的传动技术,在优化改进传统传动技术的基础上,探寻创新型传动模式,将是今后一段时期的研究和发展重点。例如,采用耐高温的传动元件材料、机匣和润滑油,实现少或无冷却系统的传动系统;采用实时监控技术,无翻修寿命或至无维护概念的传动系统;传动系统与直升机、发动机一体化;采用多电传动技术等。

参考文献

［1］　潘光奇,朱勇.直升机传动系统现状与发展综述［J］.舰船电子工程,2009,11:33-39.
［2］　佘亦曦,康丽霞,唐朋.直升机传动系统的现状与发展研究［J］.航空科学技术,2021,32(1):78-82.